中等职业教育改革创新示范教材

中等职业教育电子电器应用与维修专业课程教材

日用电器产品原理与维修

王 英 王 毅 主编

科学出版社

北 京

内 容 简 介

本书是根据2010年教育部颁布的《中等职业学校专业目录》中，关于电子电器应用与维修专业日用电器产品原理与维修课程教学内容要求而编写的理实一体化教材。采用项目引领、任务导向的教学模式。全书有15个项目，各项目中安排了常见的小家电产品：电吹风、电熨斗、电动剃须刀、消毒柜、电热水器、红外线电暖器、电油汀、电饭锅、电热饮水机、微波炉、电磁炉、台扇、吊扇、抽油烟机、洗衣机等电热电动器具的拆装与维修任务。

本书既可作为中等职业学校电子电器应用与维修专业的理实一体化课程教材，又可作为日用电器产品修理工的参考书籍，还可作为各级电类职业技能培训指导读物。

图书在版编目（CIP）数据

日用电器产品原理与维修/王英，王毅主编．—北京：科学出版社，2011
（中等职业教育"十二五"规划教材·电类专业系列）
ISBN 978-7-03-032468-9

Ⅰ.①日…　Ⅱ.①王…②王…　Ⅲ.①日用电气器具-理论 ②日用电气器具-维修　Ⅳ.① TM925

中国版本图书馆CIP数据核字（2011）第200614号

责任编辑：何舒民　刘敬晗/责任校对：刘玉靖
责任印制：吕春珉/封面设计：耕者设计工作室

科学出版社 出版
北京东黄城根北街16号
邮政编码：100717
http://www.sciencep.com
铭浩彩色印装有限公司 印刷
科学出版社发行　各地新华书店经销

*

2012年5月第一版　开本：787×1092 1/16
2017年11月第六次印刷　印张：17 1/2
字数：409 000
定价：42.00元
（如有印装质量问题，我社负责调换〈铭浩〉）
销售部电话 010-62134988　编辑部电话 010-62135319-2008

中等职业教育"十二五"规划教材·电类专业系列
编写指导委员会

本书编写人员

主　　编　王　英　重庆市龙门浩职业中学　高级讲师

　　　　　　王　毅　重庆市科能中等专业学校　高级讲师

副 主 编　邱　东　重庆市龙门浩职业中学　讲师

　　　　　　蔡耀明　重庆市龙门浩职业中学　讲师

　　　　　　袁开祥　燎原职业中学　机电部部长

编写人员　林如军　宁波市职教教研室　高级讲师

　　　　　　辜小兵　重庆工商学校　高级讲师

　　　　　　杨森林　亚龙科技集团　高级工程师

　　　　　　吴建春　江苏省惠山中等专业学校　高级讲师

　　　　　　沈成宏　浙江省慈溪杭州湾中等职业学校　高级讲师

　　　　　　刘　颖　重庆市龙门浩职业中学　讲师

　　　　　　李文勤　重庆市渝北职业教育中心　高级讲师

　　　　　　王步新　重庆市龙门浩职业中学　讲师

　　　　　　罗　漾　重庆市龙门浩职业中学　讲师

　　　　　　卢文发　贵州第四职业技术学校　讲师

　　　　　　袁金刚　重庆立信职业教育中心　讲师

　　　　　　熊　祥　重庆工商学校　讲师

前　言

　　本书是根据2010年教育部颁布的《中等职业学校专业目录》中，关于电子电器应用与维修专业日用电器产品原理与维修教学内容要求编写的理实一体化中等职业学校专业课程教材。在编写过程中，遵循《国家中长期教育改革和发展规划纲要（2010—2020年）》有关中等职业教育教学的指导思想，参照了本课程大纲的要求，采用理实一体化教学方式，充分体现"做中教"、"做中学"的职业教育新理念。在内容的安排和深度、难度的把握上，重在培养学生的基本实践技能，并配套传授相关的专业知识，为学生的职业生涯奠定坚实的基础。在知识的传授和职业技能训练中，注意培养学生职业意识和职业道德、安全意识、质量意识、环保意识及团队合作精神。按照中等职业教育发展的现状和趋势，本书注重突出以下特点：

　　1. 本书的编写以就业为导向，以学生为中心，以培养学生职业能力为核心，着眼于学生职业生涯的发展，力求把企业的工作现场有机融入实训教学，把学生职业素养的培养融入教学过程中。本书采用项目教学模式，以任务引领整个教学过程。

　　2. 本书根据课程教学目标、企业岗位需求、行业标准、生产生活实例以及中职学生身心特点选取教学素材，教学内容剪裁体现了必需、够用、实用的特点。教学题材紧密结合生产实际，贴近学生生活，把生产中的新知识、新技术、新工艺、新材料最大限度地融入教学内容中，力求体现职业教育改革的取向和课程内容知识的创新，以适应与当代职业活动的对接；力求与中级家用电子产品维修工的行业职业技能标准对接，以适应对中职生的"双证制"教育，并充分体现了职业教育服务社会、服务企业的特点。

　　3. 教学内容编排由浅入深、由易到难，采用图文并茂的呈现方式，有利于激发学生的学习兴趣，适合中职学生对事物的认知过程和心理、生理特点。实训的操作过程直观，具有较强的可操作性。

　　4. 本书涉及的日用电热电动器具类型较多，各学校可以根据具体情况选择项目进行教学。

　　本书参考教学学时数为68学时，建议学时安排如下表所列。

学 时 安 排 建 议

	教 学 项 目	建议学时数
	项目1 电吹风的拆装与维修	3
选学	项目2 电熨斗的拆装与维修	3
	项目3 电动剃须刀的拆装与维修	4
选学	项目4 消毒柜的拆装与维修	5
选学	项目5 电热水器的拆装与维修	5
	项目6 红外电暖器的拆装与维修	3
选学	项目7 电油汀的拆装与维修	5
	项目8 电饭锅的拆装与维修	5
	项目9 电热饮水机的拆装与维修	5
	项目10 微波炉的拆装与维修	5
	项目11 电磁炉的拆装与维修	5
	项目12 台扇的拆装与维修	5
选学	项目13 吊扇的拆装与维修	5
	项目14 抽油烟机的拆装与维修	5
	项目15 洗衣机的拆装与维修	5
	合计	68

　　本书在编写过程中得到了教育部职业技术教育中心研究所邓泽民教授的直接指导，得益于他们主持研究的国家社会科学基金"十一五"规划"以就业为导向的职业教育教学理论与实践研究"的子课题"以就业为导向的中等职业教育电子类专业教学整体解决方案研究"成果。本书是以此成果作为重要支撑而开发出的电子类专业系列教材之一。本书在编写过程中还得益于中国高校电子学会重庆职教分会会长曾祥富研究员、中国高校电子学会重庆职教分会的主要领导成员重庆工商学校辜小兵老师、宁波市教研室林如军主任等的大力支持，使本书得以顺利完成，在此谨向他们致以诚挚的敬意和由衷的感谢！

王英　王毅
2011年12月6日

目 录

日用电器拆装与维修工具及仪表

　　"工欲善其事，必先利其器"。在日用电器产品的安装、维修操作中，如何正确选择和使用工具，是保证人身设备安全、确保操作质量的重要因素之一。由于本课程的各项操作都离不开工具仪表，所以在后续各项目实践操作之前，我们以课程准备的形式，介绍在电动机装修中常用的工具与仪表，以利后面使用。鉴于多数工具仪表在前面专业基础课程里面都有介绍，有的还经过实训，为了节省篇幅，这里我们只做简略说明。

0.1　认识日用电器拆装与维修的常用电工工具和仪表

1 通用电工工具

　　通用电工工具是电气操作的基本工具。工具不合规格、质量不好或使用不当，都将影响操作质量，降低工作效率，甚至造成事故。对于电气操作人员，必须掌握电工常用工具的结构、性能和正确的使用方法。常用电工通用工具如图0.1所示。

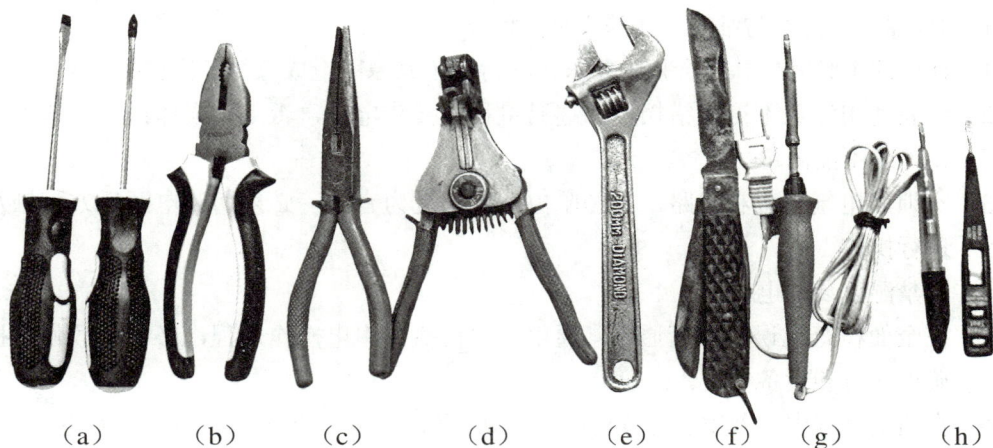

（a）　　　（b）　　　（c）　　　（d）　　　（e）　　　（f）　　　（g）　　　（h）

图0.1　常用电工通用工具

　　在图0.1中，从左至右依次是：

一字形、十字形螺丝刀：用于旋动螺丝［图0.1（a）］；

钢丝钳：用于剪切导线、金属丝，剥削导线绝缘层，起拔螺丝等［图0.1（b）］；

尖嘴钳： 用于在较狭小空间操作及钳夹小零件、金属丝等［图0.1（c）］；

剥线钳： 剥削导线线头绝缘层［图0.1（d）］；

扳手： 用于旋动带角的螺丝螺母［图0.1（e）］；

电工刀： 剥削导线绝缘层，削制其他物品［图0.1（f）］；

电烙铁： 焊接电路、元器件［图0.1（g）］；

试电笔： 左边一支为氖管式，右边一支为数字式，用于检验线路和电器是否带电［图0.1（h）］。

2 日用电器产品拆装与维修中的常用仪表

在电工操作中，电工测量是不可缺少的一个重要组成部分，它的主要任务是借助各种电工仪器、仪表，对电器设备或电路的相关物理量进行测量，以便了解和掌握电气设备的特性和运行情况，以及电气元器件的质量情况。可见，认识并正确掌握电工仪器仪表的使用是十分重要的。日用电器产品维修时常用的仪表是万用表见图0.2。

万用表是一种多功能、多量程的便携式电工仪表，万用表又叫多用表、三用表、复用表，一般万用表可测量直流电流、直流电压、交流电压、电阻和音频电平等，有些万用表还可测量电容、晶体管共发射极直流放大系数hFE等

图0.2 万用表

0.2 日用电器产品拆装与维修的安全操作要求

日用电器产品拆装与维修工作的安全操作要求：

1）使用的工具完好并符合技术要求，不得因工具原因造成人身和器材损伤。

2）仪表使用注意不得拨错挡位、选错量程和接错电路，否则会损坏仪表、增大测量误差或不能测量。

3）实训的电气设备和线路，未经验电，一律视为有电，必须切断电源后方可触及并进行操作。

4）严禁湿手装修电动机。

5）在全面检查无误后方可通电，通电中严格执行用电操作规程，必须由教师监护，确保人身和设备安全。

6）在通电过程中，若发生温度过高、冒烟、强烈震动、异响等应该立即断电。

7）电动机装修实训室要保持清洁、整齐；保持符合电气操作的安全环境；操作过程和实训结束以后，工具、仪表、器材摆放规范，符合文明操作要求。

8）爱护工具设备，节约器材。注意发扬团队合作精神。

电吹风的拆装与维修

知识目标 ☞

1. 了解电吹风类型、结构。
2. 理解电吹风电路工作原理。
3. 掌握电吹风技术标准。
4. 了解电吹风常用的电动机结构。
5. 了解PTC发热元件。
6. 了解电吹风的选购、使用与维护。

技能目标 ☞

1. 会拆卸与组装电吹风。
2. 能认识电吹风的主要部件。
3. 会检测电吹风相关元器件。
4. 能排除电吹风故障。

电吹风又称干发器、吹风机，主要用于吹干头发和定型头发，但也可供实验室、理疗室及工业生产、美工等方面作局部干燥、加热和理疗之用，是家庭必备的日用电器。

1890年，法国的Alexandre发明了第一台吹风机，但不能移动。之后的30年里，美国拉辛通用汽车公司和汉密尔顿海滩股份有限公司改进了吹风机，可以手持，但很重。之后，在如何提高电吹风的功率、减小表面积、改变材质等方面不断改善，直到20世纪60年代，将电动机置入外壳之内，机体大部分采用塑料以及按安全标准生产，才使电吹风开始风行。直至今天，电吹风在安全、外形、款式、体积、材料、颜色等方面给消费者提供了更多选择，是常用的美容美发电器之一。

任务 1.1 电吹风的拆卸与组装

任务目标

1. 会拆卸与组装电吹风。
2. 能认识电吹风的主要部件。

任务分析

拆卸与组装电吹风的工作流程如下。

确定电吹风的类型 → 认识电吹风的外形结构 → 拆卸电吹风及认识电吹风部件 → 组装两款电吹风 → 认识电吹风的主要部件

1.1.1 实践操作：拆卸与组装电吹风

1 确定电吹风类型和认识电吹风外形

电吹风的类型很多，常见的电吹风类型如图1-1所示。

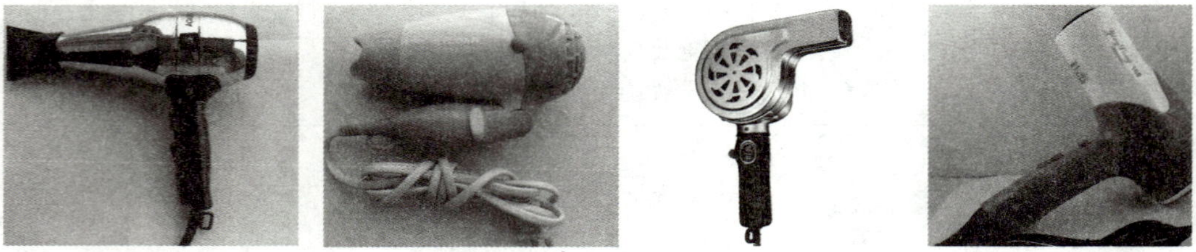

（a）串激式电吹风（金属外壳）　（b）直流永磁式电吹风（拆叠全塑）　（c）感应离心式电吹风　（d）多功能电吹风

图1-1　常见的电吹风

图1-2所示为800W飞科FH6202直流永磁式电吹风。图1-3所示为1600W RCE-1800串激式电吹风。从外形看，它们都有电源线、手柄、开关、前筒、进出风口等部件。

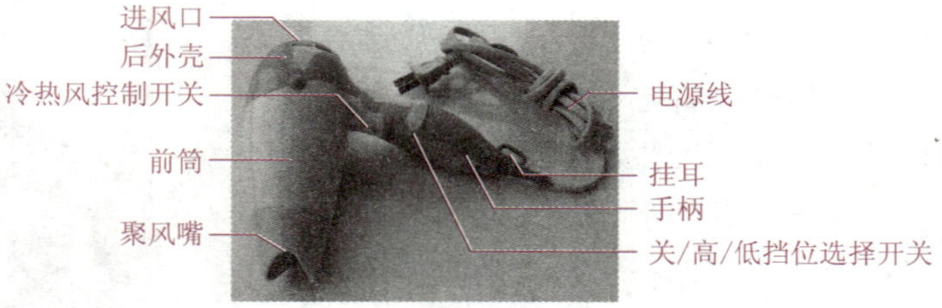

进风口　后外壳　冷热风控制开关　前筒　聚风嘴　电源线　挂耳　手柄　关/高/低挡位选择开关

图1-2　FH6202直流永磁式电吹风的外部结构

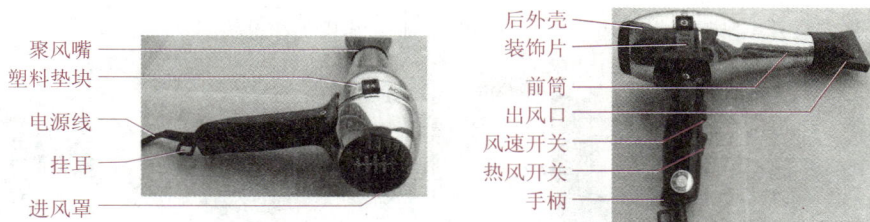

图1-3　RCE-1800串激式电吹风的外部结构

2 拆卸电吹风

拆卸电吹风之前应先准备好相应的电工工具、标签、笔、纸及装螺钉、小零件的塑料盒等。

（1）拆卸 RCE-1800 串激式电吹风

RCE-1800串激式电吹风主要采用螺钉固定，其拆卸步骤如下：

第一步　拆卸RCE-1800电吹风的手柄和壳体，并认识其部件。

① 用螺钉旋具旋下固定手柄的螺钉，揭开手柄，记录线路连接情况和两个选择开关。	② 用螺钉旋具旋下塑料垫块的螺钉，取出前筒及云母筒，认识电吹风的部件。
③ 旋下固定手柄的螺钉，取下手柄的另一半，取出电动机、风叶部分。	④ 取出电动机后，认识电吹风各部件，记录螺钉规格、线路连接情况、各部件位置。

第二步　分离RCE-1800电吹风的电热部分和电动部分。

① 使用电烙铁拆卸各焊接点。	② 使用电烙铁烫开开关上的焊接点，取下开关。

③ 使用电烙铁烫开电动机一焊点，分离电热和电动部分。	④ 认识电热和电动部分。
	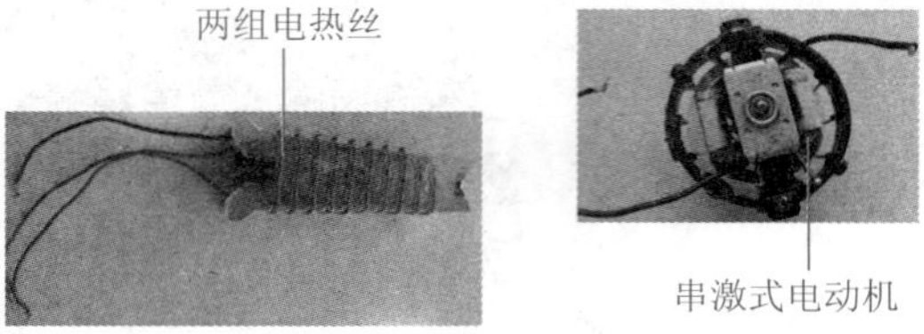 两组电热丝 串激式电动机

第三步　拆卸RCE－1800电吹风的电动机和风叶。

① 使用加热等方法取出轴流式风叶。	② 取下风叶，使用螺钉旋具旋下两颗固定螺钉，取出电动机。
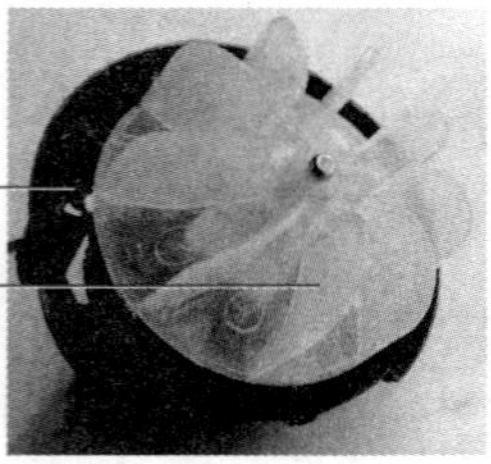 电动机座 风叶 	

③ 认识电动机和风叶。

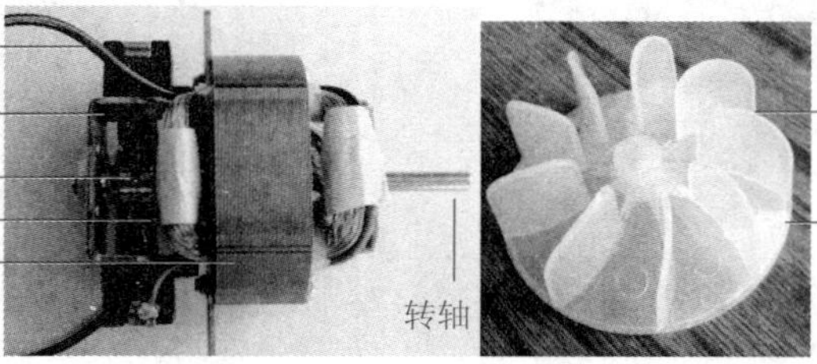

电刷座　电刷　换向器和转子　定子绕组　铁芯　转轴　轴流式风叶　叶片

（2）拆卸 FH6202 直流永磁式直流电吹风

拆卸FH6202直流永磁式电吹风同拆卸RCE－1800的方法相同，其拆卸步骤如下：

第一步　拆卸FH6202电吹风的手柄和壳体。

① 用特殊"叉"形螺钉旋具旋下手柄上的两颗螺钉。	② 取下一半手柄后，认识手柄内的选择开关、二极管、电容器，记录线路。
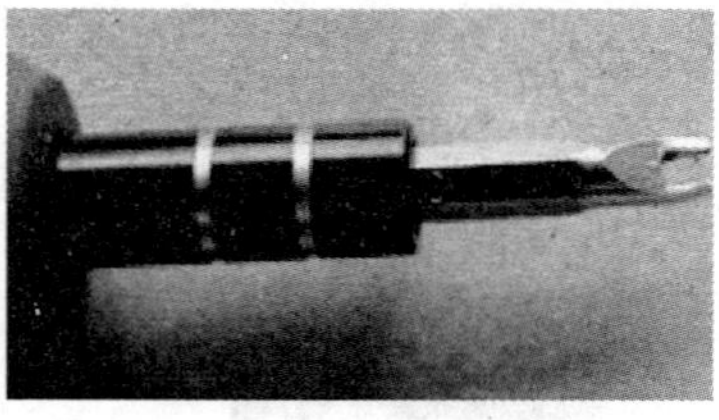	 过滤干扰的电容器 降压的二极管 选择开关

③用一字螺钉旋具撬开前筒与后壳间的卡扣，分离前筒与后外壳，从壳体内取出电动机和电热丝，认识其部件。

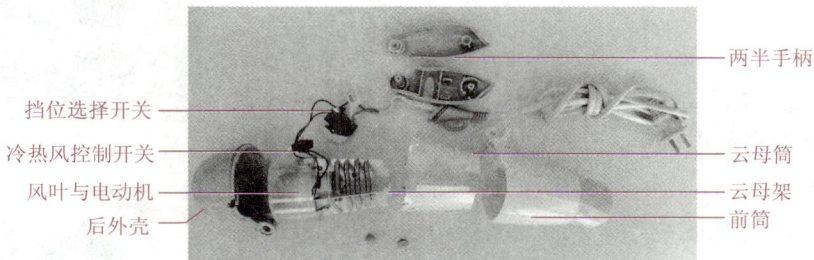

- 挡位选择开关
- 冷热风控制开关
- 风叶与电动机
- 后外壳
- 两半手柄
- 云母筒
- 云母架
- 前筒

第二步　分离FH6202电吹风的电热部分与电动部分。使用电烙铁拆焊，即可分离。

第三步　拆卸FH6202电吹风的电动部分，包括整流器、电动机和风叶。

①认识电动部分各部件。	②电烙铁拆焊后，再拆卸电动部分。
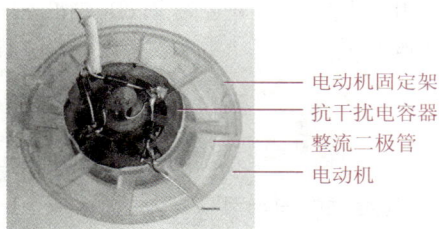 电动机固定架 抗干扰电容器 整流二极管 电动机	 电动机座 风叶 直流永磁式电动机

至此，串激式和永磁式电吹风的拆卸过程结束。可见，它们都是由手柄、开关、前筒、后外壳、电热丝、风叶、电动机和电动机固定架等部件构成的。

3　认识电吹风的主要部件

（1）认识RCE-1800电吹风电路的主要部件

1）挡位开关。电吹风有风速和热风两个挡位选择开关，其外形如图1-4所示。其中，风速挡位选择开关完成"关/高风挡/低风挡"；热风挡位选择开关完成"关/高热量/低热量"转换。型号均为KND-2，规格均为10A 250V，产品认证为CQC。

2）二极管。该电吹风在风速挡位选择开关处，采用了一只降压二极管，型号为1N5408，如图1-5所示。该电吹风通过二极管降压实现低速挡。

负极

图1-4　电吹风的挡位选择开关　　　　　图1-5　电吹风的降压二极管

3）电热丝（电热元件）。该电吹风采用了两组发热元件，即两根电热丝。其为合金电热丝，外形如图1-6所示。

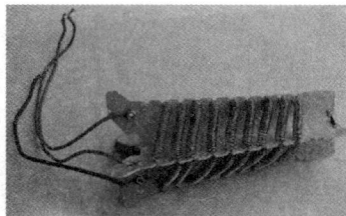

图1-6　两组电热丝绕在云母架上

4）串激式电动机（或串励式电动机）。串激式电动机，动力强劲，可采用220V交流电直接供电，也可使用直流电供电，降低供电电压即可实现调速，其外形如图1-7所示。串激式电动机主要由定子铁芯、两组励磁绕组、转子铁芯、电枢绕组、电刷座、电刷、换向器、轴承和轴组成。该电动机采用电枢绕组串在两励磁绕组中间的方式。

图1-7　串激式电动机外形

5）温控器（或称过热保护器）。电吹风的过热保护装置实质为双金属片温控器，是由热膨胀系数不同的两种金属薄片轧制结合而成的，如图1-8所示。作为电吹风的过热保护元件，常温下它处于闭合状态，当温度过高（这里温控点为128℃）时自动断开，冷却后又闭合。

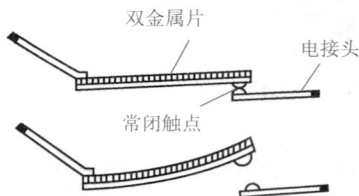

（a）温控器外形　　　　　　　　　　（b）温控器的闭合和断开示意图

图1-8　电吹风的温控器

（2）认识 FH6202 电吹风电路的主要部件

FH6202电吹风电路主要部件的名称、基本外形、电路符号和作用如表1-1所示。

表1-1　FH6202电吹风电路的主要部件

部件名称	基本外形	电路符号	主要作用	部件名称	基本外形	电路符号	主要作用
挡位开关		0 Ⅰ Ⅱ	关/高/低挡选择	温控器		ST	常温下闭合，过热（128℃）断开，实现保护
冷热风开关		SB	热风/冷风选择，为常闭复位开关	降压二极管 1N5399		VD	半波整流降低电压，实现低挡功能

续表

部件名称	基本外形	电路符号	主要作用	部件名称	基本外形	电路符号	主要作用
降压电阻丝		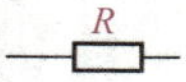 R	完成降压，经整流后为直流电动机供电	整流二极管	 1N4007	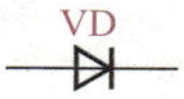 VD	将交流整流为直流电，为直流电动机供电
电热丝		 EH	通电发热，产生热量	瓷片电容器	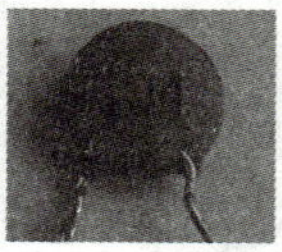 0.1μF	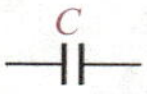 C	滤除电刷转动时产生的干扰信号
永磁式直流电动机		 M	产生旋转动力，带动风叶旋转	MPX电容器		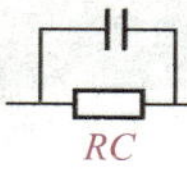 RC	滤除电动机转动时产生的干扰信号

4　组装电吹风

电吹风检视工作结束后，必须重新装配电吹风，其组装过程与拆卸过程相反。RCE－1800串激式电吹风的组装步骤如下：

第一步　组装电动部分。将串激式电动机装入电动机固定架（即电机座）内，注意方位，固定螺钉；再将风叶安装在转轴上，注意风叶要安装到位。

第二步　组装电热部分。两组电热丝、温控器、3根引出导线按原来状态铆接牢固。

第三步　电热与电动部分合拢。将电动机的短的一根引线焊接在电热丝蓝色接线处。

第四步　固定电动和电热部分（固定在外壳内）。

① 把手柄固定架装入后外壳指定位置。 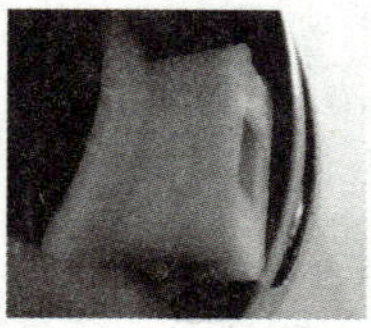	② 4根导线穿过固定架孔。 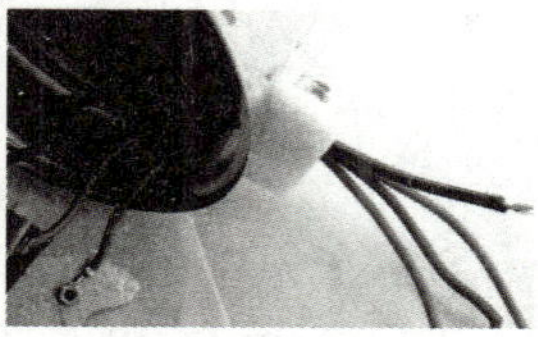	③ 电动机部分放入后外壳内，再将装饰片、塑料垫片一起用两颗螺钉稍微固定电动机部分。 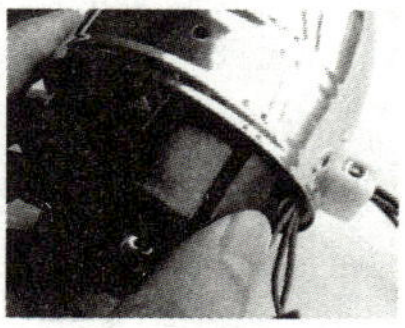
④ 把电热部分放在电动机上，云母筒套在电热部分外部。 	⑤ 防护格放在顶上。 	⑥ 将金属前筒套在外部，与后外壳套在一起；最后固定2颗螺钉。 

第五步　安装开关与手柄。

① 将固定开关的一半手柄用螺钉固定在手柄固定架上；用电烙铁焊连各开关、二极管和电源线。	② 固定电源线。	③ 最后安装并固定手柄的另一半。

FH6202电吹风的组装方法与RCE－1800电吹风的组装方法相同。

注意事项：组装好电吹风后，检查外观，按动各开关，感觉是否灵活。在插头处用万用表检测电吹风断开和闭合时的阻值（闭合时阻值应有几十欧以上），一切正常后，才能通电试机。

操作评价　电吹风的拆卸与组装操作评价表

评分项目	技术要求	配分	评分细则	评分记录
认识外形	能正确描述电吹风外观部件名称	10	错每次扣1分，扣完为止	
拆卸电吹风	1.能正确顺利拆卸	20	操作错误每次扣2分	
	2.拆卸相应配件完好无损，并做好记录	10	配件损坏每处扣2分	
认识部件	能够认识串激式电吹风组成部件的名称	10	错误每次扣1分	
组装电吹风	1.能正确组装，还原整机	20	操作错误每次扣2分	
	2.螺钉正确，配件不错装、不遗漏	20	错装、漏装每处扣2分	
安全文明生产	能按安全规程、规范要求操作	10	不按安z全规程操作酌情扣分，严重者终止操作	
额定时间	每超过5min扣5分			
开始时间		结束时间	实际时间	成绩
综合评议意见				

1.1.2 相关知识：电吹风的类型、结构与技术标准

1 电吹风的类型与结构

电吹风的类型按送风方式可分为离心式和轴流式两种，如图1-9和图1-10所示；按驱动电机的类型可分为交流感应式、交直流两用的串激式和直流永磁式；按发热元件不同，有电热丝式和PTC半导体陶瓷元件自控式；按外壳材料可分为金属式、全塑料式、金属塑料镶配式；按额定功率分有350W、550W、750W、800W、1000W、1200W、1250W、1600W等多种。

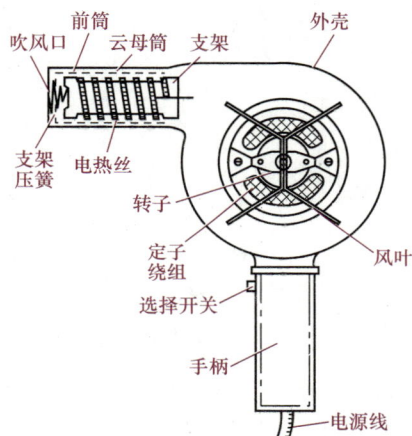

图1-9 离心式电吹风   图1-10 轴流式电吹风

电吹风的基本结构由外壳、电动机、风叶、电热元件和选择开关等组成。

外壳既是结构件的保护层，又是装饰层，一般用金属薄板压制，或用工程塑料注塑。永磁式和串励式电动机转速高，多用于轴流式电吹风；感应式电动机转速低，多用于离心式电吹风。风叶用金属薄板或塑料制成。电热元件一般用合金电热丝缠绕在瓷质或云母支架上构成，并设有过热保护装置。用PTC陶瓷作电热元件的电吹风，其自身就有过热保护功能。

电吹风的工作原理较简单：电吹风通电后，电动机带动风叶转动，从进风口吸入空气，经电热元件，从出风口送出热风、温风或冷风。通常，只有当电吹风的风扇转动后，电热元件才能加热，以避免机件过热而损坏。

2 电吹风的技术标准

QB/T 1876—1993《家用及类似用途的毛发护理器具》和GB 4706.15—2003《家用及类似用途的电器安全皮肤和毛发护理器具的特殊要求》对电吹风有如下规定。

1）使用环境。海拔高度≤1000m；周围温度为-5～40℃；相对湿度≤90%（温度为25℃）；空气中无易燃性、腐蚀性气体或导电尘埃。

2）热风温升。应为40～160℃，同一型号产品的温升差值应在30℃以内。

3）最大风速。电吹风的最大风速≥6m/s。

4）噪声。应符合表1-2内所列数值。

5）电源线长度。器具的电源线长度≥1.6m。

6）外观。器具表面不应有锈蚀、霉斑、镀层脱落和严重划痕。壳体不应有裂纹，操作部件完整、无机械损伤、动作灵活正常。

表1-2　风速对应噪声要求

热风风速/(m／s)	噪声/dB
≤8	≤60
>8	≤77
>12	≤82

任务 1.2 电吹风的维修

任务目标

　　1. 会检测电吹风的主要部件。

　　2. 学会维修电吹风的方法，能排除电吹风的故障。

任务分析

　　电吹风出现故障时，需要检测并维修电吹风。因此，必须学会识别与检测电吹风的主要元器件，学会维修电吹风的方法，从而排除电吹风的故障。

1.2.1　实践操作：电吹风主要电路部件检测与常见故障排除

1 检测电吹风的主要电路部件

（1）RCE-1800电吹风电路部件的检测方法

1）挡位开关。使用数字万用表DT9205的200Ω挡检测，在按动各挡位时，分别检测两个开关的各引脚通断情况，判断各引脚间的关系和质量，检测方法如图1-11所示。

2）检测二极管。如图1-12所示，使用数字万用表DT9205的二极管挡位 ，红表笔接二极管正极，黑表笔接二极管的负极时，万用表显示为"499"，表示正向导通压降为0.499V；对调两表笔时显示"1"，表示反向不导通。由此可判断二极管的正、负极和质量。

3）电热丝（电热元件）。检测电吹风电热丝的方法如图1-13所示，电吹风使用两组电热丝，阻值均为55Ω左右，通过检测判断其功率及质量。

图1-11　万用表检测各引脚关系和质量

图1-12　检测二极管的正向压降

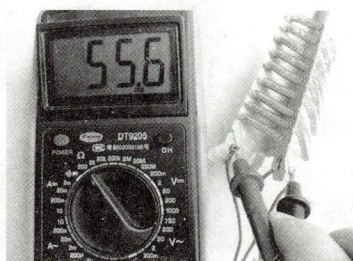

图1-13　一组电热丝的阻值

（a）检测电动机总阻值　　（b）通电试电动机

图1-14　检测电吹风的串激式电动机

4）串激式电动机。检测方法如图1-14所示，使用数字万用表可分别检测电枢绕组、两组励磁绕组它们之间的阻值。也可连接一电源线，通电110V（交直流均可）查看转动动力、风速以及电刷的火花大小、噪声等情况，但此种方法需注意安全。

5）温控器（或称过热保护器）。常温下用万用表的欧姆挡检测为0Ω，使用电烙铁等方法对金属片加热，到一定温度时可见动静触点断开，冷却后又可见两触点闭合。损坏后可修复或更换同规格元件。

（2）FH6202电吹风电路部件的检测

FH6202电吹风电路主要部件的质量检测如表1-3所示。

表1-3　FH6202电吹风电路主要部件的质量检测

部件名称	质量检测（数字万用表DT9205检测）	部件名称	质量检测（数字万用表DT9205检测）
挡位开关	在按动各挡位时，万用表欧姆200挡，检测开关的3个接线间通断情况，判断各引脚关系和质量	温控器（双金属片）	万用表检测，常温下应闭合，用电烙铁对其金属加热，能断开，冷却后又能闭合，为正常
冷热风控制开关	万用表欧姆200挡，检测两引脚常态下为0欧姆，处于闭合状态，按下按钮应断开，放手后又闭合	降压二极管	万用表的二极管挡测得正向压降为0.67V，则黑表笔接地为负极，反向为"1"，则正常
降压电阻丝	万用表欧姆2k挡，检测红线与蓝线间阻值约为250Ω（冷态阻值）	整流二极管	万用表的二极管挡判断二极管正负极性和质量
电热丝（电热元件）	万用表欧姆200挡，检测黑线与蓝线间阻值约为75Ω（冷态阻值）	瓷片电容器104	万用表电容200n挡，测量其容量约为90μ，则正常。也可用指针万用表的R×10k挡检测其质量
永磁式直流电动机	外壳标示型号，万用表欧姆200挡，检测电动机阻值为10Ω左右。或直接在两引脚加9～30V的直流电压，应转动	MPX电容器0.1μF	万用表欧姆2M挡检测阻值应为1MΩ，否则损坏

② 排除电吹风常见故障

通过维修电吹风典型故障，可学会排除电吹风故障技能。

典型故障一：通电后电动机运转正常，但出风不热

故障现象　RCE-1800串激式电吹风，通电后电动机运转正常，但吹出的风不热。

故障分析　由RCE-1800电吹风故障现象，结合该电吹风的工作原理图可判断，电动机部分正常，故障在电热部分，原因可能是：温控器开路、电热丝开路、热风选择开关开

路或电热部分线路出现开路性故障。

　　检修过程

　　第一步　将风速选择开关转换在Ⅱ的位置（即高速挡），热风选择开关在"0"位；万用表在电源插头处测量阻值应为100Ω左右，这是电动机阻值，如图1-15所示。

　　第二步　将热风选择开关分别转换在Ⅰ和Ⅱ，实际阻值应减小，但测得阻值均不变，说明电热部分开路。

　　第三步　打开手柄，检测热风开关，转换挡位检测该开关正常，如图1-16所示。

　　第四步　旋松电吹风装饰片上两颗螺钉两端，拔出前筒，万用表检测云母架上两组电热丝阻值正常，再检测双金属片温控器阻值为∞。

　　排除故障　通过以上检测，判断故障为温控器开路，经仔细观察发现，动触点上翘，动静触点不能接触。修复双金属片的位置，检测导通，再用电烙铁加热试验，恢复正常。

图1-15　插头处检测电动机阻值

图1-16　检测热风开关正常

　　典型故障二：通电后电动机不转，电热丝发红

　　故障现象　FH6202电吹风通电后电动机不转，电热丝发红。

　　故障分析　由FH6202电吹风电路原理图可知，发热部分正常，说明电源供电部分、挡位选择开关等公用部分正常；故障在电动部分，原因可能是：降压电阻丝开路、整流二极管开路、电动机损坏、电刷不能接触或风扇被卡住。

　　检修过程

　　第一步　将挡位选择开关转换在Ⅱ的位置（即高速高热挡），万用表在电源插头处测量阻值应为60Ω左右，按下冷热风按钮，阻值显示为∞，说明加热部分正常，故障在电动部分。

　　第二步　拆卸手柄后，再撬开电吹风前后外壳，取出电热部分，检测降压电阻丝阻值约为250Ω，正常。

　　第三步　再检测桥式整流二极管也正常。

　　第四步　检测电动机阻值为∞，说明电动机损坏。

　　第五步　拆卸风叶、电动机动座，取出电动机；拆卸电动机，取出转子和电刷部分，发现一根电刷弹簧片掉落，如图1-17所示。

　　排除故障　仔细检查电刷支撑的弹簧片，看是否能修复；若不能修复则只有更换电动机。

图1-17　拆卸电动机检查电刷部分

操作评价　电吹风的维修操作评价表

评分内容	技术要求	配分	评分细则	评分记录
检测电路中部器件	1. 能正确检测电热部分部件的好坏	40	操作错误每次扣2分	
	2. 能正确检测电动部分部件的好坏		操作错误每次扣2分	
排除电吹风的故障	1. 能够正确描述故障现象、分析故障，确定故障范围及可能原因	20	不能，每项扣5分，扣完为止	
	2. 能够正确拆装电吹风	10	操作错误每次扣2分	
	3. 能够由故障现象逐个排除，确定故障点，并能排除故障点	10	不能，扣10分；基本能，扣5～10分	
电吹风的安全使用	安全检查，正确使用电吹风	10	操作错误每次扣5分	
安全文明操作	能按安全规程、规范要求操作	10	不按安全规程操作酌情扣分，严重者终止操作	
额定时间	每超过5 min扣5分			
开始时间		结束时间		实际时间		成绩	
综合评议意见				

1.2.2　相关知识：电吹风的工作原理与电动机

1 电吹风电路的工作原理

（1）RCE－1800串激式电吹风

图1－18所示为串激式电吹风电路原理图。

开关S_1、S_2均为双刀三位的3个挡位的开关，在"0"位时，开关均处于断开状态。当只闭合S_2开关时，电路仍处于断开状态，不能加热。而只闭合S_1时，在Ⅰ位，二极管VD半波整流，压降约一半的电压加在电动机上，实现低速吹冷风；在Ⅱ位时，电压全压加在电动机上，实现高速吹冷风。

在S_1闭合的情况下，S_2在Ⅰ位

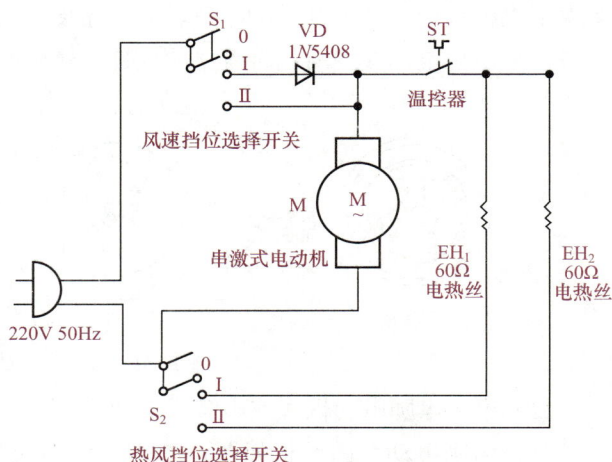

图1-18　串激式电吹风电路原理图

时，只有EH₁导通发热，实现吹出低热风；在Ⅱ位时，EH₁和EH₂均导通，实现高热风。

（2）FH6202直流永磁式电吹风

图1-19所示为直流永磁式电吹风电路原理图。开关S有3个挡位，在"0"时，电路断电；在Ⅰ时，电压通过二极管VD压降约一半的电压，分别加在电热丝上，实现低热吹风，同时经R_2降压后加在电动机上的直流电压有十多伏，实现低速吹风。在Ⅱ时，220V电压全加于电热丝上，实现高热吹风，同时经R_2降压，再经VD_1～VD_4桥式整流产生二十多伏的直流电压加在电动机上，实现高速吹风。

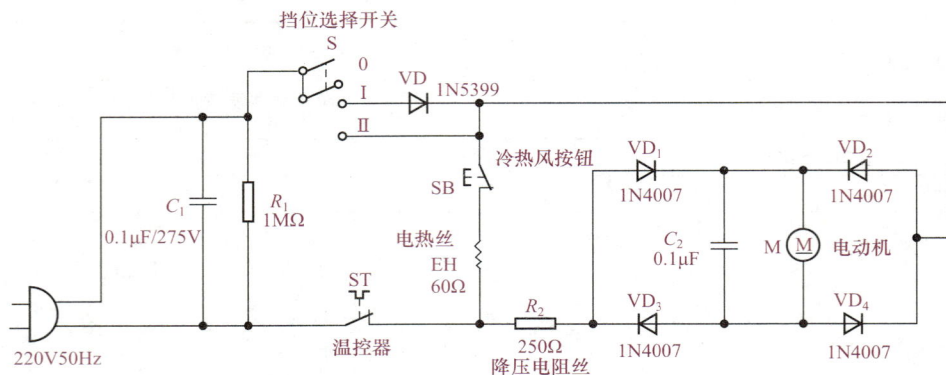

图1-19　直流永磁式电吹风电路原理图

2 直流永磁式电动机、单相串励电动机和感应式电动机

（1）直流永磁式电动机

直流永磁式电动机由定子、转子和换向器、电刷构成。定子是两块永久磁铁制成的；转子由转子铁芯和电枢绕组组成，转子铁芯由三翼式的硅钢片叠压而成，如图1-20所示。

其工作原理是直流电流经电刷、换向片流入电枢绕组，通电线圈受磁场力开始转动，为保证电枢按同一个方向转动，每转一个角度就通过换向片从一个电极转向另一个电极。它只能直流供电，改变所加直流电的极性，转向即可改变。

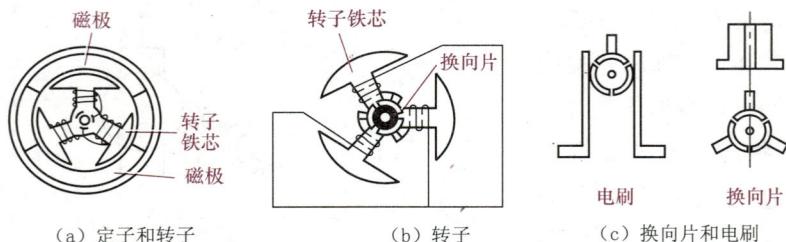

（a）定子和转子　　　　　　（b）转子　　　　　（c）换向片和电刷

图1-20　直流永磁式电动机

（2）单相串励电动机（或串激式电动机）

单相串励电动机的结构如图1-21所示，由定子、转子和换向器、电刷构成。定子由定子铁芯和励磁绕组构成，转子由转子铁芯和电枢绕组组成。其特点是既可使用交流电，

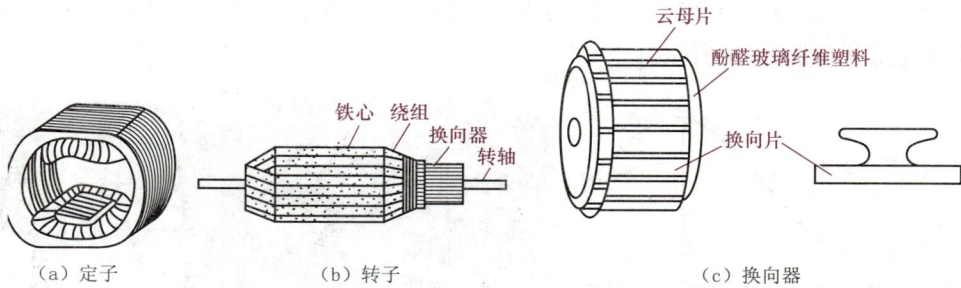

图1-21　串励电动机结构图

（a）定子　　　（b）转子　　　（c）换向器

也可使用直流电，转速高，易于调速，结构复杂，噪声大，有电磁干扰。

　　励磁绕组与电枢的两种串联方式如图1-22所示，电枢绕组串在两励磁绕组中间，两励磁绕组串联后再与电枢绕组串联。改变励磁绕组或电枢绕组其中任一电流方向，即可改变转向。

　　直流电源供电时，同直流串励电动机；交流电源供电时，产生的电磁转矩方向不变。所以称为交直流通用电动机。

（a）电枢绕组串在两只励磁绕组中间　　（b）两只励磁绕组串联后再串电枢绕组

图1-22　串励电动机励磁绕组与电枢绕组的连接方式

　　（3）单相交流感应式电动机

　　交流感应式电动机结构，由定子、转子构成，定子由定子铁芯和定子绕组组成，转子一般由转子铁芯和笼型转子绕组组成。感应式电动机就是靠定子通过的交流电产生了旋转磁场，旋转磁场切割转子中的导体，转子导体中产生感应电流，转子的感应电流产生了一个新的感应磁场，两个磁场相互作用则使转子转动。

3　PTC电热元件

　　PTC（Positive Temperature Coefficient）元件是一种具有正温度系数的半导体发热元件，实际上是一种具有正温度系数的热敏电阻。它是以钛酸钡（$BaTiO_3$）掺合微量稀土元素，采用陶瓷制造工艺烧结而成的。PTC特性如图1-23所示，在温度较低时，PTC元件的电阻率随温度的升高而下降，呈NTC特性，即负温度系数特性；当温度达到某一值T_p（居里点）时，转化为明显的正温度系数特性，电阻率随温度急剧上升（可达几个数量级），使流过元件的电流迅速减小，从而起到自动调节功率的作用。PTC电热元件具有温度自限能力。

　　在PTC中掺入微量元素可改变居里温度。例如，掺入锡（Sn）、锶（Sr）、锆（Zr）可使居里点向低温移动；掺入铜（Cu）、铅（Pb）则可使居里点向高温移动，从而制作不同温度的发热元件。

　　PTC电热元件具有许多优点：自动恒温，适应的电压波动，发热时无明火不易引起燃烧，安全可靠，且使用寿命长；能够制成不同的形状、结构和外形尺寸，以满足不同需要。其常见形状如图1-24所示。

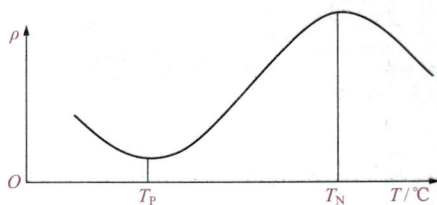

图1-23　PTC电热元件的温度特性

图1-24　常见的恒温PTC电热元件

普通实用型PTC电热元件用于驱蚊器、暖手器、电烫斗、电烙铁、卷发烫发器等，其功率不大，热效率高；自动恒温型PTC加热元件用于恒温槽、保温箱等，其恒温特性好、热效率高；热风PTC加热元件用于温风取暖器、电吹风、干衣机、烘干设备等，其输出热风功率大、速热、安全，能自动调节功耗。

4 电吹风选购、使用与维护方法

（1）选购要点

1）类型选择。若要求风速较大，如用来吹干较厚的头发时，应尽量选用永磁式或串励式干发器；如要求噪声小，宜采用感应式干发器；美发厅、理发室则宜选购大功率调温调速干发器。

2）功率大小。家用电吹风以小功率为宜，一般为550W或以下。若使用者能熟练地掌握美发技术，则可选用功率大一些的调温调速型电吹风。

3）品牌选择。电吹风的品牌较多，杂牌也不少，购买时尽量选择大品牌，上网一搜即知。

（2）使用注意事项

1）核对电源电压。电吹风必须在铭牌上规定的电压下使用。

2）风道畅通。保证电吹风的进风口和出风口的风道畅通无阻，以防器具过热而烧坏。

3）先冷后热。电吹风使用时应先开冷风挡，后开热风挡；若遇电动机不转动，只有热感而无风量时，应立即切断电源，停止使用，待修复后再用。

4）先冷后停。电吹风使用结束前，应先断开电热元件的电源，让电动机持续运转片刻，将风筒内剩余热量由冷风吹出，待内部温度降低后，最后切断全部电源。

5）慎用大功率电吹风。长时间使用大功率电吹风吹整头发，头发易干枯发黄，但它可用于一些局部快速加热的场合。

（3）维护须知

1）保持清洁。电吹风使用后应及时清理尘屑，防止堵塞风道和损坏元件。

2）定期加油。对电动机的轴承和其他旋转部位应加注微量润滑油，以降低摩擦、延长使用寿命。

3）放置场合。电吹风应放置在干燥场合，以防受潮漏电和损坏电热丝。

思考与练习

1．电吹风电动机的主要类型有＿＿＿＿＿＿＿＿、＿＿＿＿＿＿＿＿、＿＿＿＿＿＿＿＿。

2．电吹风的发热元件常有和＿＿＿＿＿＿＿＿和＿＿＿＿＿＿＿＿。

3．电吹风主要由＿＿＿＿＿＿＿＿、＿＿＿＿＿＿＿＿、＿＿＿＿＿＿＿＿、＿＿＿＿＿＿＿＿、＿＿＿＿＿＿＿＿、＿＿＿＿＿＿＿＿等几部分组成。

4．电吹风电热丝的作用是＿＿＿＿＿＿＿＿，风叶的作用是＿＿＿＿＿＿＿＿。

5．电吹风通电只有冷风，没有热风，是何原因？如何排除该故障？

项目 2
电熨斗的拆装与维修

电熨斗又称电烫斗，是依靠电热元件所发出的热能，使被熨烫织物在热和力的作用下进行热定型的清洁器具。早期熨具是由铸铁或铜制成的，形如斗、内烧木炭，故称"熨斗"。

1882年，美国H.W西利发明了第一个电熨斗。1926年美国的Eldec公司生产了第一个蒸汽熨斗。目前，中国是电熨斗生产和出口的第一大国，截至2008年，中国电熨斗出口量累计已超过1亿台。

电熨斗的主要功能是熨烫和平整织物、皮革、纸张、塑料等物品。电熨斗是最早出现的家庭日用电器之一，历经几百年的发展，现居各类家电产品之首，其种类和功能也发生了许多变革。传统的干式电熨斗早已退出市场，而蒸汽电熨斗一统天下已成定局。蒸汽喷雾型电熨斗既有调温功能，又能产生蒸汽，有的还装配上喷雾装置，免除了人工喷水的麻烦，熨烫效果更好，是当今现代家庭必备的日用电器之一。

任务 *2.1* 电熨斗的拆卸与组装

任务目标

1. 会拆卸与组装蒸汽电熨斗。
2. 能认识蒸汽电熨斗的主要部件。

任务分析

拆卸与组装蒸汽电熨斗的流程如下：

确定电熨斗的类型 → 认识电熨斗的外形结构 → 拆卸电熨斗的外壳及手柄 → 拆卸电熨斗的主要构件 → 认识电熨斗内部的主要部件 → 组装电熨斗

认识电熨斗的外形结构 ↓ 认识电熨斗构件

2.1.1 实践操作：拆卸和组装电熨斗

1 确定电熨斗的类型

电熨斗的类型主要有普通型、调温型、蒸汽型、蒸汽喷雾型4种，其派生产品还有电解液蒸汽型、吊瓶蒸汽型、蒸汽熨刷等，实物如图2-1所示。

（a）干式电熨斗　　　　（b）调温型电熨斗　　　　（c）蒸汽喷雾型电熨斗

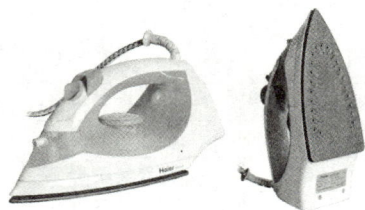

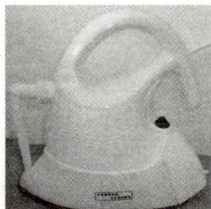

（d）电解液蒸汽型电熨斗　　（e）吊瓶蒸汽电熨斗　　（f）蒸汽熨刷

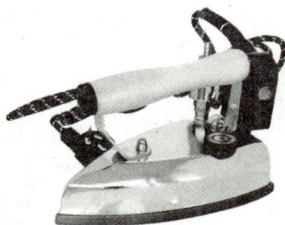

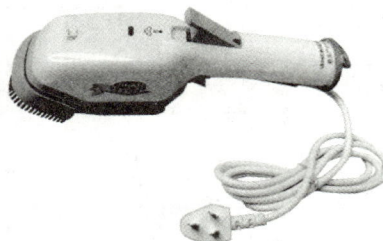

图2-1　常见电熨斗

2 认识蒸汽喷雾型电熨斗外形结构

现代家庭主要使用蒸汽喷雾型电熨斗，图2-2所示是其中的一种。电熨斗的品种、规格虽各异，但都离不开外壳、手柄、底板、电热元件等主要部件。

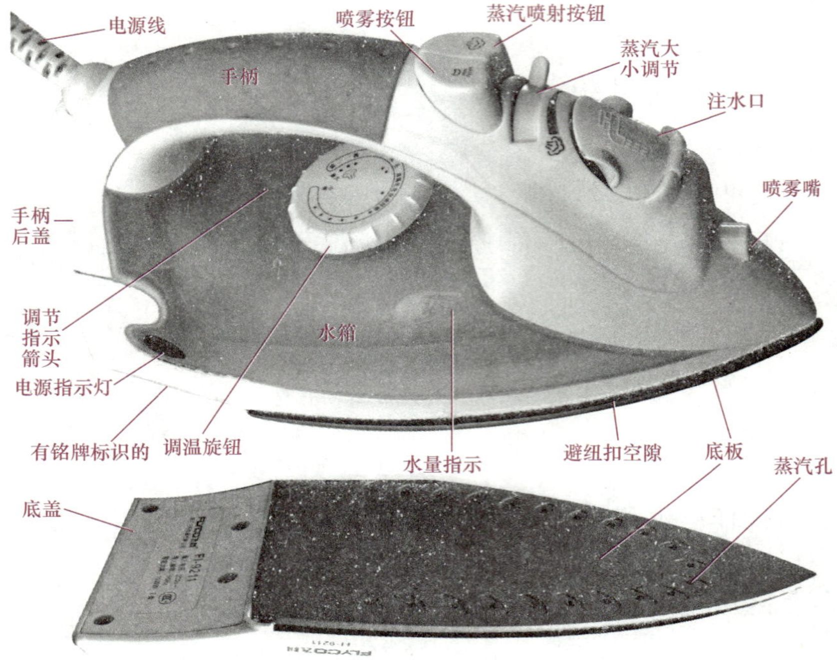

图2-2　蒸汽喷雾型电熨斗外形图

表2-1所列为蒸汽喷雾型电熨斗外形部件的基本功能及特点。

表2-1　蒸汽喷雾型电熨斗外形部件的基本功能及特点

部件名称	基本功能	特　点
电源线	连接220V市电	三芯编织软线，载流量大于5A，不长于2m，使用时必须可靠接地
水箱	储存纯净水	采用145ml储水容量，一般为透明塑料，用于观看水位
底板	喷蒸汽、熨烫工作面	铝合金整体模型，将电热元件、汽化室浇铸在一起。底板上涂有特氟龙涂料，有两排喷汽孔，并设置避纽扣空隙
指示灯	指示工作状态	氖泡发光时，电熨斗在加热；熄灭时，没有加热
调温旋钮	调节不同织物、布料熨烫温度	旋钮上标识温度调节从"最小"到"最大"。熨烫布料类型有合成纤维、尼龙、丝绸、羊毛、棉、麻，且棉、麻必须采用"喷射"
水量指示	指示水箱中的水位	水箱上有水位的"MIN"与"MAX"标识
喷雾嘴	向布料上喷水	水从喷雾嘴喷出可成雾状，以均匀润湿布料
蒸汽大小调节	调节喷射蒸汽量	有两挡蒸汽量选择，按一次即可切换喷射蒸汽量大小
蒸汽喷射按钮	控制是否喷射蒸汽	按钮上标识有 🏠 图样，按下时蒸汽系统能瞬间输出高温蒸汽，软化布料，对付顽固的褶皱
喷雾按钮	控制喷雾嘴出水	按钮上标识有 🎇 图样，按下时可使水箱中的水成雾状

3 拆卸蒸汽喷雾型电熨斗

拆卸之前应先将电熨斗水箱中的水排尽，准备好相应电工工具、标签、笔、纸及装螺钉、小零件的塑料盒等。拆卸过程中要随时记录螺钉的规格、安装位置，以及导线的连接情况，必要时贴上标签。飞科FI-9211蒸汽喷雾电熨斗的拆卸步骤如下。

①用外六角螺钉旋具旋下手柄后盖上的螺钉，记录其规格。	②用外六角螺钉旋具旋下后底盖上的4颗螺钉，记录其规格，揭开底盖。
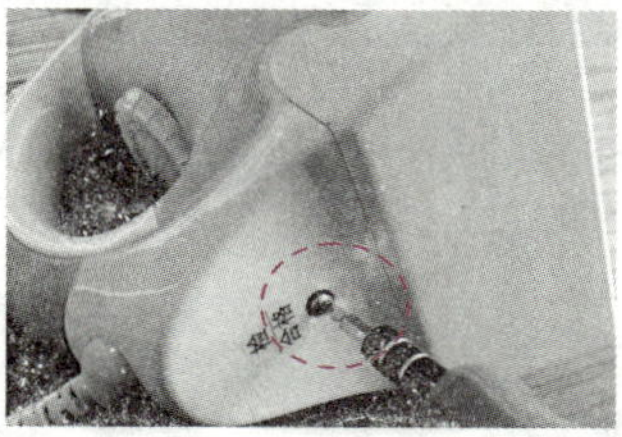	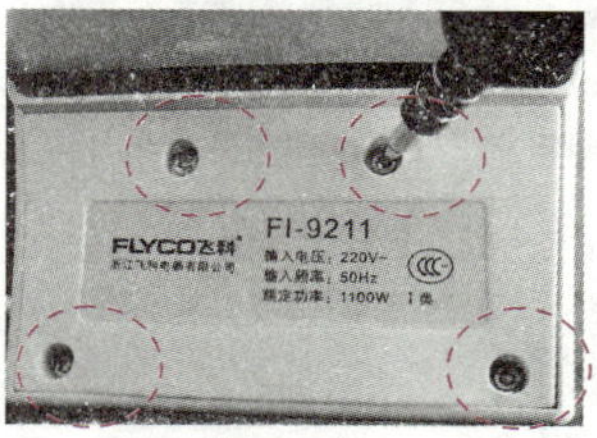
③用十字螺钉旋具旋下手柄后上部分与底座的2颗螺钉。	④用十字螺钉旋具旋下手柄前上部分与水箱的2颗自攻螺钉。
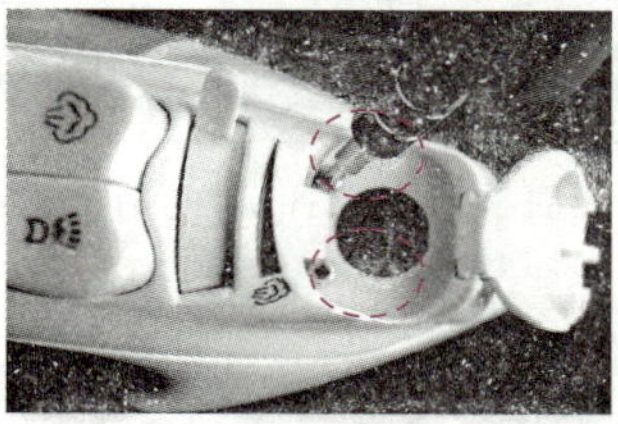	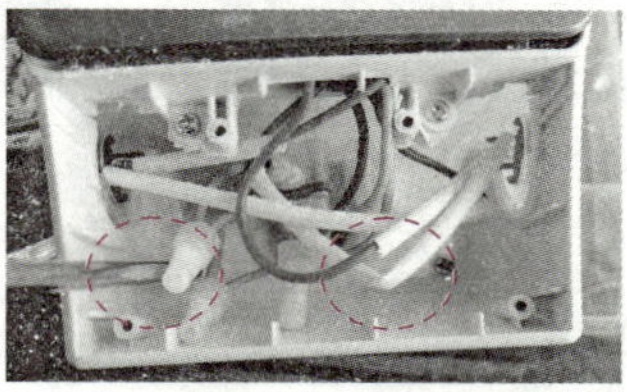
⑤手用力向后拉出手柄后盖。	⑥用一字螺钉旋具撬开手柄上、下部分的4处卡扣。
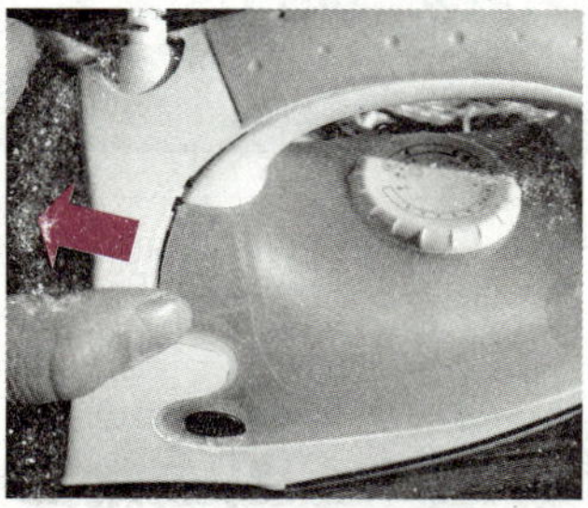	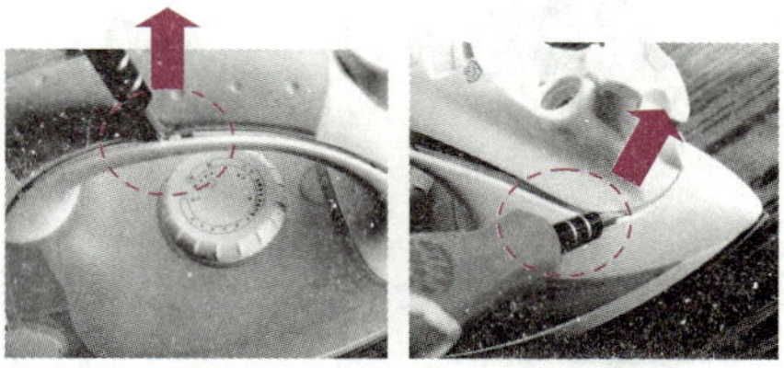
⑦揭取手柄上部分，用十字螺钉旋具旋下图示4颗螺钉。	⑧用镊子取下蒸汽喷射活塞连接的胶管接头。
	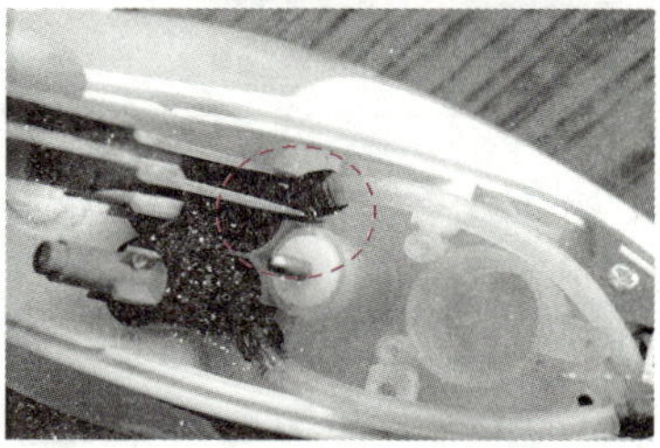

⑨ 取下喷雾嘴，用十字螺钉旋具旋下图示的1颗螺钉。	⑩ 揭起手柄下部分，注意将螺钉分不同规格放置在盒中。
⑪ 在一字螺钉旋具辅助下，向上撬起调温旋钮。	⑫ 用十字螺钉旋具旋下固定发热底板的1颗螺钉，记录。
⑬ 再用一字螺钉旋具顶出2个金属销。	⑭ 取出发热底板，观察各部件并记录各导线连接关系，用标签标记。
⑮ 用十字螺钉旋具旋下3个螺钉，取下温控器与超温熔断器。	⑯ 各构件摆放整齐，小零件与不同规格螺钉做好记录并分类放置。

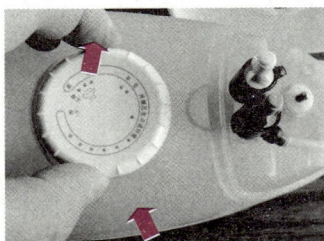

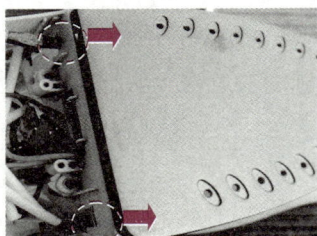

4 认识电熨斗内部的主要部件

飞科FI-9211蒸汽喷雾电熨斗水箱结构如图2-3所示，拆卸后，水箱由上下两部分粘压而成。在水箱上有喷雾系统、蒸汽喷射系统、蒸汽大小调节机构（滴水机构）。

电熨斗的底板内部结构如图2－4所示。其中，完成加热及控制的电路元件主要有超温熔断器、双金属温控器、电热元件、限流电阻及氖泡。下面逐一认识电熨斗内部的主要部件。

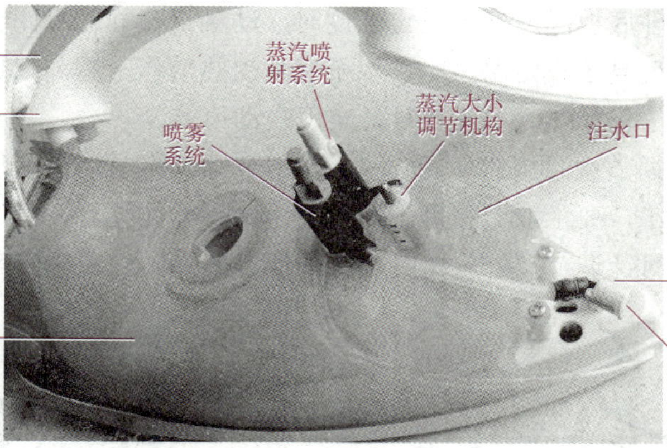

手柄上部分
手柄下部分
蒸汽喷射系统
蒸汽大小调节机构
喷雾系统
注水口
塑料骨架
水箱
喷雾嘴

图2-3　蒸汽电熨斗水箱结构

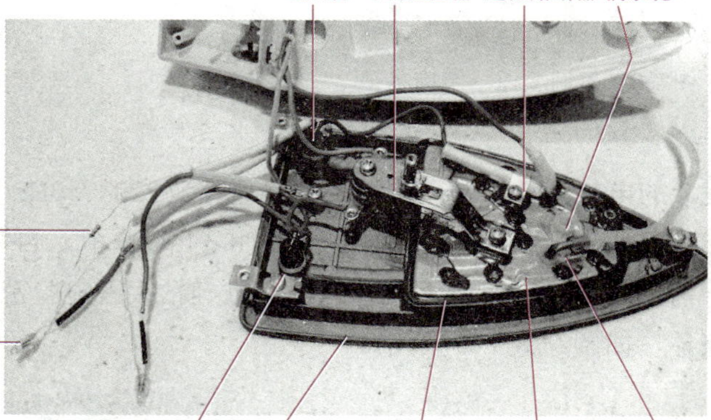

电热管
可调温控器
超温熔断器
滴水孔
氖泡的限流电阻
氖泡
电热管
底板
有机硅粘接密封胶
蒸汽汽化室
蒸汽喷射管路

图2-4　蒸汽电熨斗底板内部结构

（1）超温熔断器

超温熔断器又称为热熔断器或热熔断体或温度熔丝。该电熨斗中的超温熔断器采用的规格为250V/10A/250℃，如图2－5所示。

250℃
250V 10A

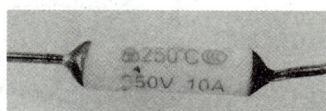

结构：它的感温材料采用低熔点合金，超过额定温度就会熔断实现保护，属于一次性保护元件。

作用：在控温器或限温器失灵时，能确保电气设备安全，以防电气产品发生火灾。

图2-5　超温熔断器的外形

（2）可调温控器

该电熨斗采用的可调温控器规格是KST232/250V/10A，温度控制范围为60～250℃。其实质就是双金属温控器，属于机械控制器件，其结构图如图2-6所示。

自动恒温原理：当调节调温旋钮使储能弹簧在某一位置时，电熨斗底板温度就会保持在某一温度上。当电熨斗底板温度低于设定温度时，动触点与静触点闭合，电热管通电加热；而当电熨斗底板温度高于设定温度时，双金属片受热动作上翘，通过瓷珠控制储能簧片，动、静触点断开，停止加热。如此反复，实现自动恒温。

调温原理：顺时针调节调温旋钮（图2-7），调节螺纹将向上运动，使浮动支撑板上浮，储能簧片弯曲度减小，要求双金属片上翘幅度增大，才能使动、静触点断开，这时只有提高底板温度；而逆时针调节调温旋钮时，就降低了底板温度，从而实现调温。

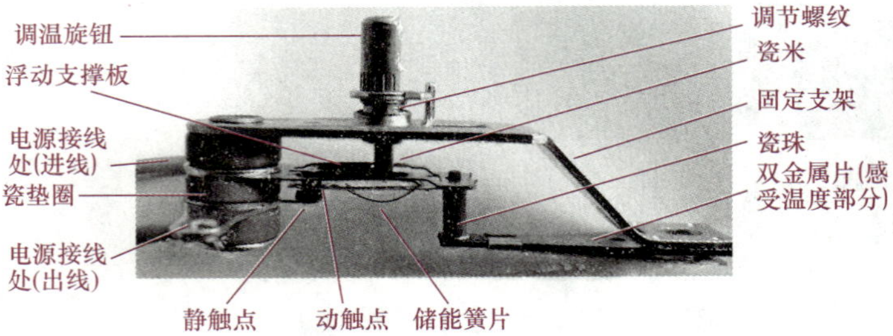

图2-6 可调温控器结构图

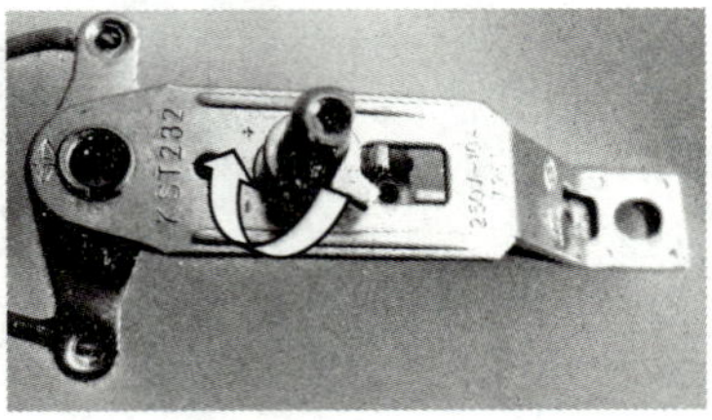

图2-7 可调温控器

（3）电热元件

该蒸汽电熨斗的电热元件通常采用电热管，规格为220V/50Hz/1100W。如图2-8（a）所示的电热管浇铸在底板的铝合金中，如图2-8（b）所示，再将其端部用绝缘材料密封。并在电热管前部上方制作蒸汽汽化室，用有机硅粘接密封胶密封各处，与带有蒸汽孔的底板成为一整体，如图2-8（c）所示。

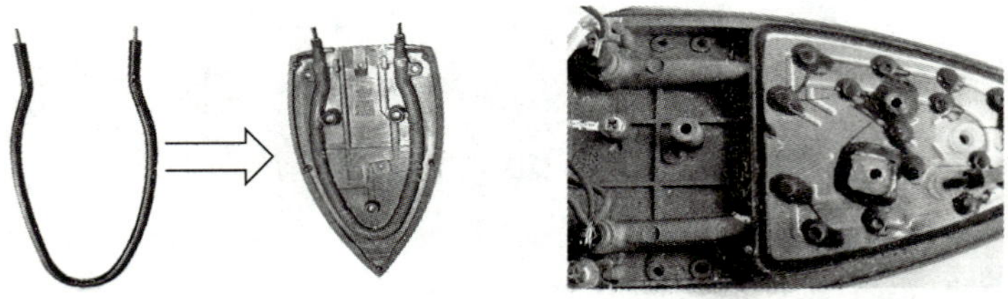

（a）电热管 （b）电热管浇铸在底板上 （c）电热管、底板、汽化室为一体
图2-8 蒸汽电熨斗的电热管

（4）限流电阻及氖泡

将一只150kΩ 0.25W的电阻器与氖泡串联，如图2-9所示，经绝缘处理后并联在电热管两端，有两组。电热管通电加热时，氖泡两端电压约有70V，发出晖光表示电熨斗在加热;不发光时指示电熨斗没有加热。

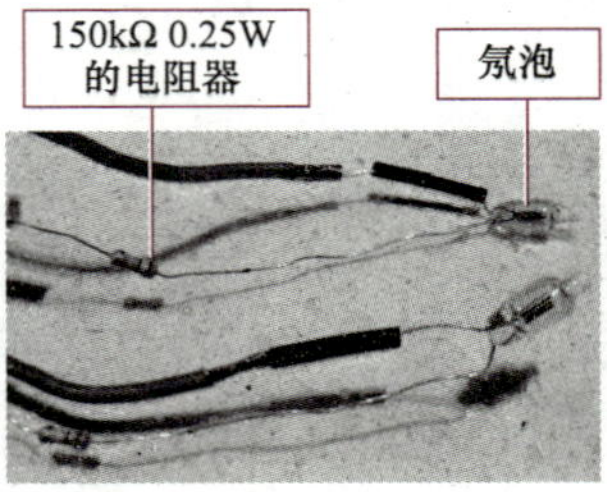

图2-9 电源指示灯

5　组装电熨斗

当维修电熨斗结束后，必须重新组装电熨斗，组装飞科FI-9211蒸汽喷雾电熨斗的操作过程与拆卸过程相反，其步骤如下。注意螺钉的规格、位置以及蒸汽系统配件的连接、密封。

第一步　用黄腊管绝缘好超温熔断器，用$\phi 3 \times 6mm$的细纹螺钉将超温熔断器固定在底板的汽化室上；再用两颗螺钉固定双金属温控器，这两颗螺钉有弹簧垫圈。顺整好导线，将底板后部分的两个金属销卡在上后座上，如图2-10所示。

第二步　翻转电熨斗，顺出蒸汽喷射胶管，用螺钉固定电熨斗底板在塑料骨架上，如图2-11所示。

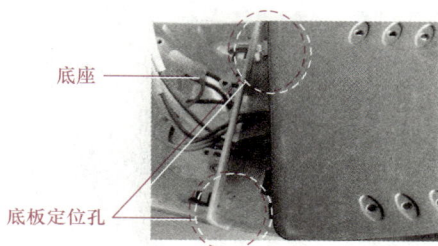

底座

底板定位孔

图2-10　安装底板　　　　　　　　　图2-11　固定底板

第三步　将温度调节杆安装在可调温控器上，逆时针旋到止位，要注意安装孔上的定位弹簧。再将调温旋钮上的最小标志对准箭头，安装在水箱上，如图2-12所示。

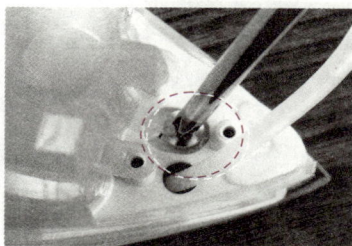

定位弹簧

（a）安装温度调节杆　　　　　（b）安装调温旋钮

图2-12　安装调温旋钮

第四步　将手柄下部分用5颗螺钉固定在水箱和塑料骨架上，喷雾嘴安装在前端，蒸汽喷射胶管连接好。

第五步　注水口上的密封圈装好，将手柄的上、下部分卡扣好后，并用相应4颗螺钉固定手柄。注意：两颗铝制螺钉在注水口处，两颗在尾座内。

第六步　整理好尾座内导线，处理好氖泡的绝缘措施，将两颗氖泡分别安装在电源指示处；盖好底盖，用4颗内六角螺钉固定，最后固定手柄后盖上的1颗螺钉。

注意事项：安装好电熨斗后，检查外观情况是否复原。调节调温旋钮，检查旋钮是否灵活，并在插头处用万用表检测电熨斗能否关断和闭合（闭合时为40Ω左右），并用绝缘电阻表（也称兆欧表）检测绝缘情况。水箱中注入合适纯净水，通电试机应正常工作。

操作评价 电熨斗的拆卸与组装操作评价表

评分项目	技术要求	配分	评分细则	评分记录
认识电熨斗外形	1. 能正确写出外观部件名称	5	错每次扣0.5分，扣完为止	
	2. 能正确描述外观部件的功能及特点	10		
拆卸电熨斗	1. 能正确按照步骤和方法，顺利拆卸	15	操作错误每次扣1分	
	2. 拆卸相应配件完好无损，并做好记录	15	配件损坏每处扣2分	
认识电熨斗电路元件	能够认识电熨斗电路组成元件的名称、规格、功能	20	答错每次扣2分，扣完为止	
组装电熨斗	1. 能正确组装，还原整机	15	操作错误每次扣2分	
	2. 螺钉正确，配件不错装、不遗漏配件	10	错装、漏装每处扣2分	
安全文明生产	能按安全规程、规范要求操作	10	不按安全规程操作酌情扣分，严重者终止操作	
额定时间	每超过5min扣5分			
开始时间		结束时间	实际时间	成绩
综合评议意见				

2.1.2 相关知识：电熨斗结构及其技术标准

1 电熨斗常见类型的结构及规格

按结构来分电熨斗主要有普通型、调温型、蒸汽型、蒸汽喷雾型4种。它们的结构及规格如表2-2所示。

表2-2 电熨斗的结构及规格

类型	结构示意图	结构特点	规格
普通型		结构简单，主要由底板、电热元件、压铁、罩壳、手柄等部分组成。其电热元件采用电热丝缠绕在云母绕线板上。利用自身重量和熨烫压力实现平整衣物。已淘汰	普通型电熨斗的额定电压为220V/50Hz，额定功率一般为300W～1kW，重量一般为1.8～3.6kg
调温型		在普通型电熨斗上增加温度控制装置而成。其电热元件采用电热管。温度控制元件采用双金属片可调温控器，调节温控器可获得所需的熨烫温度	调温型电熨斗的额定电压为220V/50Hz，额定功率一般为300W～1.2kW，调温范围一般为60～250℃

续表

类型	结构示意图	结构特点	规　格
蒸汽型（喷气型）	喷气按钮　手柄　加水口　电热元件　底板　蒸发室　控制水阀　调温器　水箱	在调温型电熨斗上增加蒸汽发生装置和蒸汽控制器而成，具有调温和喷汽双重功能，即可干熨又可湿熨。设有6挡温度可调，底板有不粘性涂层，熨烫轻滑，水箱透明	额定功率一般有750W和1kW，调温范围一般为60～250℃。蒸发量一般大于10g/min。用一个2.5kg的吊瓶代替小水箱，就成为吊瓶式蒸汽电熨斗
蒸汽喷雾型	蒸汽按钮　喷雾按钮　活动扣　手柄　贮水器　水位显示器　电源线　注水口　喷雾阀　护线套　水口盖　调温旋钮　后盖　复位弹簧　拉动杆　滴水嘴　隔板　指示灯　上罩　喷汽孔　电热芯　汽化室　底板温控器	在蒸汽型电熨斗的基础上再加装一个喷雾系统而成，具有调温、喷汽、喷雾多种功能。喷雾装置与产生蒸汽的装置是彼此独立的。有2挡蒸汽喷射，功能最全	额定功率一般有750W、1kW和1.2kW等，调温范围一般为60～250℃。蒸发量一般大于10g/min
其他（如电解液蒸汽型）	贮水气室　旋塞　手柄　注水杯　塑料外壳　指示灯　底板气道　隔板　电极　电源线　毛刷　喷气孔	电解液蒸汽型电熨斗是以盐水溶液为导电介质。它完全摆脱了传统电熨斗的工作原理。主要部件是蒸汽发生器，内置两个电极浸没在溶液中，接通电源即给溶液加热直至沸腾产生蒸汽，温度只能在100℃。其结构简单、热效率高，可以采用全塑结构，而且水干后自动断电，有自动保护的功能。使用范围窄	额定功率一般有300～600W，属Ⅱ类电器，要能承受3750V电压试验，历时1min，无击穿或闪络。其工作原理图如下。（电路图：高温 SA，VD，低温，~220V，HL，R，电极）

2　电熨斗的技术标准

电熨斗的技术标准按GB 4706.2—2003《家用和类似用途电器的安全电熨斗的特殊要求》和GB 12021.5—1989《电熨斗电耗限定值及试验方法》的规定执行，主要指标如下：

1）电气强度。在冷态条件下应能承受交流电压1.5kV试验，历时1min无击穿或闪络。

2）底板加热时间。从室温加热至180℃的时间不超过10min。

3）温度均匀性。底板发热应均匀，平均温度与4个点上的任何一点的温差应不超过20℃。

4）加热超温。底板最热点加热超温应不超过35℃。

5）温度周期波动。底板最热点温度周期波动应不超过20℃。

6）寿命。按规定方法试验，电熨斗使用寿命应不低于500h。

7）保护层。电熨斗的金属壳体应有装饰性的平整光滑的保护层，无明显丝纹、斑点、起泡及局部露底等现象。

8）手柄要求。手柄应选用干燥硬木或耐热塑料制成。表面应平整光滑、无毛刺。

9）断路或短路。电熨斗不允许发生断路或短路现象。

10）紧固件要求。所用紧固件应符合有关国家标准。普通钢制的紧固件应有防护性镀层。

任务目标

    1. 会检测蒸汽电熨斗的主要元件。

    2. 学会维修电熨斗的方法，能排除蒸汽电熨斗的常见故障。

任务分析

    电熨斗出现故障时，需要检测、维修电熨斗，因此必须学会检测电熨斗的主要元件，学会维修电熨斗，排除电熨斗故障。

2.2.1　实践操作：电熨斗检测及常见故障排除

1　检测蒸汽电熨斗的主要电路元件

（1）超温熔断器

检测方法如图2-13所示，测其两端电阻，阻值为零就可用，为无穷大则损坏。超温熔断器损坏后将造成电熨斗不能加热。它属于易损件，损坏后无法修复，只能更换相同规格的超温熔断器。

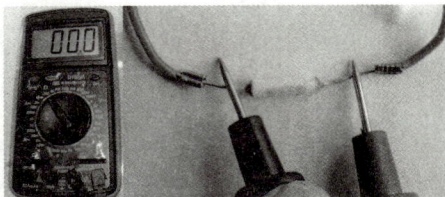

图2-13　超温熔断器的质量检测方法

（2）双金属温控器

双金属温控器是机械控制器件，需通过调试及检测判断其质量。

调试： 如图2-14（a）所示，逆时针旋转调温旋钮至关断位置，能听到动、静触点断开的声音，也能看见动、静触点断开，也可用电烙铁加热双金属片，动、静触点应断开；如图2-14（b）所示，顺时针旋转调温旋钮至闭合位置进行调试。

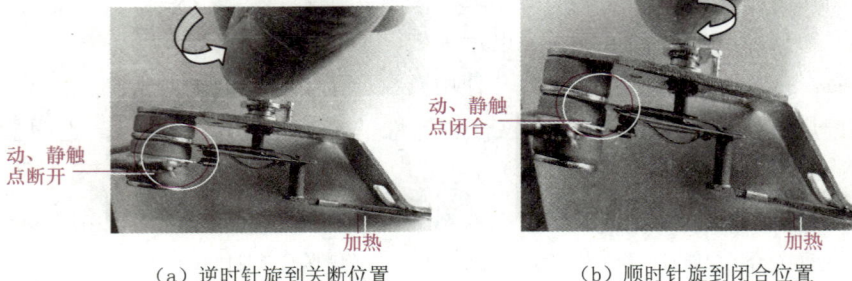

（a）逆时针旋到关断位置　　　　　　（b）顺时针旋到闭合位置

图2-14　调试双金属温控器

检测： 在调试过程中，用万用表的200Ω挡检测接线处两端电阻，动、静触点闭合时应为0Ω，断开时应为无穷大。损坏后可修复或更换同规格可调温控器。

（3）电热管

检测方法如图2-15所示，1100W的电熨斗电热管，常温下电热管阻值应为40Ω左右；用万用表的200MΩ挡检测电热管与底板之间的电阻应为无穷大，如图2-16所示。也可用绝缘电阻表检测电热管与底板之间的绝缘电阻，结果应符合质量标准。电热管损坏后阻值为无穷大，或与底板间有阻值而漏电，需整体更换。

图2-15　检测电热管电阻

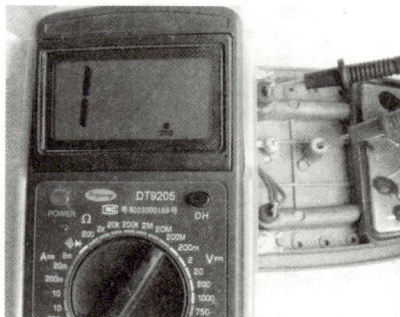

图2-16　检测电热管与底板间绝缘电阻

（4）限流电阻及氖泡

检测电熨斗指示电路元件质量时，用万用表的200kΩ挡检测限流电阻阻值，应为150kΩ左右，如图2-17所示。氖泡两端阻值应为无穷大，氖泡两端加上几十伏交流电压应发出辉光，如图2-18所示。损坏后不能发光，更换电阻器或氖泡即可。

图2-17　检测限流电阻阻值

图2-18　氖泡通电几十伏会发光

2 组装结束的检测

当电熨斗重新组装后，必须首先进行检查、检测后，才能通电试机。

首先调节可调温控器，在插头处用万用表检测是否能闭合或关断。

如图2-19所示，用万用表的200Ω挡检测插头的"L"和"N"两端，当温控器闭合时阻值应为40Ω左右，温控器断开时应为无穷大。

如图2-20所示，用万用表的200MΩ挡检测插头的"L"和"E"两端，检测电熨斗的绝缘阻值，应为无穷大。

图2-19　插头处检测电熨斗电热管阻值　　　　图2-20　插头处检测电熨斗绝缘阻值

3 排除电熨斗的常见故障

下面通过维修电熨斗的典型故障，学会排除电熨斗故障的技能。

典型故障一：通电后不发热且指示灯不亮

故障现象　飞科FI-9211电熨斗，通电后不发热且指示灯不亮。

故障涉及范围	供电输入线路或控制器件
故障根源	超温熔断器熔断
维修方法与技巧	使用电阻法检测插头及接头处，再测控制器通断，更换元件排除故障

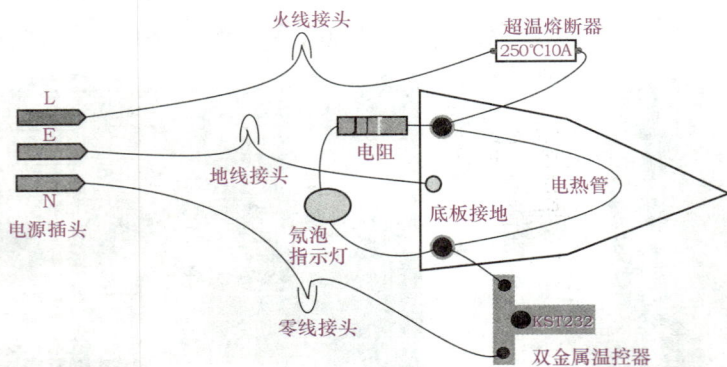

故障分析　该电熨斗电路接线关系示意图如图2-21所示。电熨斗通电不加热且指示灯不亮，由此现象分析，故障原因可能是电源连接线路及接头不良，或超温熔断器烧断，或双金属温控器开路。

图2-21　电熨斗电路接线示意图

检修过程

第一步　调节温度控制器，使双金属温控器闭合。按照如图2-19所示的方法检测插头"L"和"N"两端为无穷大，线路有开路点。

第二步　拆开电熨斗后底盖，可见火线、零线的接头，用万用表在两接头处检测阻值，仍然是无穷大；再分别在插头与线路接头处检测电源线的火线、零线均正常，说明电源线正常。

第三步　拆卸电熨斗，取出电熨斗底板，分别检测超温熔断器和双金属温控器的阻值，发现超温熔断器的阻值为无穷大，双金属温控器阻值为零，由此可判断超温保险器已烧断。

故障排除　拆下超温熔断器，更换一只同规格的超温熔断器，将其连接好，绝缘好。在插头处重新检测火线与零线间阻值为40Ω左右，正常。重新组装好电熨斗，检查无误后，装水通电加热，电熨斗一切恢复正常。

典型故障二：通电后不发热，但指示灯不亮

故障现象　飞科FI-9211电熨斗，通电后不发热，但指示灯亮。

故障涉及范围	电热管
故障根源	电热管损坏
维修方法与技巧	观察线路连接，并用电阻法检测电热管阻值，更换电热管排除故障

故障分析　该电熨斗通电不加热但指示灯亮，由此现象分析，故障原因可能是电热管损坏开路或电热管接头开路。

检修过程　拆卸电熨斗，取出电熨斗底板，观察电热管接线是否脱落，发现没问题。然后用万用表测量电热管阻值，发现电热管的阻值为无穷大，由此可判断电热管烧毁。

故障排除　拆下电熨斗底板，只能整体更换同规格的带电热管的底板。重新组装好电熨斗，检查无误后，装水通电加热，电熨斗一切恢复正常。

典型故障三：加热正常但喷蒸汽失灵

故障现象　飞科FI-9211电熨斗，加热正常但喷蒸汽失灵。

故障涉及范围	蒸汽喷射系统
故障根源	底板的蒸汽孔被水垢堵塞
维修方法与技巧	蒸汽喷射系统属于机械机构，观察、修复有关部件及管路

故障分析　蒸汽喷射系统结构如图2-22所示。可见，电熨斗加热正常而喷蒸汽失灵，故障与蒸汽喷射系统有很大关系。产生的原因可能有以下几种：水箱中水量过少；通电加热时间短、汽化量小；喷汽按钮、活塞结构失灵；弹簧实效，针阀堵塞，进出水胶管堵塞；底板蒸汽孔被水垢堵塞。

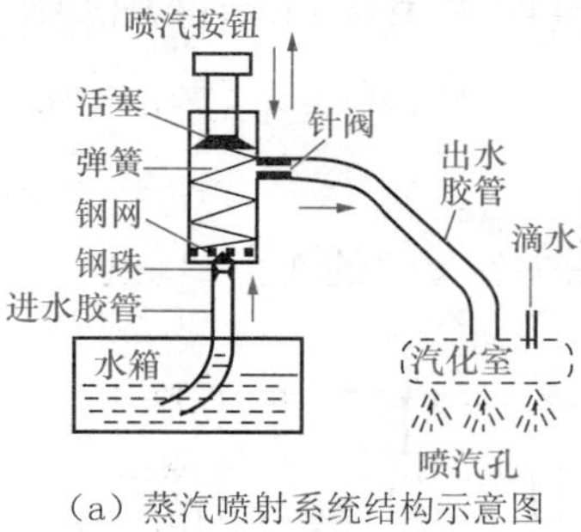

（a）蒸汽喷射系统结构示意图 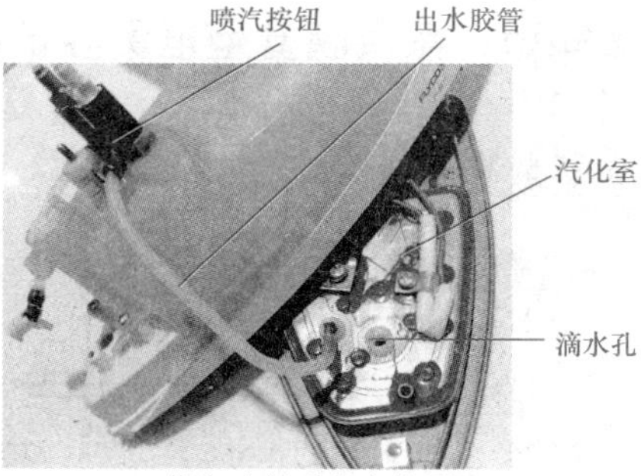　（b）蒸汽喷射系统实物图

图2-22　蒸汽喷射系统

检修过程　由故障分析的原因逐个排除。检查水箱水量足够；通电加热时间较长，底板温度已较高；经检查，喷汽系统机构的进出水胶管畅通，弹簧、活塞机构和针阀均正常；最后发现底板的蒸汽孔有堵塞现象。

故障排除 用细钢丝疏通各蒸汽孔，或用白醋和水各半混合后注入汽化室中，摇动10min，待除去水垢后倒出，用清水反复清洗几次。重新装配后即可恢复正常。

操作评价 电熨斗的维修操作评价表

评分项目	技术要求	配分	评分细则	评分记录
检测电熨斗电路元器件	1.能正确使用万用表	5	错误每次扣1分	
	2.能正确检测元器件，判断其性能	15	测错每个扣5分	
电熨斗重装后的检测	1.能养成通电前检测的习惯	10	错误操作每次扣2分	
	2.能判断重装后电熨斗性能	10	不能判断扣2～10分	
电熨斗常见故障的排除	1.能够正确描述故障现象、分析故障，确定故障范围及可能原因	20	不能，每项扣5分，扣完为止	
	2.能够正确拆装电熨斗	10	不能扣10分，基本能扣5分	
	3.能够由原因逐个排除，确定故障点，并能排除故障点	10	不能，扣10分；基本能，扣5～10分	
使用电熨斗	能正确使用、维护电熨斗	10	操作错误每次扣2分	
安全文明生产	能按安全规程、规范要求操作	10	不按安全规程操作酌情扣分，严重者终止操作	
额定时间	每超过5min扣5分			
开始时间		结束时间	实际时间	成绩
综合评议意见				

2.2.2 相关知识：蒸汽喷雾型电熨斗工作原理与电熨斗的使用和维护方法

1 蒸汽喷雾型电熨斗的工作原理

蒸汽喷雾型电熨斗的电路图如图2-23所示，图中各元件的作用如表2-3所示。

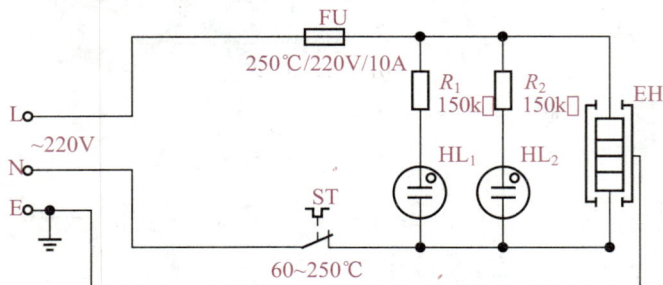

图2-23 蒸汽喷雾电熨斗的电路图

表2-3　图2-23中各元件作用

元件编号	名　称	作　用	元件编号	名　称	作　用
FU	超温熔断器	电熨斗底板温度超过250℃熔断，保护电热管，防止火灾发生	R_1、R_2	电阻器	限流降压
ST	可调温控器	调节温控器，控制底板温度	HL_1、HL_2	氖泡指示灯	指示电熨斗是否处于加热状态
EH	电热管	通电发热，产生高温蒸汽			

蒸汽喷雾型电熨斗的工作原理如表2-4所示。

表2-4　蒸汽喷雾型电熨斗的工作原理

工作流程	工　作　原　理
加热熨烫	确定熨烫布料类型，调节调温旋钮至相应位置，此时ST闭合，通电220V加在电热管两端，电熨斗底板开始发热，同时两个氖泡两端有70V左右的电压，发出橘红色光，指示电熨斗处于加热状态。当电熨斗底板温度达到设定温度时，ST的双金属片变形使动、静触点断开，停止加热，同时指示灯熄灭 　　当温度下降后，ST又闭合，又开始加热，如此反复，使底板保持在一定温度上。调节调温旋钮，改变ST的温控点，从而改变通电加热时间，实现调节温度，一般调温型电熨斗控制温度范围为60～250℃
喷雾	为了防止熨烫布料出现亮光现象，熨烫之前必须润湿布料。蒸汽喷雾型电熨斗设置了喷雾系统，其实质就是水枪机构，当按下喷雾按钮时，喷雾阀内活塞向下压，阀门的圆钢球便将阀底部的孔紧闭，阀内的水便通过活塞杆的导孔由喷雾嘴形成雾状喷出，均匀的喷洒在布料上。松开手后，喷雾按钮自动复位，由于阀的作用，水箱内的水将阀底部的圆钢球顶开，通过底孔进入阀内。如此反复实现喷雾
蒸汽喷射	为了对付顽固的褶皱设置了蒸汽喷射系统，当底板温度高于100℃时，按下蒸汽按钮，控水杆使滴水嘴开启，水即滴入汽化室内汽化，并利用水压使汽化室瞬间产生大量高温蒸汽，从底板蒸汽孔喷出，软化布料，布料就容易熨平了
超温保护	当电熨斗底板温度超过250℃后，超温熔断器将会熔断，断开电路，电热管停止加热，从而保护了电热管

2 电熨斗的选购、使用与维护方法

拥有一款称心如意、经久耐用的电熨斗需要选购好、使用好、维护好。

（1）选购要点

选购电熨斗，应从品种规格、安全、可靠、实用、美观等方面来考虑。

1）品牌、规格。最好选择大品牌产品和有安全质量标准，以及售后服务好的品牌。要根据实际情况选购，如长期使用可选购吊瓶式蒸汽熨斗，旅行时可选购轻便型或蒸汽熨刷等。

2）安全可靠。电熨斗通电试验时应无短路或漏电现象。产品要有安全认证标志，如"3C"。

3）底板。电熨斗底板有铸铁镀铬和铝合金涂塑两种，并非越重越好，现今流行轻便省力型。

4）电热元件。有云母片、电热管状及PTC半导体等，前者可作局部维修，后者则需整体更换。

5）电源线。宜选购纱纤维编织橡胶绝缘三芯多股铜芯软电线，塑料线易被金属底板烫坏。

6）外观。外观表面平滑无毛刺，装配良好。可动部件应转动灵活可靠、动作灵敏。

（2）使用注意事项

1）可靠接地。电熨斗电源一定要用单相三极插头，保证底板可靠接地，防止触电。

2）线路容量。家庭电能表要有足够的容量，如1kW的电熨斗则要配10A的电表。

3）防止烫伤。使用时，不要让小孩接近，以防小孩触摸烫伤。要防止蒸汽伤人。

4）清洁底板。底板用软布擦干净。底板采用特氟龙涂层的，不能打磨，要避免硬物划伤。

5）预防意外。使用电熨斗时操作者不得离开现场，以防引发火灾。

6）注意加水。蒸汽型电熨斗都必须加纯净水或蒸馏水，以防止水垢产生。

（3）维护须知

1）揩擦干净。将使用后的电熨斗待完全冷却之后，用软布把手柄、罩壳、底板揩擦干净。

2）储存要求。电熨斗必须待自然冷却后才能装入纸盒，储存于干燥处，最好竖立放置。

3）旋钮复位。调温型电熨斗使用后，应将调温旋钮回复到起始点(低温挡)。

4）清除水垢。蒸汽型电熨斗使用一个时期后，底板下边的排汽孔内有白粉末落下时，可用白醋与水各半注入水箱内加热10min，同时摇动熨斗，以达到清洗各部位的目的。

思考与练习

1. 电熨斗的主要类型有_____、_____、_____、_____4种。

2. 电熨斗的品种规格虽多，但一般离不开_____、_____、_____、_____4部件。

3. 调温型电熨斗中双金属温控器如何实现恒温？

4. 拆卸电熨斗时应注意哪些事项？

5. 蒸汽型电熨斗是如何实现加热熨烫的？

6. 蒸汽喷雾型电熨斗喷雾功能失效，应如何排除故障？

项目 3
电动剃须刀的拆装与维修

学习目标

知识目标 ☞

1. 了解电动剃须刀的类型、结构。
2. 理解电动剃须刀的工作原理和Ni-Cd电池充电电路的工作原理。
3. 了解永磁式直流电动机的结构。
4. 掌握电动剃须刀的技术标准。
5. 了解电动剃须刀的选购、使用与维护。

技能目标 ☞

1. 会拆卸与组装电动剃须刀。
2. 能认识电动剃须刀的主要部件。
3. 会检测电动剃须刀的相关元器件。
4. 能排除电动剃须刀的常见故障。

电动剃须刀又称电动刮胡刀，是一种利用电力带动刀片剪切男士胡须、鬓发，也可用来修剪女士后颈发脚的美容器具。1930年电动剃须刀在美国问世，因具有使用安全、剃须舒适和携带方便等特点，深受广大旅游者和出差人员的欢迎。目前，电动剃须刀有了进一步的发展，出现修剃汗毛的女用剃毛器，剃须更加舒适的湿式电动剃须刀等，花色品种可谓琳琅满目。

任务 *3.1* 电动剃须刀的拆卸与组装

任务目标

　　1. 会拆卸与组装电动剃须刀。

　　2. 能认识电动剃须刀的主要部件。

任务分析

　　电动剃须刀拆卸与组装工作流程如下所示。

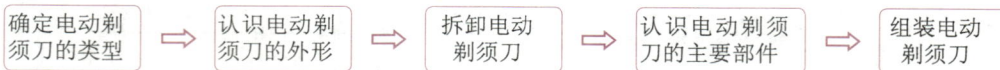

确定电动剃须刀的类型 ⇒ 认识电动剃须刀的外形 ⇒ 拆卸电动剃须刀 ⇒ 认识电动剃须刀的主要部件 ⇒ 组装电动剃须刀

3.1.1 实践操作：拆卸与组装电动剃须刀

1 确定电动剃须刀的类型

　　常见的电动剃须刀有旋转式、旋转多头浮动式和往复式，如图3-1所示。电动剃须刀一般离不开刀头、电动机、开关、外壳、蓄电池及充电电路等几部分。

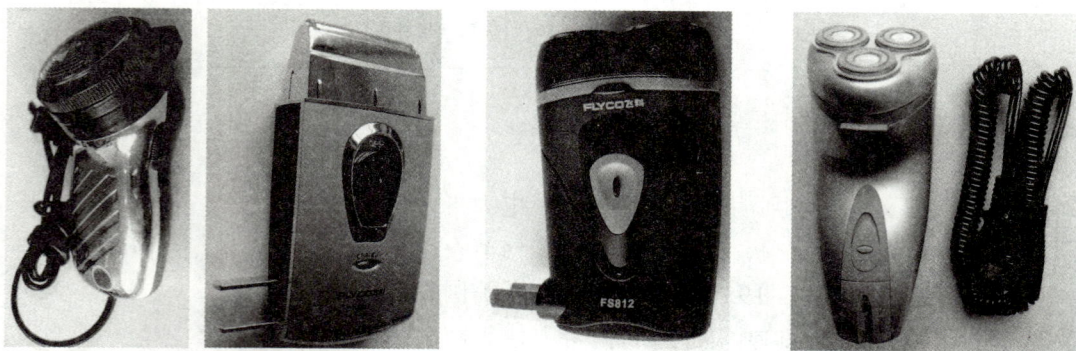

（a）旋转式电动剃须刀（b）往复式电动剃须刀　（c）旋转双刀头浮动式电动剃须刀（d）旋转三刀头浮动式电动剃须刀

图3-1　常见的电动剃须刀

2 认识浮动式电动剃须刀的外形

　　浮动式电动剃须刀被较多使用。从外形看，它有修剪器、浮动式三刀头、定刀开关、修剪器推键、外壳、外壳固定螺钉、电源开关、充电指示灯以及充电接口等，如图3-2所示。

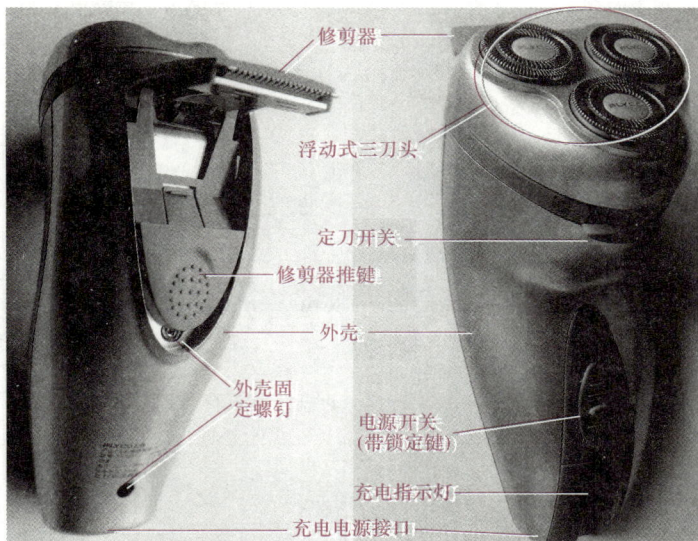

图3-2 浮动式电动剃须刀外部结构图

3 拆卸浮动式电动剃须刀

电动剃须刀的拆卸方法较简单，这里以飞科FS325浮动式电动剃须刀为例学习拆卸方法。

第一步 拆卸电动剃须刀外壳，取出电路板、电动机和齿轮组。

①按下定刀开关，可将机体与刀头分离。	②推起修剪器，用十字螺钉旋具旋下图中所示的两颗螺钉，记录其规格。	
③用手搬开后盖，沿白色箭头方向取出后盖。	④用十字螺钉旋具旋下图中所示2颗螺钉，分离前盖与电动机及齿轮组。	⑤用十字螺钉旋具旋下图中所示的2颗螺钉，分离电路板与前盖。

⑥ 取出电路板与电动机。	⑦ 用手取出3个卡扣，分离毛发舱与齿轮箱及齿轮。	⑧ 取下毛发舱及定刀开关，可见传动齿轮组及弹性轴。
	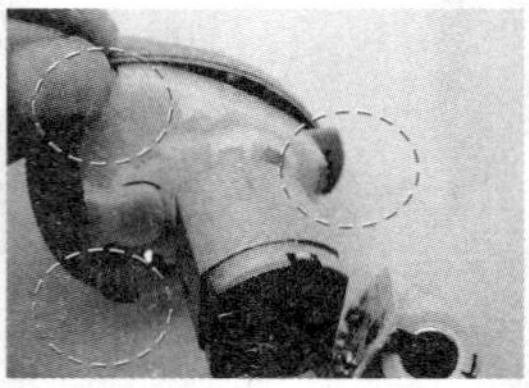	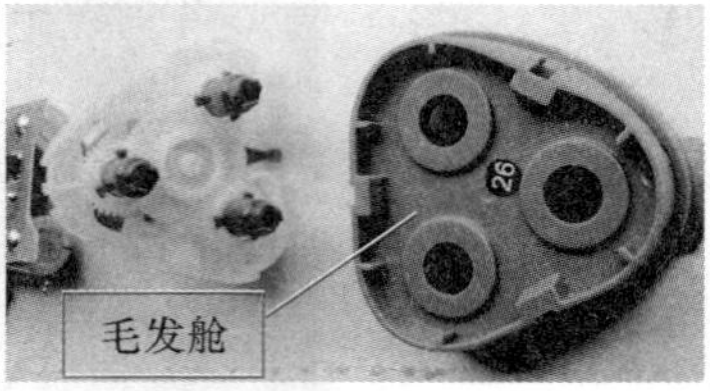 毛发舱

⑨ 取出3个弹性轴及传动齿轮，可见固定电动机螺钉。	⑩ 用十字螺钉旋具旋下螺钉，取出主轴齿轮，电动机及齿轮组部件如图所示。
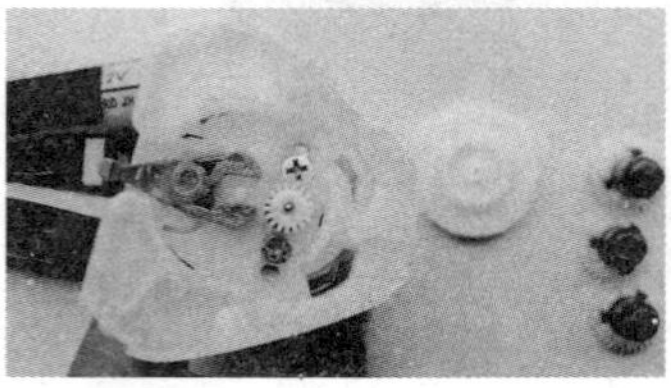	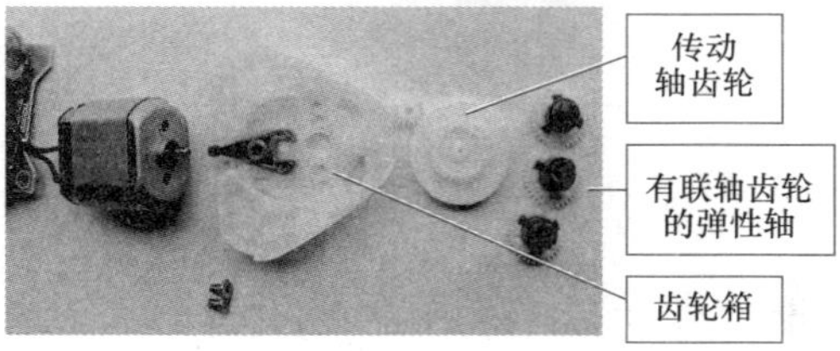 传动轴齿轮 有联轴齿轮的弹性轴 齿轮箱

第二步　分离电动机与充电电路板。

① 使用电烙铁焊下电动机的正、负极连接线，以及两节电池连接的焊片。	② 取下电动机与充电电池，注意其正、负极性。认识电路板元器件。
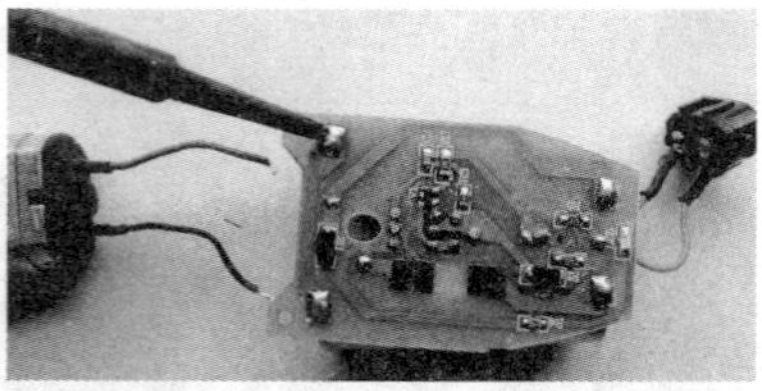	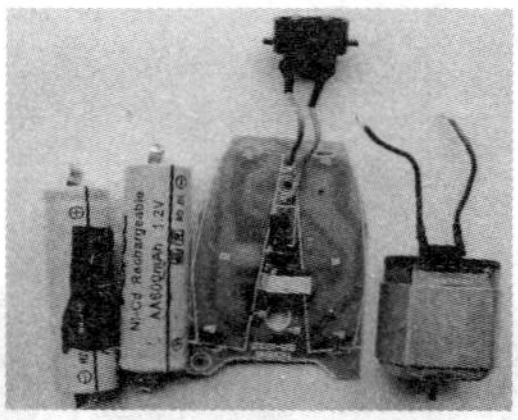

第三步　拆卸刀头。

① 逆时针旋锁定键，就能分离刀片和刀片架。	② 取出刀片架，即可将刀片、刀网从保护网罩上取出。	③ 刀头部分构件有3个刀片、刀网及刀片固定架、保护罩。
		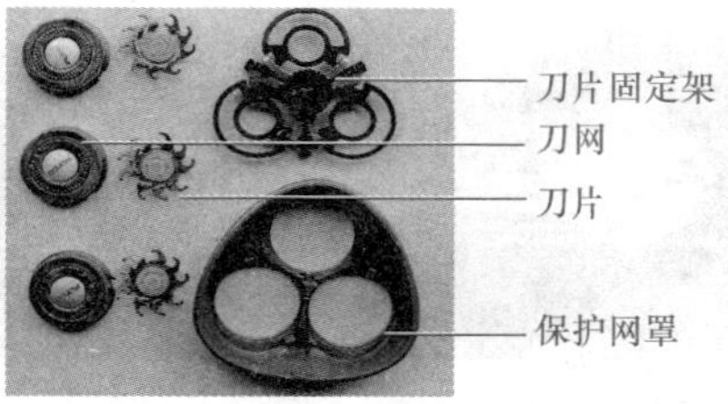 刀片固定架 刀网 刀片 保护网罩

4 认识电动剃须刀的主要部件

拆卸后，飞科FS325电动剃须刀构件如图3-3所示。

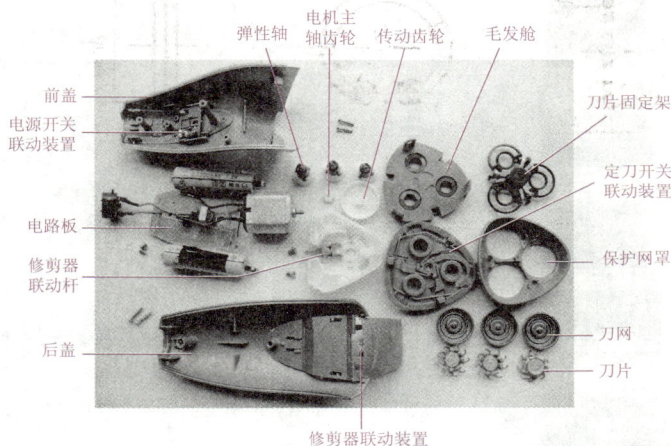

图3-3　电动剃须刀组成部件

电动剃须刀电路组成的元器件如图3-4所示。

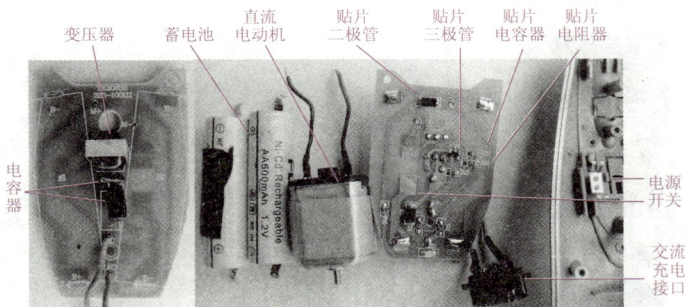

图3-4　电动剃须刀电路组成的元器件

电动剃须刀主要部件的规格如表3-1所示。

表3-1　电动剃须刀主要部件的规格

部件名称	实物外形	电路符号	规格参数
刀网		属机械结构	又称外刀片、外刀刃或圆形网膜片，一般用碳钢或不锈钢、合金加工而成。采用双环急速弧形贴面刀网
刀片		属机械结构	又称动刀刃、内刀片或旋转刀架，一般用碳钢或不锈钢、合金加工而成，硬度比刀网强。采用18个坚硬锋利的刀片
可充电电池		$\dashv\vdash$ BT	"Ni-Cd Rechargable"表示可充电的镍镉蓄电池"AA600mAh 1.2V"表示5号，额定容量为600mA h，标称电压1.2V
直流微型电动机		$\textcircled{M}$	外壳上的标记表示是金达电动机，额定工作电压为2.4V，转速为8000r/min，功率为3W

部件名称	实物外形	电路符号	规格参数
贴片电阻器		R	标称阻值采用3位数字表示（数码法）。680kΩ与62Ω封装为0805，两只5.1kΩ与39Ω电阻器封装为1206
贴片电容器		C	参数一般在包装盘上标示，可用电容表测量，为0.1μF，介质材料为陶瓷，封装为0805
金属膜电容器		C	"104k 250V"表示电容量为0.1μF 误差为±10%，耐压为250V
涤纶电容器		C	"2J102J"中前两位"2J"表示耐压为630V，"102"表示容量为1000pF，最后的"J"表示误差为±5%
开关变压器			示意图如下，由变压器红色标记处为第一脚
贴片二极管		D	标记为"M7"表示是整流二极管、中频、工作电流为1A、反压为1kV。灰色边（左边）为负极
贴片二极管		D	标记为"SS14"表示是快恢复二极管、锗材料、工作电流为1A、电压为40V。灰色边（左边）为负极
贴片三极管		Q	封装为SOT-23，标记为"6A"表示是BC817-16。引脚排列为
贴片发光二极管		LED	封装为0805，绿色，半导体材料为磷化镓。与常见发光二极管相同，有正负极之分

5 组装电动剃须刀

组装电动剃须刀的操作过程与拆卸过程相反，注意螺钉定位、牢固，转动件灵活。

1）用电烙铁焊接好电池、电机的连接线路，注意电池极性、电动机极性。

2）用两颗平顶的细纹螺钉，将齿轮箱固定在电动机上。

3）将主轴齿轮、传动齿轮、有联轴齿轮的弹性轴一起装在齿轮箱相应位置，注意齿轮箱中要洁净，且有齿轮润滑油。

4）将毛发舱与定刀开关装置组合在一起，对位扣在齿轮箱上。

5）将电路板焊接面向下，穿过螺钉轴，用两颗短螺钉固定在前盖上，推动电源开关，观看开关是否灵活，电动机及3个弹性轴是否转动正常，噪声小。

6）将电机及齿轮组件卡在前盖上，并用两颗细长螺钉固定。

7）将充电插口卡在前盖相应位置。

8）把带有修剪器的后盖卡扣在前盖及毛发舱上，推开修剪器，露出螺钉孔，用两颗螺钉固定外壳。

9）将3个刀网（有缺口）固定在保护网罩上、3个刀片放在刀网内，用刀片架固定刀头，最后将浮动三刀头扣在机体上，通电试机是否正常。

操作评价 电动剃须刀的拆卸与组装操作评价表

评分项目	技术要求	配分	评分细则	评分记录
认识外形	能正确描述电动剃须刀外观部件的名称	10	错每次扣1分，扣完为止	
拆卸电动剃须刀	1.能正确顺利拆卸	20	操作错误每次扣2分	
	2.拆卸相应配件完好无损，并做好记录	10	配件损坏每处扣2分	
认识部件	能够认识电动剃须刀组成部件的名称	10	错误每次扣1分	
组装电动剃须刀	1.能正确组装，还原整机	20	操作错误每次扣2分	
	2.螺钉正确，配件不错装、不遗漏配件	20	错装、漏装每处扣2分	
安全文明操作	能按安全规程、规范要求操作	10	不按安全规程操作酌情扣分，严重者中止操作	
额定时间	每超过5min扣5分			
开始时间		结束时间	实际时间	成绩
综合评议意见				

3.1.2 相关知识：电动剃须刀的结构与剃须原理

1 电动剃须刀的类型

电动剃须刀按刀片的动作方式分，有旋转式和往复式两种；按供电方式分，有交流式、直流式（充电电池与干电池）、交直流两用式等；按外形结构分，有直筒式（立式）、卧式、弯头式、伸缩式和带推剪器式等；按照功能可分为单功能、双功能(剃须兼修鬓角)、多功能(剃须、理发和按摩等)以及干式、干湿两用式等；按驱动方式分，有直流永磁电动机式、交直流两用串励电动机式和电磁振动式3类。其中电动机式剃须刀通过电动机的旋转带动刀片旋转剃须，或由电动机带动往复机构使刀片做往复运动剃须；电磁振动式剃须刀没有电动机，而是利用电磁铁通过交流电产生的电磁力推动刀片的支承轴，使刀片做往复运动来剃须。

② 电动剃须刀的结构

电动剃须刀主要由刀片、刀网、电动机、开关、外壳等几部分组成，高档的电动剃须刀还有充电电池、充电电路及鬓刀系统（即推剪器）这几部分。往复式和双头浮动旋转式电动剃须刀的结构如图3-5和图3-6所示。

（1）刀网

刀网又称外刀片、外刀刃、固定刃，因其形状像金属网，故俗称网罩。刀网是电动剃须刀中最精密、最关键的零件，直接影响电动剃须刀的剃须效果与使用寿命。一般用碳钢或不锈钢、电镀合金制成。旋转式电动剃须刀的刀网为圆形，往复式的刀网为槽形，比圆形薄。

（2）刀片

刀片又称内刀片、动刀片或动刀刃，它是电动剃须刀形成剃须运动的部件，一般也用碳钢或不锈钢、电镀合金制成，硬度比刀网强。刀片安装在刀架上靠弹簧丝（或片）的弹力作用，使刀片的刃口与刀网的刃口保持接触。旋转式电动剃须刀的刀片为3片或多片组成的转刀，直接或通过齿轮由电动机带动旋转。往复式电动剃须刀的内刀片一般为32片左右，电动机通过机械偏心杠杆机构，带动刀片支架往复运动。

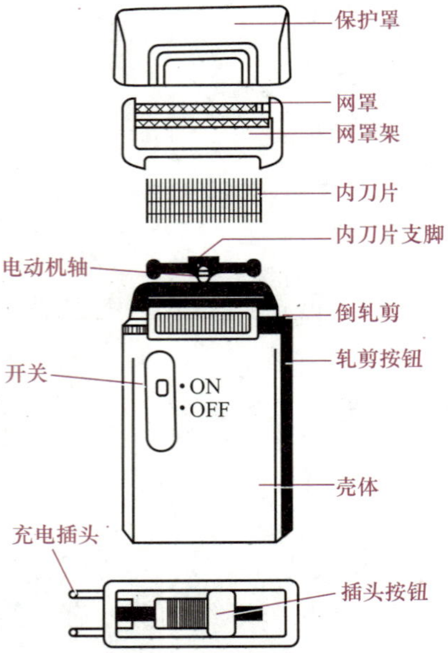

图3-5 往复式电动剃须刀

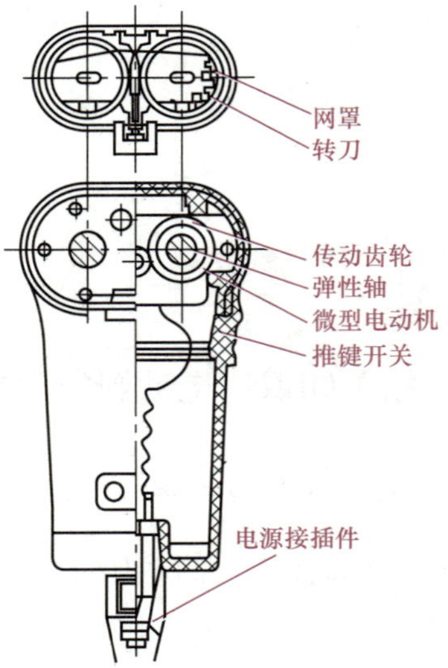

图3-6 双头浮动旋转式电动剃须刀

（3）电动机

电动剃须刀一般采用永磁式直流电动机，额定电压一般为1.5V或3V，转速为6000～8000r/min。而采用电磁铁驱动的电动剃须刀不用电动机，其振动部分由电磁铁、衔铁与机械传动机构组成。电磁铁接通交流电源后产生交变磁场，交替地吸引释放衔铁，通过与衔铁连在一起的机械传动机构带动刀片支架高速往复运动。

3　电动剃须刀执行标准

按QB/T 2532—2001《电动剃须刀》和GB 4706.1—2005 GB 4706.9—2008《家用和类似用途电器的安全剃须刀、电推剪及类似器具的特殊要求》的规定如下：

1）启动性能。对干电池式，在其电动机端子施加等于每个1.0V的电压时，应能顺利启动；对电磁振动器的驱动，在0.85V的额定电压下应能顺利启动。

2）额定转速和往复次数。旋转式、单头浮动式的额定转速为5000～7000 r/min，往复式的额定转速为5000～7000次/min，多头浮动式的额定转速为2800～4800 r/min。

3）额定转矩和制动力矩。旋转式电动机的额定转矩应不小于4×10^{-4} N·m，制动力矩不小于40×10^{-4} N·m；往复式和浮动式电动机的额定转矩不小于6×10^{-4} N·m，制动力矩不小于60×10^{-4} N·m。

4）刀刃硬度。应符合表3-2的规定。

表3-2　刀刃硬度规定

刀刃种类	硬度值/HV	
	碳钢	不锈钢、电铸合金
固定刃（刀网）	534～664	436～579
可动刃（刀片）、上刀刃和下刀刃	664～776	579～713

5）噪声。旋转式不大于72 dB，浮动式、往复式不大于75 dB。

6）开关寿命。电源开关经5000次操作后，能继续使用。

7）电源引脚。引脚推出后，前端承受60N的力时，不缩进或产生异常现象。引脚经2000次推出和缩进后，无异常并能完全导通。

8）无故障工作时间。按规定方法试验，累计无故障工作时间不低于60h。

4　电动剃须刀的剃须原理

电动剃须刀的工作原理是以切割作用来剃须的，在电动机或电磁铁带动下做高速旋转或高速往复运动的刀片，与固定在外壳上的刀网做相对运动而产生切割作用。刀网上有许多精细的圆孔或沟状隙，这些孔的边缘就是锋利的刀刃（故可称为外刀片）。剃须时，刀网紧贴皮肤，刀片紧贴刀网，与皮肤所成的夹角约170°，当刀片运动时，伸入孔中的胡须即被切割掉。随着电动剃须刀制造技术的提高和发展，高级的电动剃须刀能将胡子或毛发略微拉伸，随后立即剪切，剃削效果甚好，可使毛发根茬基本上无法摸到。

电动剃须刀的剃须效果要好，最关键因素是刀刃与刀片之间的吻合要好。它们之间不仅球面弧度、半径要配合恰当，而且在刀网、刀片之间还必须有一个均匀压距，一般压距为1mm左右。如果压距太小，剃须就不锋利，还会有拔毛之感，可能还会堵转；如果压距太大，不仅剃须刀耗电大，对刀刃的磨损也十分严重，将增大噪声。

任务3.2 电动剃须刀的维修

任务目标

1. 会检测电动剃须刀的主要部件。
2. 学会排除电动剃须刀的常见故障。

任务分析

学会检测电动剃须刀的主要元器件，学会排除电动剃须刀的常见故障。

3.2.1 实践操作：电动剃须刀的故障检测与排除

1 检测电动剃须刀的主要部件

电动剃须刀主要部件的质量检测，电子元器件使用万用表 DT9205 检测，如表 3-3 所示。

表3-3 电动剃须刀主要部件的质量检测表

部件名称	质量检测	部件名称	质量检测
刀网	其锋利度直接影响剃须效果，当出现剃剪效果差时，须更换。一般两年更换一次	涤纶电容器102	指针表R×10k挡检测，指针不动说明不漏电；再用数字万用表测量其电容量约为1000pF
刀片	剃须效果不仅与刀片的锋利有关，更重要的是刀片、刀网之间的吻合度要好。检查是否变形，不锋利时需更换，一般与刀网同时更换	开关变压器	用万用表欧姆挡，从变压器有红色标记处数为第一脚，检测1与6脚应通，检测4与5脚应通，阻值均约为0.2Ω；检测2与3脚应通，阻值为30Ω
可充电电池	用数字万用表的直流电压2V挡检测，正常显示1.2V左右。也可用MF47表的电池容量挡检测。以充电8 h后使用时间应有60min来判断质量	贴片二极管M7	数字万用表的 ⊣▷⊢ 挡检测，正向压降为0.6V，为硅材，此时红表笔接正极、黑笔接负极；交换表笔反向显示"1"
直流电动机	在电动机两端加1.5～3V的直流电压，检查噪声及转动性能。检查时可不分正负极，但安装时须注意区分正负极	贴片二极管SS14	数字万用表的 ⊣▷⊢ 挡检测，正向压降为0.2V，为锗材，此时红表笔接正极、黑笔接负极；交换表笔反向显示"1"
贴片电阻器	与插件式电阻器检测方法相同。万用表的两表笔接触贴片电阻器的两焊接处即可读出其阻值，与标称值比较判断质量	贴片三极管6A	数字万用表的 ⊣▷⊢ 挡检测，可判断出为NPN、硅及基极、集电极、发射极。检测方法如图3-7所示
贴片电容器	指针表R×10k挡检测，指针微动一下后为无穷大，则不漏电。也可焊接两引线，用数字万用表测量电容量约为0.1μF	贴片发光二极管	数字万用表的 ⊣▷⊢ 挡检测，正向、反向均显示"1"，但正向时发出绿色光
金属膜电容器104	指针表R×10k挡检测，指针微动一下后为无穷大，则不漏电。也可用数字万用表测量其容量约为0.1μF		

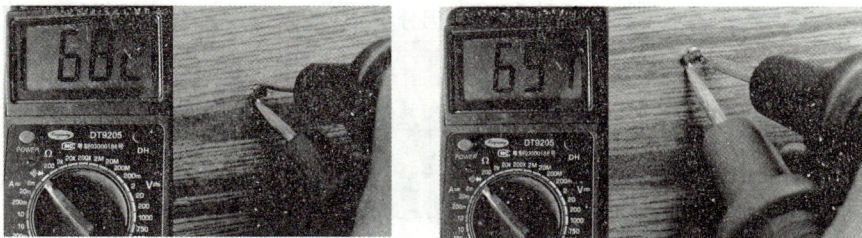

（a）数字万用表检测三极管的 U_{bc}　　　　　（b）数字万用表检测三极管的 U_{be}

图3-7　检测三极管的b、c、e极和材料、类型

2 排除电动剃须刀常见故障

下面通过例举几个剃须刀典型故障，学会排除电动剃须刀故障。

典型故障一：打开电源开关电动机不动作或刀片不动作

故障现象　飞科FS325电动剃须刀，打开电源开关电动机不动作或刀片不动作。

故障分析　分析故障引起的可能原因见表3-4。

故障排除　排除故障的方法见表3-4。

表3-4　故障原因分析及排除方法

引起故障的可能原因	排除故障的方法
电池已放完电	重新给电池充电8h
电源开关与电路板接触不良或损坏	修理或更换电源开关
电动机损坏	检修或更换同型号电动机
定刀刃严重变形或异物卡住	调整动、定刀刃位置或清除异物或更换刀网
齿轮组及弹性轴被卡住或损坏	调整或清除异物或更换相应零件

典型故障二：剃须不锋利，有拔须感

故障现象　飞科FS325电动剃须刀，剃须不锋利，有拔须感。

故障分析　分析故障引起的可能原因，见表3-5。

故障排除　排除故障的方法见表3-5。

表3-5　故障原因分析及排除方法

引起故障的可能原因	排除故障的方法
刀片变钝或刃口有缺损	调换新刀片
刀片支撑弹簧变形、位移	将支撑弹簧整形、复位
未做好日常维护，污物过多，对运转起阻碍作用	清除污物，做好日常维护即可恢复正常
刀网膜有破损	更换同规格刀网

典型故障三：工作时噪声大

故障现象　飞科FS325电动剃须刀，工作时噪声大。

故障分析　分析故障引起的可能原因，见表3-6。

故障排除　排除故障的方法见表3-6。

表3-6　故障原因分析及排除方法

引起故障的可能原因	排除故障的方法
刀片、刀网变形	修磨刀片或更换
齿轮组变形或缺润滑油	更换齿轮或加油
电动机不良	修理或更换电动机
电池极性装反,电动机倒转,刀片刮削刀网	对正极性,重装电池

典型故障四:充电时指示灯不亮

故障现象　飞科FS325电动剃须刀,充电时指示灯不亮。

故障分析　分析故障引起的可能原因,见表3-7。

故障排除　排除故障的方法见表3-7。

表3-7　故障原因分析及排除方法

引起故障的可能原因	排除故障的方法
充电电源线损坏或充电接口接触不良	电阻法检测:短路电源线另头,用万用表欧姆挡检测线路是否导通,如下图左。 电压法检测:拆卸剃须刀外壳,将电源线插好,通电220V,用万用表750V交流电压挡,在电路板上检测线路是否通畅,如下图右。注意用电安全  　 电阻法检测电源线路良好 　　　电压法检测线路良好
电源开关与电路板接触不良或电路板铜箔损坏	观察法检测:检查电源开关与电路板是否接触良好,修复弹性短路片;观察电路板上铜箔是否良好,如图所示  观察电源开关及电路板
指示的发光二极管损坏	在路电阻法检测:使用数字万用表的 ⊣▷⊢ 挡检测,正向测试时会发出绿色光;否则,发光二极管损坏,需重新更换一只,如图所示  检测发光二极管能发光

续表

引起故障的可能原因	排除故障的方法
充电电路元器件焊点不良或元器件损坏，开关电路不能工作，从而无充电电压输出	在路电阻法检测：拆卸剃须刀，在电路板上分别检测电阻、二极管、三极管、变压器好坏，判断故障部位，方法如下图左。 电压法检测：拆卸剃须刀，将电源线插好，通电220V。用万用表200V直流电压挡，在电路板上检测二极管D1整流输出有无电压，正常有电压输出，如下图右。注意用电安全。若无，则查电阻R1、R5、D1、C1等元器件质量。 再用万用表20V交流挡检测开关变压器T的4、5脚之间有无脉冲电压，若无则查R2、R3、C2、C3、V、T等元器件的质量；再用万用表20V直流挡检测二极管D2有无整流电压输出，若无则查T、D2的质量。 检测二极管D2的正向压降　　检测D1整流输出电压

操作评价　电动剃须刀的维修操作评价表

评分内容	技术要求	配分	评分细则	评分记录
检测元器件	能正确检测电动剃须刀元器件的好坏	20	操作错误每次扣5分	
排除电动剃须刀的故障	1.能够正确描述故障现象、分析故障，确定故障范围及可能原因	20	不能，每项扣5分，扣完为止	
	2.能够正确拆装电动剃须刀	20	操作错误每次扣2分	
	3.能够由原因逐个排除，确定故障点，并能排除故障点	20	不能，扣10分；基本能，扣5～10分	
安全使用	安全检查，正确使用电动剃须刀	10	操作错误每次扣5分	
安全文明操作	能按安全规程、规范要求操作	10	不按安全规程操作酌情扣分，严重者终止操作	
额定时间	每超过5min扣5分			
开始时间		结束时间	实际时间	成绩
综合评议意见				

3.2.2　相关知识：电动剃须刀充电电路工作原理与永磁式直流电动机结构

1 电动剃须刀充电电路工作原理

　　飞科FS325电动剃须刀利用2.4V的充电电池供电，其充电电路如图3-8所示，除电容C_1、C_2、T为传统插件外，其余均采用表面贴装器件。该充电电路采用开关脉冲电路，充电时电源开关S在"OFF"位，接通市电220V电压经R_5、R_1、D_1降压整流，C_1滤波可得约150V直流电压，经R_3、T的61绕组提供Q_1的基极偏置，又经T的23绕组加到Q_1的集电极，通过C_3、T的23与61绕组的作用产生振荡，Q_1工作在开关状态，由互感作用在T的45绕组形成约5V脉冲电压，经D_2整流形成2.6V直流电压对充电电池充电，同时该脉冲电压经R_4限流，LED自整流发光。电源开关S转换在"ON"位，2.4V的电池电压提供给直流电动机工作，带动刀头工作。

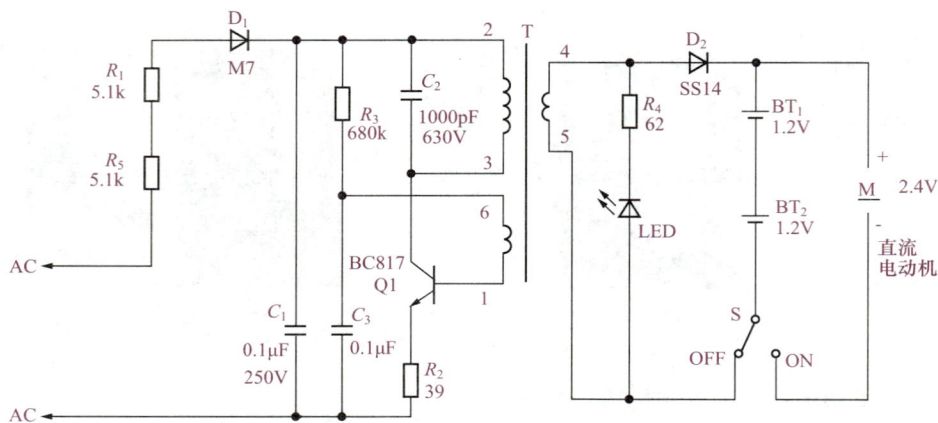

图3-8　飞科剃须刀FS325充电电路原理图

2 永磁式直流电动机结构

微型直流电动机就是将直流电能转换为机械能的转动装置，主要由定子、转子、电刷和换向器构成，电动机的定子提供磁场，直流电源向转子的绕组提供电流，换向器使转子电流与磁场产生的转矩保持方向不变。绝大多数微型直流电动机都是永磁式直流电动机，广泛应用在电吹风、电动剃须刀、电动玩具等日用电器中。

微型永磁式直流电动机的结构如图3-9所示，主要由定子、转子和端盖构成。

（a）装配图　　　　　　（b）分解图

图3-9　微型永磁式直流电动机结构图

1）定子。定子包括永久磁铁（磁钢）、机座、电刷装置等。定子是由铁氧体磁钢制造的永久磁体，多为环形。磁钢作为磁极产生恒定的磁场，磁钢固定在机壳中，机壳为薄铁板拉伸件。

2）转子。转子包括电枢铁芯、电枢绕组、换向器、转轴等。转子是电动机的旋转部件，上有由硅钢片冲成的三翼形冲片叠压而成的铁芯，铁芯与转子轴紧密配合，硅钢片厚度为0.3～0.5mm，铁芯上绕有电枢绕组，电枢绕组一般用0.15～0.2mm的高强度漆包线绕制，绕组匝数为每伏25～30匝；换向器由3块瓦型换向片装在衬套上构成圆柱形，参见图1-20所示。

三槽电枢绕组的线端与相应的换向片相连，两种连接方法：一种是3个线圈的一端分别接换向片，另一端接在一起；另一种方法是3个线圈首尾串联，3个接线点分别接换向片。

3）端盖。后端盖由塑料制成，内平行安装一对电刷。

3 电动剃须刀的选购、使用与维护

（1）选购要点

1）品牌选择。飞利浦、吉利、博朗、飞科、松下、超人、三洋、奔腾、真汉子和朗威等品牌均较好。当然，飞利浦目前仍是剃须刀行业的霸主。

2）供电方式。经常用于旅行的，可选用干电池式或充电式；在家中或有电源的地方，可选购交流电式或充电式。

3）使用目的。单纯剃胡茬，选购单用剃须刀即可；若需剃胡茬，还要剪长胡须、鬓发和后颈发脚时，则选购有推剪器的剃须刀。

4）外观要求。

① 塑料和胶木件表面色泽均匀，无气泡、碎裂、缺粉和明显凹缩等缺陷。

② 金属零部件(刀刃刃口除外)表面应有防蚀保护层，镀层光滑细密。

③ 漆膜光亮、牢固，无剥落、开裂现象。

5）性能选择。

① 要求剃须刀的锋利度好，肤感舒适，剃后的根茬短；刀片、刀网是关键零件。

② 剃须刀空载运转的声音轻，且均匀稳定无跳动；电动机品质很重要。

③ 开关要灵活，自锁装置功能完好。

④ 选用的电池质量要好，充电电池最好为锂电池。

（2）使用注意事项

1）要垂直剪削。注意将推剪的刀刃与脸部保持垂直角度进行推移，否则不易剃净。

2）要逆向剃须。剃须时应将定刀刃(网膜)轻贴脸部，逆胡须生长方向推进剃须。

3）要勤剃须。剃须刀不宜剃削长胡须，最好二三天剃一次。

4）不可过放电。充电式电动剃须刀要注意不可过放电，感到运作缓慢、电力不足时应即充电。若长期放置不用，充电式电动剃须刀也应先充电后使用。

（3）维护须知

1）保护网膜。剃须刀的刀网是很薄的网膜，是最关键的部件，要注意加以保护，切不可强行加压而使网膜变形或损坏。每次用后应及时盖上保护罩，以防意外损坏。

2）及时清洁。剃须刀用毕后，应用小刷子及时扫清垃圾，以免日久积垢，妨碍刀刃运作。可水洗的用干净水冲洗，并晾干保存。

3）防电池漏液。干电池式电动剃须刀若长期搁置不用，就要及时取出，以防电池受潮漏液，造成腐蚀损坏。

4）不可水洗。非水洗式电动剃须刀不可用水清洗，也不可用酒精等挥发性化学品擦洗清理。当然，目前有可水洗式，但选购及使用时一定认真阅读产品说明书。

思考与练习

1．电动剃须刀的主要类型有＿＿＿＿＿＿、＿＿＿＿＿＿、＿＿＿＿＿3种。

2．电动剃须刀种类虽多，但一般离不开＿＿＿＿＿、＿＿＿＿＿、＿＿＿＿＿、＿＿＿＿＿、等几部分。

3．电动剃须刀利用＿＿＿＿＿作用完成剃须，其中最关键的部件是＿＿＿＿＿。有的电动剃须刀有推剪器，其作用是＿＿＿＿＿。

4．电动剃须刀的刀片一般用材是＿＿＿＿＿，若采用合金，其硬度为＿＿＿＿＿。

5．电动剃须刀的生产执行标准是＿＿＿＿＿＿＿＿＿＿。

6．电动剃须刀是如何完成剃须工作的？

7．电动剃须刀剃须时有轧须现象，应如何排除故障？

项目 4
消毒柜的拆装与维修

学习目标

知识目标 ☞

1. 了解消毒柜的类型、结构。
2. 理解消毒柜的工作原理。
3. 掌握消毒柜的技术标准。
4. 了解消毒柜的选购、使用与维护。

技能目标 ☞

1. 会拆卸与组装消毒柜。
2. 能认识消毒柜的主要部件。
3. 会检测消毒柜相关元器件。
4. 能排除消毒柜的常见故障。

消毒柜是指通过紫外线、远红外线、高温、臭氧等方式，给食具、餐具、毛巾、衣物、美容美发用具、医疗器械等物品进行杀菌消毒、保温除湿的工具。外形一般为柜箱状，柜身大部分材质为不锈钢。

消毒柜是由中国发明的。1987年，中国广东康宝电器有限公司成功研制出了世界上第一台电热消毒碗柜，并于1988年8月正式批量生产，从此开辟了一个全新的行业，成为全民健康的安全卫士。它既可防止家庭生活中病毒的交叉感染，又可避免蚊蝇、虫蚁的侵袭。餐具消毒柜对大肠杆菌、金黄色葡萄球菌，甲、乙型肝炎病毒等都有很好的杀伤力，对人体本身却无毒无害，因此餐具消毒柜目前已广泛用于家庭、酒店宾馆、餐馆、学校、部队、食堂等场所。

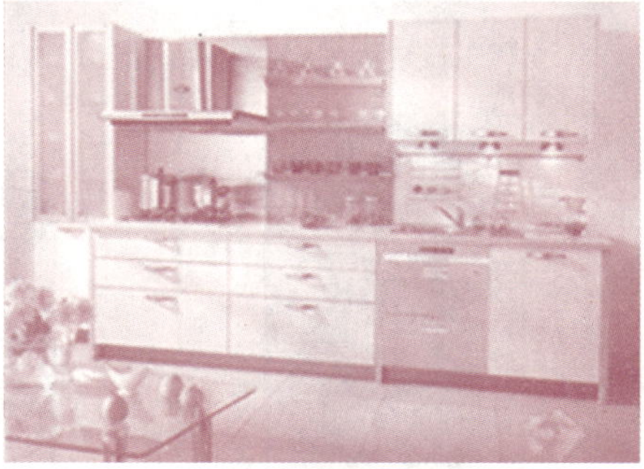

任务 *4.1* 消毒柜的拆卸与组装

任务目标

1. 会拆卸与组装消毒柜。
2. 能认识消毒柜的主要部件。

任务分析

拆卸与组装消毒柜的工作流程如下所示。

确定消毒
柜的类型 ➡ 认识消毒
柜的外形 ➡ 拆卸与认
识消毒柜 ➡ 认识消毒柜
的主要部件 ➡ 组装消毒柜

4.1.1 实践操作：拆卸与组装消毒柜

1 确定消毒柜的类型

消毒柜按消毒方式可分为电热（远红外）食具消毒柜、臭氧食具消毒柜、紫外线食具消毒柜、组合型食具消毒柜等。消毒柜一般由箱体、门体、搁架、消毒部件等几部分组成。图4-1所示为常见的几种消毒柜。

（a）电热食具消毒柜　　　　（b）臭氧食具消毒柜　　　　（c）紫外线食具消毒柜

（d）立式组合型食具消毒柜　（e）电脑控制嵌入组合型食具消毒柜　（f）壁挂卧式组合型食具消毒柜

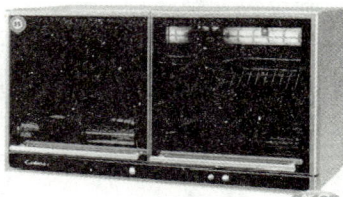

图4-1　常见的消毒柜

　　组合型食具消毒柜被大多数家庭选用。图4-2所示为 ZLP63 型食具消毒柜。它是双门、臭氧加远红外线高温消毒、落地与挂壁安装方式、三功能消毒柜。从外形看，它有上下两柜门、磁性密封条、盛装食具的箱体、各种搁架、石英加热管、温控器、按钮开关、臭氧发生器等。

图4-2　组合型消毒柜外部结构图

2 拆卸与认识消毒柜

消毒柜的拆卸方法较简单，其步骤如下。

第一步　拆卸与认识消毒柜背板和箱内搁架。

① 选取合适的十字螺钉旋具，按图示逆时针方向，旋下消毒柜背面的24颗螺钉。	② 放置好螺钉，双手取下消毒柜背板。认识保温材料，以及消毒电路的连接线路、元件。

③ 打开上下柜门，取出消毒柜消毒室内的3个搁架。 	④ 可见上部消毒室的臭氧发生器采用卡扣安装方式，下部的温控器、加热管采用螺钉固定方式。 

透气孔
温控器
石英电热管

第二步 拆卸与认识消毒柜高温箱元件。

① 选取合适的十字螺钉旋具，旋下保护石英加热管钢架固定螺钉。 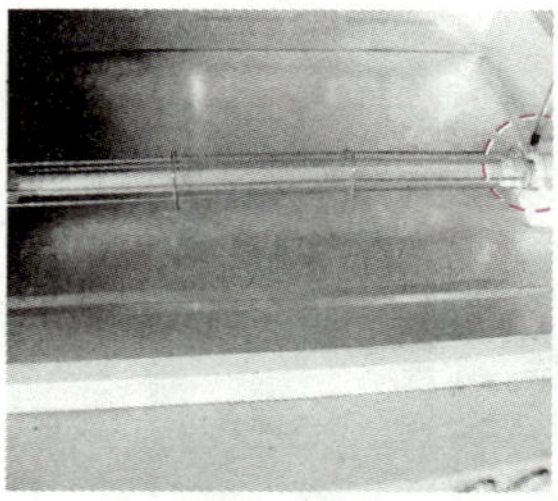	② 取下钢架，用尖嘴钳或呆扳手旋下石英管两端固定连接线路的螺帽。 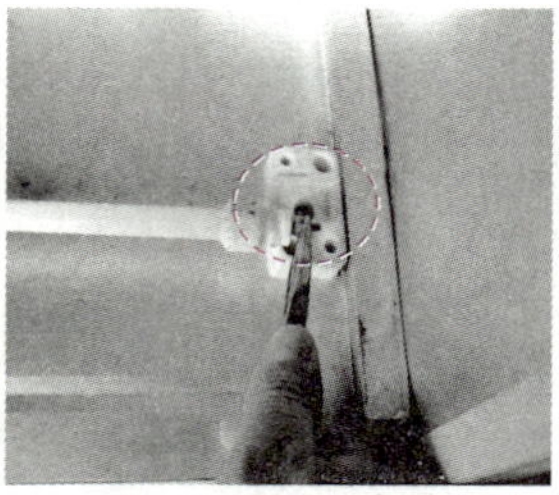	③ 取下两根石英加热管，小心放置在安全、稳定的地方。 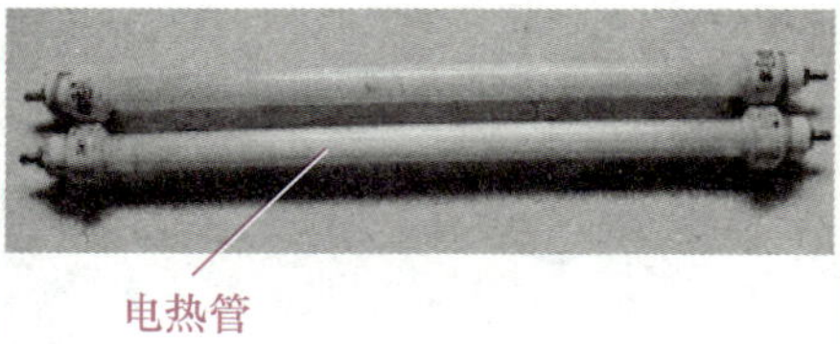

电热管

④ 用十字螺钉旋具和尖嘴钳配合，旋下固定温控器的螺钉。 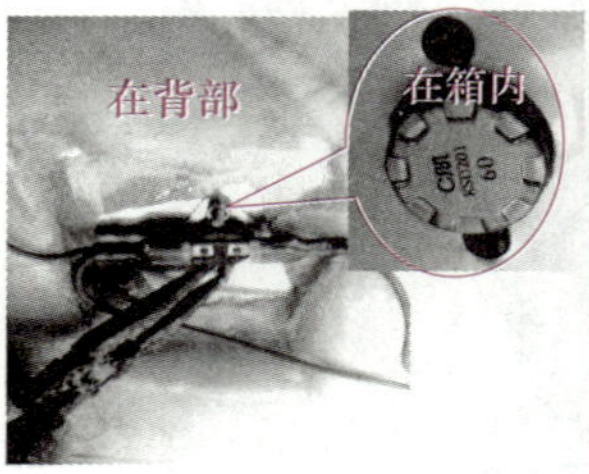	⑤ 取出超温熔断器，将外层黄蜡管移开。 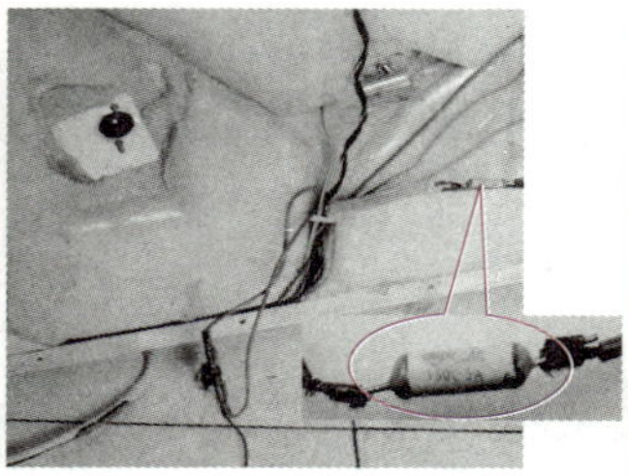	⑥ 消毒柜背板上有两个温控器和一个超温熔断器，记录线路连接关系。 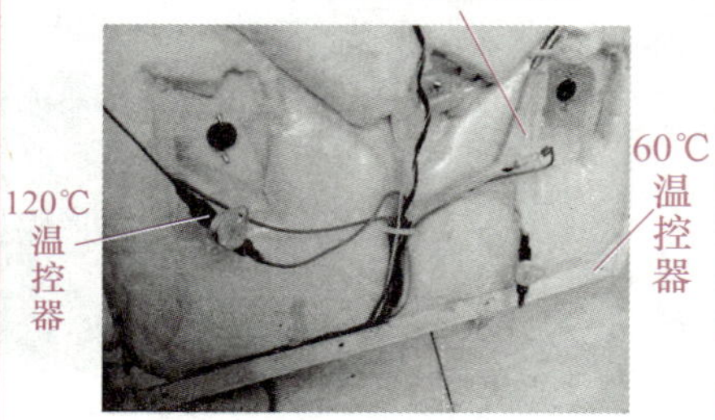

在背部
在箱内

150℃超温熔断器
120℃温控器
60℃温控器

第三步　拆卸与认识消毒柜操作面板元件。

①选取合适的十字螺钉旋具，旋下固定底板及地脚13螺钉。	②取下底板，可见线路连接情况。	③选取十字螺钉旋具，旋下面板开关盒的4颗螺钉。
 底板	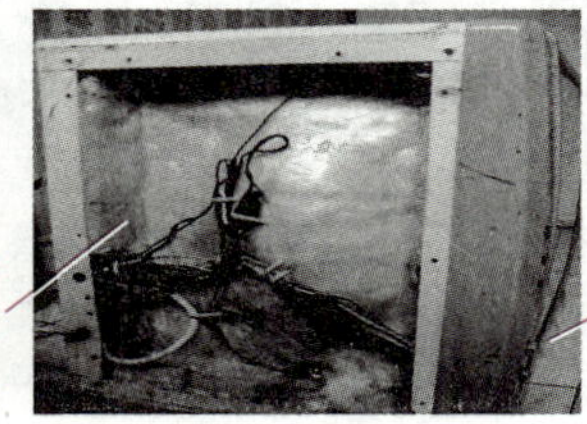 保温材料　面板开关	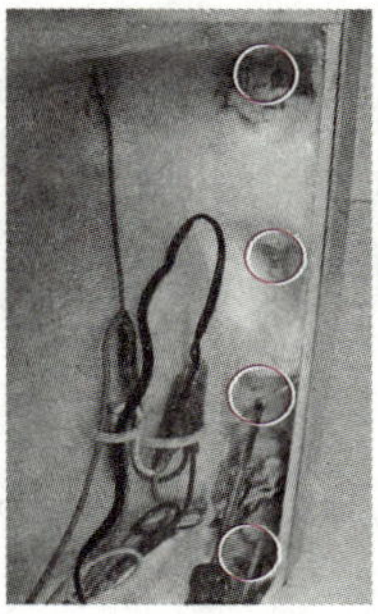
④将固定开关及指示灯的面板盒取下。	⑤用十字螺钉旋具，从面板盒上旋下固定开关、指示灯、继电器的5颗螺钉	⑥从面板盒上取下继电器、指示灯电路板、控制开关，理清线路连接关系。
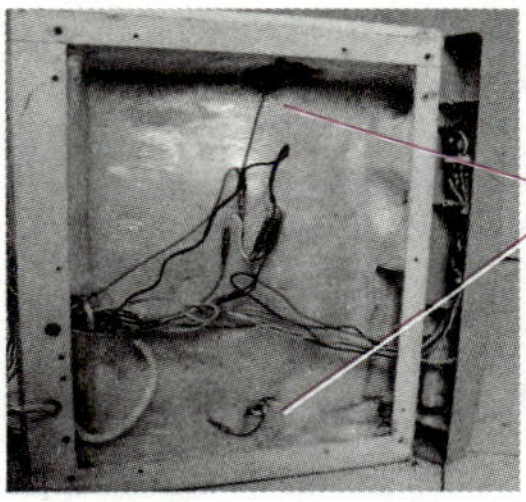 加热管连线	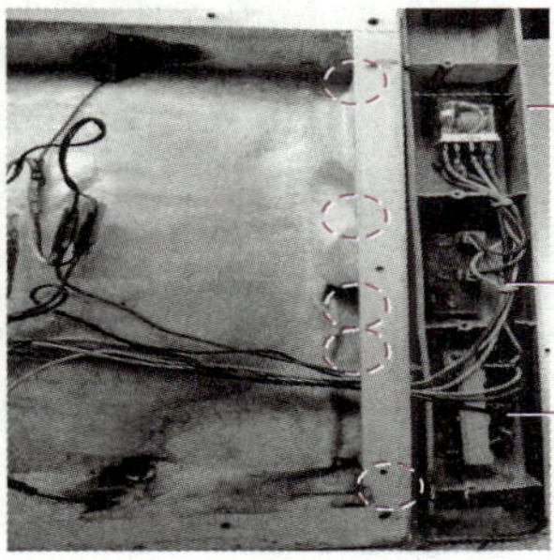 继电器　指示灯　开关	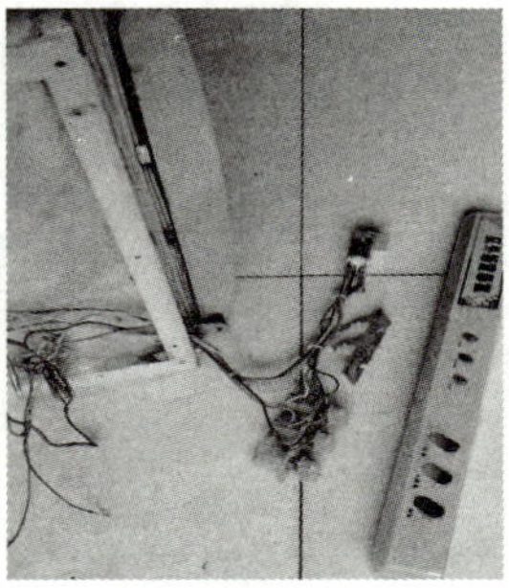

第四步　拆卸与认识消毒柜低温箱元件。

件的方法。

①选取合的十字螺钉旋具，旋下固定臭氧发生器的2颗螺钉。	②按箭头指示方向向上、向外顶出臭氧发生器。	③从消毒柜上部低温消毒室内取出臭氧发生器，其电源连线在底部。
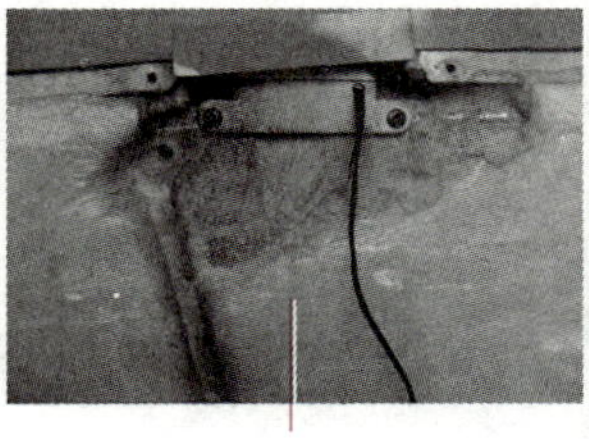 连接到消毒柜底部	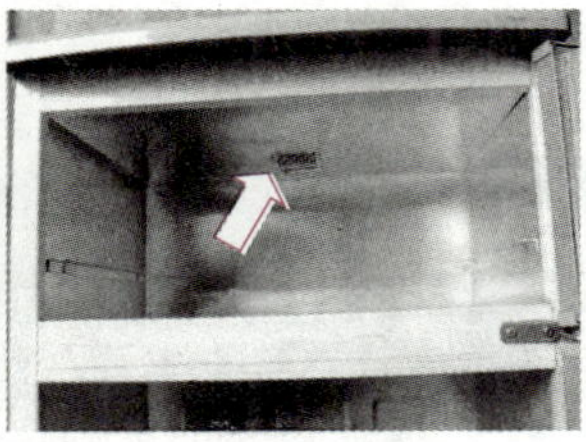	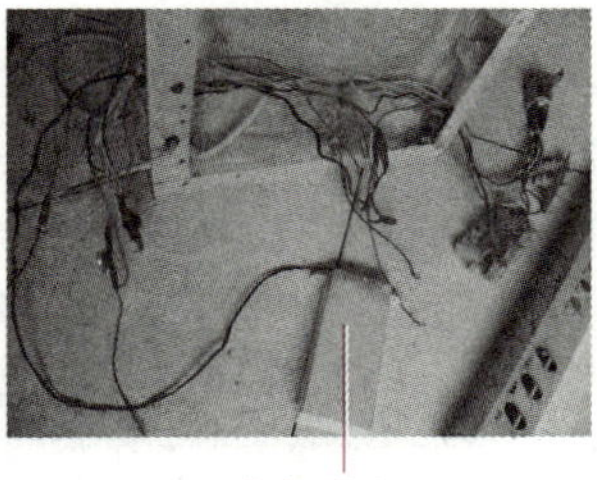 臭氧发生器

④取下臭氧发生器连接的电源线，记录其连接位置。	⑤打开臭氧发生器的外壳，可见组成的电子元器件。	⑥选下固定臭氧管的2颗螺钉，可见臭氧管外形。
臭氧发生器背面	高压变压器 二极管 可控硅	臭氧管 电容器

3 认识消毒柜的主要部件

拆卸后，观察消毒柜的电路连接关系，认识各元件的名称及外形，如图4-3所示。

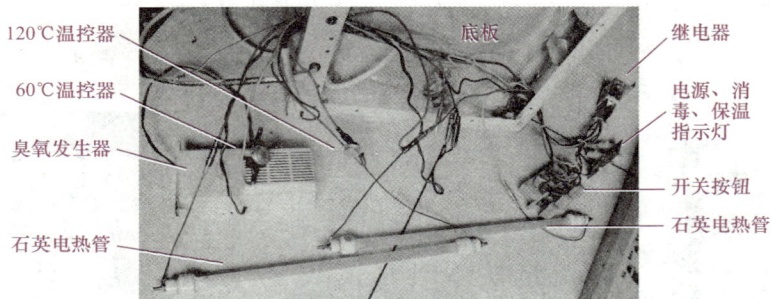

图4-3　认识ZLP63型消毒柜电路各元件

消毒柜电路的主要元件有石英电热管、温控器、超温熔断器、面板控制开关、指示灯、继电器和臭氧发生器。

（1）认识石英电热管

石英电热管是消毒柜实现高温消毒、烘干食具的关键元件。从石英电热管外壳标示上可知额定电压为220V，额定功率为300W，如图4-4（a）所示，因此直接在石英管两端加上220V电压（注意安全用电），若石英管发热发红，即可判定电热管正常可用，如图4-4（b）所示。

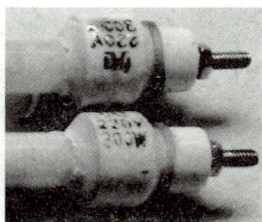

（a）石英电热管外壳标示　　　　（b）两端加220V电压加热管发热发红

图4-4　石英电热管的质量检测

（2）温控器

温控器是实现温度自动控制的元件，当出现故障时消毒柜会不工作或不能自动控制。ZLP63型消毒柜使用了两个温控器，外形如图4-5所示。

KSD201/60是60℃的保温温控器，当消毒柜高温箱内温度高于60℃时自动断开，低于60℃以下几度时自动闭合，从而保证了箱内温度在60℃左右，实现自动保温。

KSD201/120是120℃的消毒温控器，当消毒柜高温箱内温度高于120℃时自动断开，低于120℃时自动闭合，从而实现高温杀菌消毒。可见，它们在常温下均是闭合的。

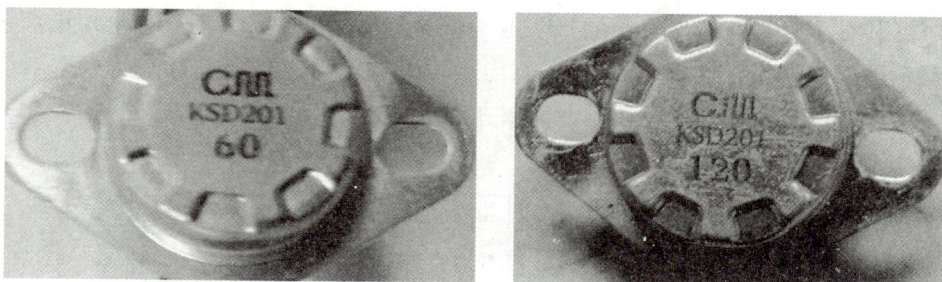

(a) KSD201/60　　　　　　　　(b) KSD201/120

图4-5　消毒柜中使用的两个温控器

（3）超温熔断器

超温熔断器是消毒柜加热电路中的保护元件，规格为250V 5A/150℃，外形同电熨斗、电饭煲等电器中使用的超温熔断器。正常情况下，超温熔断器是闭合的，当高温箱中温度超过150℃时熔断，使电路断开，从而保护了消毒柜。

（4）面板控制开关

ZLP63型消毒柜面板控制开关有3个：保温、电源控制开关为自锁开关（按下开关闭合，再按一次才断开）；消毒开关为常开按钮（按下开关闭合，放手又断开）。知其特点后就可用万用表检测其质量了。

（5）指示灯

ZLP63型消毒柜是否通电由"绿色"的电源指示灯表达，消毒柜处于保温状态由"黄色"的保温指示灯表达，消毒柜处于消毒状态由"红色"的消毒指示灯表达，均为氖泡材料，如图4-6所示。同电熨斗中使用的氖泡相同，需要将串联的120kΩ电阻器并联在220V市电上。

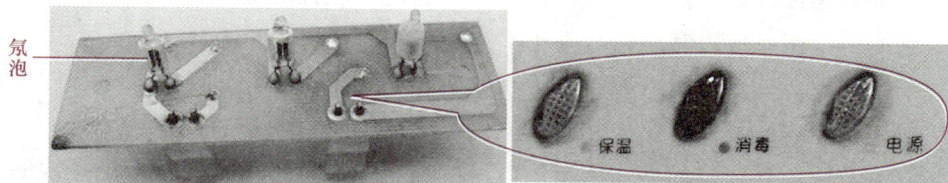

氖泡

图4-6　保温、消毒、电源的氖泡指示灯

（6）继电器

JQX-13F型继电器是一个电磁控制的两组开关，透过外壳可见继电器内部结构，从外壳标示可知内部连接关系，它有8个引脚。如图4－7所示，引脚1、3、5为一组，5、1为常闭触点，5、3为常开触点；引脚2、4、6为一组，6、2为常闭触点，6、4为常开触点；7、8脚间是继电器电磁线圈，额定电压为220V。它是消毒柜高温消毒的一个自动控制元件。

（7）臭氧发生器

臭氧发生器是消毒柜实现低温消毒的主要器件，它是由二极管、晶闸管、电容器、高压变压器和臭氧管等元器件组成的一个电子设备，内部电路参看相关理论知识。它的功能就是通电后产生臭氧，达到消毒杀菌的目的。为防止高压对人的伤害，以及水对该设备的影响，所有的电子元器件用高压硅脂密封在绝缘盒内。

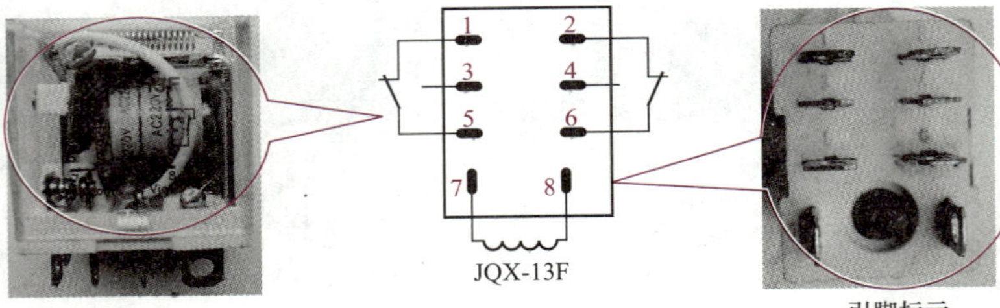

外壳标示　　　　　　　　JQX-13F　　　　　　　　引脚标示

图4-7　JQX-13F型继电器的引脚及内部连接关系

4 组装消毒柜

组装消毒柜的操作过程与拆卸过程相反，但应注意螺钉的不同规格、紧固件要牢固，转动件要灵活。

1）安装臭氧发生器。将臭氧发生器装配好，从消毒柜后背上部推入低温消毒室内，用两颗螺钉固定。电源线放入消毒柜的底部，插接在原来的位置。

2）安装面板元件。将指示灯电路板固定在面板盒内，按拆卸时的记录连接好继电器线路、开关组件的线路，把它们固定在面板盒内，再插接好指示灯线路。用螺钉固定面板盒在消毒柜下部。

3）安装电热管。连接两个电热管线路，固定在原来的位置，注意不要损坏玻璃。

4）安装温控器。连接两个温控器线路，注意两个温控器是不同的，不要搞错了，把它们固定在原来的位置。

5）安装底板。检查底板内各线路连接是否正确、牢固、绝缘良好，整理好线路，固定导线。然后盖上底板，用螺钉固定底板，固定好地脚螺钉。

6）安装背板。连接好超温熔断器的线路，检查电加热管、温控器的连接线路是否正确、牢固、绝缘良好，整理好线路，固定导线。然后盖上背板，用螺钉固定底板，固定好挂壁螺钉。

7）安装搁架。打开箱门，把3个搁架放置在原来的位置。

8）通电前检查。检查各位置安装情况是否复原，使用万用表在插头处按图4－8（a）～（d）所示顺序依次检查，应符合图示情况。同时还需检查消毒柜的绝缘性能，均正常后，才能通电试机，观察各功能是否正常。

（a）按下电源开关时输入端阻值应为∞

（b）按下保温开关时输入端阻值为152Ω

（c）按下消毒开关时输入端阻值为76Ω

（d）在插头处测量线路绝缘应为∞

图4-8　消毒柜试机前的电阻检测

操作评价　消毒柜的拆装与维修操作评价表

评分项目	技术要求	配分	评分细则	评分记录
认识外形	能正确描述消毒柜外观部件的名称	10	错每次扣1分，扣完为止	
拆卸消毒柜	1.能正确顺利拆卸	20	操作错误每次扣2分	
	2.拆卸相应配件完好无损，并做好记录	10	配件损坏每处扣2分	
认识部件	能够认识消毒柜组成部件的名称	10	错误每次扣1分	
组装消毒柜	1.能正确组装，还原整机	20	操作错误每次扣2分	
	2.螺钉正确，配件不错装、不遗漏配件	20	错装、漏装每处扣2分	
安全文明操作	能按安全规程、规范要求操作	10	不按安全规程操作酌情扣分，严重者终止操作	
额定时间	每超过5min扣5分			
开始时间		结束时间	实际时间	成绩
综合评议意见				

4.1.2 相关知识：消毒柜的消毒原理与技术标准

1 消毒柜消毒原理

消毒柜广泛应用于医疗、卫生、餐饮食具等方面，其中食具消毒柜应用较多，它是用物理或化学手段杀灭用水清洗过的碗筷等餐具中残留微生物的大部分或全部的厨房器具。食用消毒柜通常采用臭氧、远红外线高温、紫外线、热风干燥等方法，给食具灭菌消毒。

臭氧消毒是利用由臭氧管在数千伏的高压下放电，空气在电场的作用下分解成氧原子，进而再结合生成臭氧。臭氧是一种淡蓝色气体，除具有除臭、保鲜、清新空气作用外，还可进入细菌内部，破坏其细胞结构和氧化酶，达到杀菌效果。

远红外线高温消毒是利用红外线石英管发热至125℃高温，持续10min以上，使包括细菌、病毒在内的微生物机体蛋白质组织变性而达到杀灭细菌、病毒的目的。

紫外线消毒则是由石英紫外线灯产生波长为200~280 nm的紫外线杀灭细菌，其中波长在250~270 nm杀菌能力最强。通过紫外线对细菌、病毒等微生物的照射，以破坏其机体内去氧核糖核酸(DNA)的结构，使其立即死亡或丧失低温繁殖能力来消毒杀菌的。干燥消毒是将碗柜变成一个热风循环的干燥空间、细菌难以繁殖和生存的环境，实现消毒目的。

为了保证消毒效果，某些碗柜采用多重消毒方式，如紫外线+臭氧、干燥+臭氧等。

2 消毒柜的类型

（1）按功能分

按功能分，有单功能和多功能两种。单功能消毒柜通常采用高温或臭氧或紫外线等单一功能进行消毒；多功能消毒柜多采用高温、臭氧、紫外线、蒸汽、纳米等不同组合方式来消毒，能够杀灭多种病毒、细菌。

（2）按消毒方式分

按消毒方式分，有臭氧、紫外线臭氧、红外线高温、超温蒸汽、紫外臭氧加高温等类型。其中，臭氧、紫外线臭氧属于超低温消毒，消毒温度一般在60℃以下，适合各类餐具，特别适合于不耐高温的塑料、玻璃制品。而红外线高温、超温蒸汽、紫外臭氧加高温属于热消毒或多重组合消毒方式，消毒温度一般在100℃以上，消毒效果好，适合于陶瓷、不锈钢等耐高温制品的消毒。另有一些双门消毒柜上面一层属臭氧消毒，用于不耐高温的餐具消毒；下面一层是红外线高温消毒，用于给耐高温餐具消毒。

（3）按消毒室数量分

按消毒室数量分，有单门、单门双层、双门及多门消毒柜。单门消毒柜一般只有一种消毒功能；双门消毒柜一般为两种或两种以上消毒方式的组合。一般来说，单门消毒柜适用于集体饭堂和酒店等的餐具消毒，属高温消毒；而双门宜为家庭选用，因为家庭中的餐具一般可分为耐高温和不耐高温两类，而一般的双门柜都具有高温和低温消毒两种功能。

（4）按容积大小分

按容积大小分，目前市场上主要有30L、50L、80L、100L、150L、250L、350L等系列。作为日常家用的消毒柜，容积在50～80L、功率为600W左右就比较适宜了。

（5）按安装方式分

按安装方式分，有立式、卧式、壁挂式、嵌入式、落地式、台式、开门式和抽屉式等。目前市场上较流行与整体厨房配套的嵌入式消毒柜，这种消毒柜集食具消毒、烘干、存放于一体，非常实用。

现在市场上的消毒柜有很多附加功能，比如烘干和保温、保湿、VFD大屏幕显示、热风内循环、微电脑控制、定时开关、增设排气孔、特设防虫网、自动除臭、防二次污染等。

3　消毒柜技术标准

康宝是《食具消毒柜安全和卫生要求》国家标准的重要起草者和制定者。消毒柜生产企业须获得ISO9001质量体系认证证书、通过德国莱茵公司认证中心的TUV认证、获得欧盟十五国统一标志CE认证、获得中国电工等多项认证的才是合格的消毒柜生产企业。

按GB 17988—2000《食具消毒柜的安全和卫生要求》的规定，其质量要求如下。

1）产品在下列条件下能正常工作：

　　① 环境温度为0～40℃。

　　② 环境相对湿度小于95%（25℃时）；周围无易燃、易爆、腐蚀性气体和导电粉尘；电压波动不超过额定电压的±10%；频率波动不超过额定频率的±1%。

2）外观。箱体外表面应平整、光滑，无明显划痕、裂纹，涂覆件表面不应有气泡、流痕、剥落等缺陷。

3）门封。消毒柜的门封条应密封良好，与门框贴合紧密，柜门开关方便、灵活。

4）防锈。电镀件在盐雾试验后，除棱角及锐边2mm范围以内，每100cm^{2}表面积内的锈点和锈迹不应超过2个，每个锈点和锈迹不超过1mm^2。

5）涂层牢固性。涂覆件按标准规定方法试验后，涂层脱落的格数不超过15%。

6）搁架的机械强度。支承食具消毒柜的固定支架或类似装置和搁架、抽屉应具有足够的机械强度。

7）柜门耐久性。柜门在经受1万次开门试验后，应仍能正常使用。

8）容积。食具消毒柜的容积应不小于标称值的95%。

9）消毒效果。经过食具消毒柜消毒的食具应达到GB 14934的要求。消毒效果：大肠菌群数用发酵法检测小于3个/100cm^2，用纸片法检测为0个/50cm^2。肠道致病菌（沙门氏菌属、志贺氏菌属）不得检出。

10）臭氧泄漏量。按规定方法试验不大于0.20mg/m^3。

11）结构。臭氧消毒柜（室）应装有门开关，当柜门打开时，立即断开臭氧发生器电源。当消毒柜（室）内臭氧浓度不小于40mg/m^{3}时，其结构应能保证消毒周期未完成之前，柜门不能打开。

12）泄漏电流。不大于 0.75mA 或按每千瓦 0.75mA 计。

13）电气强度。能承受交流 1250V 电压试验，历时 1min 无击穿或闪络。

任务 4.2 消毒柜的维修

任务目标

　　1. 会检测消毒柜的主要部件。

　　2. 学会排除消毒柜的常见故障。

任务分析

　　学会检测消毒柜的主要部件，学会排除消毒柜的常见故障。

4.2.1 实践操作：消毒柜主要元件检测与故障排除

1 检测消毒柜电路的主要元件

（1）石英电热管

　　首先检查石英加热管外观是否破裂，再使用万用表检测石英电热管的阻值为 150Ω 左右。检测方法如图 4-9 所示。

（2）温控器

　　温控器的质量检测，可在常温下用万用表检测引线两端阻值，应为零；用电烙铁对温控器加热，再检测其阻值应为无穷大，则正常可用。检测方法如图 4-10 所示。

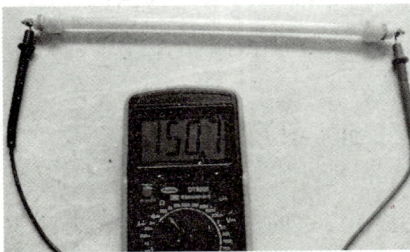

图4-9　检测电热管阻值

（a）常温下温控器阻值为零　　（b）加热温控器阻值为无穷大

图4-10　检测消毒柜中两个温控器

（3）超温熔断器

　　超温熔断器的检测方法如图 4-11 所示，测其两端的电阻器应为 0Ω，为无穷大则损坏。它属于一次性元件，损坏后更换相同规格的超温熔断器即可，属易损元件。

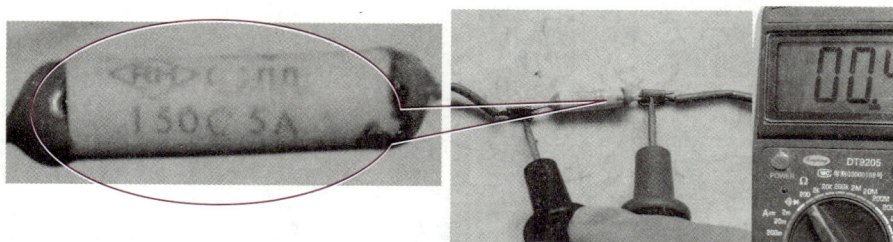

图4-11 常温下检测温度熔断丝的阻值为0Ω

（4）面板控制开关

面板控制开关有3个，通过手动检查是否灵活，用万用表检测是否接触良好。检测方法如图4-12所示。

图4-12 按下电源开关两触点闭合

（5）继电器

JQX-13F型继电器的8个引脚的连接情况，可通过万用表来检测，如图4-13所示。JQX-13F型继电器的的触点质量检测采用通电方法判断，在7与8脚间加220V的电压，可观察到内部触点能吸合，则可用，如图4-14所示，但要注意安全。

（a）检测继电器开关组件   （b）检测继电器线圈阻值

图4-13 万用表检测继电器8个引脚的连接情况

（a）未通电时引脚5-1闭合 5-3断开   （b）通电后引脚5-1断开 5-3闭合

图4-14 在继电器的7与8脚间加220V电压检查触点闭合情况

（6）臭氧发生器

检测质量时可检测电源输入端的阻值应为无穷大，高压变压器的输出端阻值约为1.4kΩ，方法如图4-15所示；也可采用直接通电220V的方法，正常发生器能产生臭氧，看到蓝色的光，听到高压电击的声音，如图4-16所示。若臭氧发生器不能工作，最好整体更换。

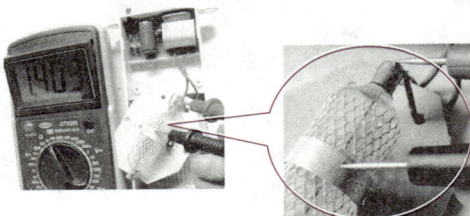

图4-15　检测变压器的输出端阻值　　　图4-16　通过臭氧发生器通电产生臭氧判断好坏

2 排除消毒柜常见故障

消毒柜电路参见相关理论知识，下面通过例举几个典型故障，学会排除消毒柜的常见故障。

典型故障一： 按下电源开关，所有指示灯均不亮

故障现象　ZLP63型消毒柜，按下电源开关，所有指示灯均不亮。

故障分析　分析故障引起的可能原因，见表4-1。

故障排除　排除故障的方法见表4-1。

表4-1　故障原因分析及排除方法

引起故障的可能原因	排除故障的方法
电源插座无电	更换另外的插座或用万用表、试电笔检查插座有无电压输出
电源线路损坏断路	电阻法检查电源线路，修理或更换电源线路
电源开关损坏开路	拆卸消毒柜底板后，再拆卸面板盒，检查开关，修理或更换电源开关
超温熔断器熔断	拆卸背板，取出超温熔断器，直接检测好坏；更换同规格的超温熔断器，检修方法如图4-17所示

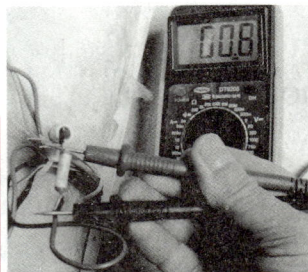

图4-17　在路检测超温熔断器好坏

典型故障二： 按下电源开关和保温开关，保温指示灯发光，但电热管不发光发热

故障现象　ZLP63型消毒柜，按下电源开关后，再按下保温开关，保温指示灯发光，但底部电热管EH2不发热发光，无温度。

故障分析　分析故障引起的可能原因见表4-2。

故障排除　排除故障的方法见表4-2。

表4-2　故障原因分析及排除方法

引起故障的可能原因	排除故障的方法
发热管EH2开路损坏	拆卸底部加热管EH2的保护罩，用万用表检测好坏，损坏后更换同规格加热管
继电器K的常闭触点6-2不能接触	拆卸消毒柜底板后，再拆卸面板盒，检查继电器，修理或更换继电器
保温温控器ST1开路损坏	拆卸背板，取开温控器ST1，检测好坏；损坏后更换60℃温控器，检修方法如图4-18所示

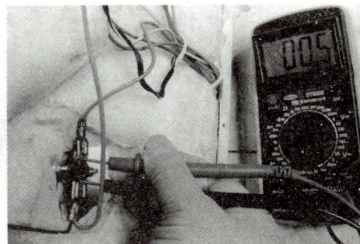

图4-18　在路检测温控器好坏

操作评价　**消毒柜的维修操作评价表**

评分内容	技术要求	配分	评分细则	评分记录
检测元器件	能正确检测消毒柜元器件的好坏	20	操作错误每次扣5分	
排除消毒柜的故障	1．能够正确描述故障现象、分析故障，确定故障范围及可能原因	20	不能，每项扣5分，扣完为止	
	2．能够正确拆装消毒柜	20	操作错误每次扣2分	
	3．能够由原因逐个排除，确定故障点，并能排除故障点	20	不能，扣10分；基本能，扣5～10分	
安全使用	安全检查，正确使用消毒柜	10	操作错误每次扣5分	
安全文明操作	能按安全规程、规范要求操作	10	不按安全规程操作酌情扣分，严重者终止操作	
额定时间	每超过5min扣5分			
开始时间		结束时间		实际时间		成绩	
综合评议意见				

4.2.2　相关知识：消毒柜电路的工作原理与使用

1 ZLP63型消毒柜电路的工作原理

ZLP63型消毒柜具有低温臭氧消毒、红外高温消毒和保温三大功能，有两个消毒室，采用机电控制方式有3个控制开关按钮，图4–19为ZLP63型消毒柜电路工作原理图，臭氧发生器电路原理图如图4–20所示。

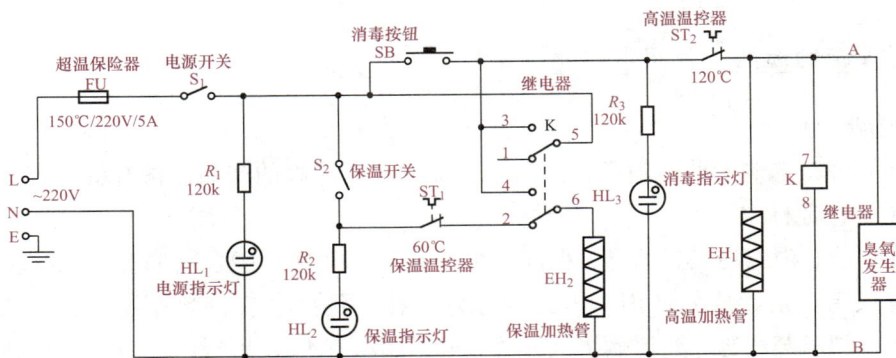

图4-19　ZLP63型消毒柜电路工作原理图

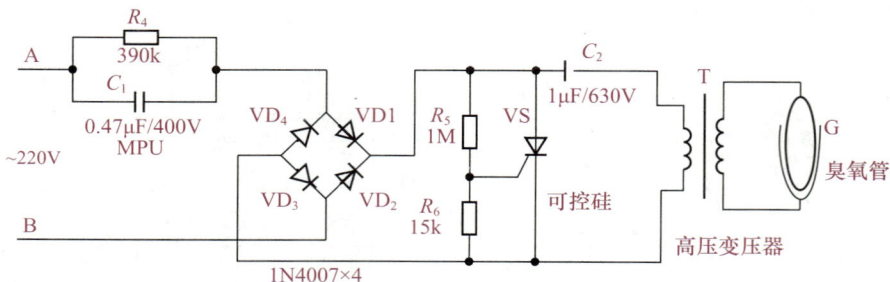

图4-20 ZLP63型消毒柜臭氧发生器电路原理图

消毒柜电路工作原理见表4-3。

表4-3 消毒柜电路工作原理

消毒柜完成功能	工作过程
接通电源	按下电源开关S_1，电源指示灯HL_1发出绿光，只是为消毒柜工作做好准备，消毒柜并未工作，几乎不耗电；再按S_1消毒柜断电
保温烘干	按下电源开关S_1，再按下保温开关时，HL_1发出绿光，HL_2指示灯发出橘红色光，此时电加热管EH_2两端得电220V而发热，使高温消毒室温度上升，到达60℃以上后，ST_1断开，停止加热；但温度下降到一定时ST_1又闭合，EH_2又通电加热，如此反复实现保温烘干
红外高温消毒	按下电源开关S_1后，按下消毒按钮SB，指示灯HL_3发出红光。继电器K的线圈得220V电压，继电器的常开触点5-3闭合而自锁，即使放手仍使继电器的线圈上有220V电压，保证220V电压加到EH_1两端而发热。同时继电器常开触点6-2断开，使保温指示灯熄灭；常开触点6-4闭合，EH_2两端得220V电压发热。两根加热管均发热使高温消毒室温度升高，到升120℃以上后，温控器ST_2断开，继电器线圈失去电压，常开触点5-3断开，失去自锁功能；常开触点6-4断开，常闭触点6-2闭合复原，此时EH_1、EH_2均失电停止加热，消毒指示灯熄灭，完成高温消毒过程
臭氧低温消毒	在按下消毒按钮时，高温消毒室实现120℃的高温消毒杀菌；与此同时低温消毒室的臭氧发生器也工作产生臭氧，对低温消毒室消毒杀菌，当高温消毒室停止加热时，低温消毒室也停止工作 臭氧发生器输入端得到220V电压后，经C_1、R_4降压后，由桥式整流器整流为脉动直流电，由于有过零出现，因此单向晶闸管VS在过零时断开，控制极电压升高到可触发VS又导通，如此反复使电容器C_2与变压器的初级组成一个LC振荡器，产生的脉冲电压经T升压后，作用于臭氧管，产生几千伏电压而形成臭氧
高温消毒+保温	在按下消毒按钮时，同时按下保温开关，此时3个指示灯均发光。当高温消毒结束后，高温消毒室温度下降到60℃以下后，ST_2温控器闭合，完成保温功能

2 消毒柜的选购、使用与维护

（1）选购要点

1）看品牌。选购专业做消毒柜的品牌，或购买大品牌的产品，再有就是查看有没有3C等认证标志。

2）选功能。消毒柜具有消毒、保温、烘干等多项功能，主要是消毒功能的选择。

3）看灭菌、消毒成效。消毒方式也分好几种，包括臭氧、紫外线臭氧、红外线高温、超温蒸汽等。建议购买红外线高温、超温蒸汽或紫外线加高温的消毒柜。

4）选容积。3人用可选择40～50L的消毒柜，5人用可选择60～80L消毒柜。

5）选样式。消毒柜的式样、造型、花色颇多，应根据个人爱好、厨房的特点，按需配置。

6）具体挑选。通常采取一看、二敲、三摸的方法选择。

7）看售后。售后很重要，看是否有说明书、售后信誉卡、维修地址、电话等信息。

（2）使用注意事项

1）消毒柜要"干用"。放入消毒柜的食具最好洗净后，沥干水分再竖直放入柜中。

2）消毒柜要常通电。消毒碗柜最好一两天通电消毒一次，这样既起到杀毒的目的，又可延长其使用寿命。

3）餐具材料要选择。消毒柜并非是能消灭"千毒万毒"的"神柜"，塑料等不耐高温的餐具要放入低温消毒室；耐高温的食具才放入高温消毒室。

4）位置摆放要科学。消毒柜应水平放置在干燥通风处，离墙不宜小于30cm。

5）节能使用。消毒过程最好不要打开柜门；消毒结束后，一般10～20min后，方可开柜取物。

（3）维护须知

1）洗涤剂。清洁餐饮具，宜选用中性洗涤剂。

2）保持排气。消毒柜室内有透气孔，注意防止排气孔被堵。

3）故障处理。如发生故障，必须到特约维修部门检修。

4）定期保养。定期对消毒柜进行清洁保养，用干净的湿布擦拭消毒柜内外表面，始终要保持消毒柜消毒室内干燥，防止食具二次污染。

思考与练习

1. 消毒柜按消毒方式主要类型有_____、_____、_____、_____。

2. 消毒柜种类虽多，但一般离不开_____、_____、_____、_____等几部分。

3. 消毒柜是利用_____完成消毒细菌的。

4. 消毒柜的电加热管一般使用材料是_____，作用是_____。

5. 消毒柜的发明者是_____。

6. 图4-19消毒柜电路，分析消毒柜如何高温消毒。

7. 消毒柜通电按下消毒开关后出现消毒指示灯亮、加热管发热，但不产生臭氧，应如何排除故障？

项目 5
电热水器的拆装与维修

学习目标

知识目标 ☞

1. 了解电热水器的类型、结构。
2. 理解电热水器的电路工作原理。
3. 了解电热水器的防电墙技术
4. 掌握电热水器的技术标准。
5. 了解电热水器的选购、使用与维护。

技能目标 ☞

1. 会拆卸与组装电热水器。
2. 能认识电热水器的主要部件。
3. 会检测电热水器的相关元器件。
4. 能排除电热水器的常见故障。

电热水器是利用电加热方法为人们提供生活热水（淋浴和洗涤）的一类电热器具。电热水器是与燃气热水器、太阳能热水器相并列的三大热水器之一。自1988年中国第一台真正可以洗澡的电热水器在鼎新研发成功以来，电热水器已经历经了三次以上技术革命和产品更新换代。第一代主流产品是储水式电热水器，第二代代表产品是即热式电热水器，第三代改进产品是速热式热水器，第四代的空气能电热水器已开始走入家庭。目前的电热水器因具有安全、卫生、方便并且加热迅速的特点，因此得到广泛的应用。

本项目学习洗用即热式电热水器的拆卸、组装、元件检测、电路工作原理和故障检修。

任务 *5.1* 电热水器的拆卸与组装

任务目标

 1. 会拆卸与组装电热水器。

 2. 能认识电热水器的主要部件。

任务分析

 拆卸与组装电热水器的工作流程如下所示。

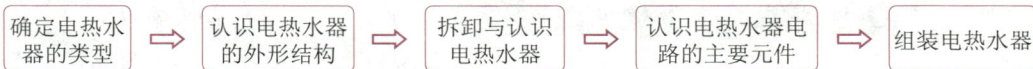

确定电热水器的类型 ⇨ 认识电热水器的外形结构 ⇨ 拆卸与认识电热水器 ⇨ 认识电热水器电路的主要元件 ⇨ 组装电热水器

5.1.1　实践操作：拆卸与组装电热水器

1 确定电热水器的类型和认识电热水器的外形结构

电热水器种类很多，常见的几种如图5-1所示。

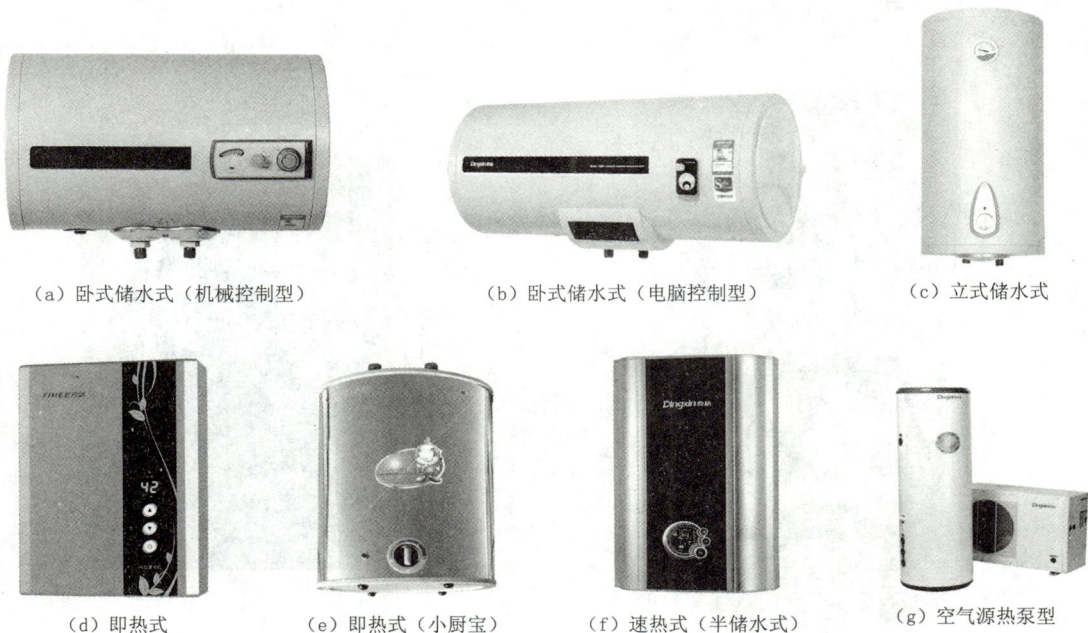

（a）卧式储水式（机械控制型） （b）卧式储水式（电脑控制型） （c）立式储水式

（d）即热式 （e）即热式（小厨宝） （f）速热式（半储水式） （g）空气源热泵型

图5-1　常见电热水器

检修电热水器时就必须拆卸热水器。这里拆卸的是DST－B－8型即热式电热水器，如图5-2所示。

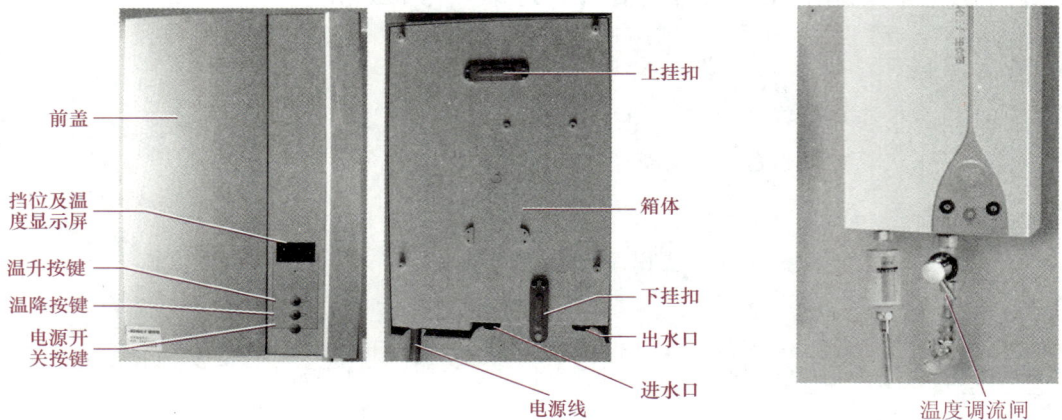

前盖
挡位及温度显示屏
温升按键
温降按键
电源开关按键
上挂扣
箱体
下挂扣
出水口
进水口
电源线
温度调流闸

图5-2　DST-B-8型即热式电热水器外部结构图

2 拆卸与认识电热水器

电热水器因种类不同，拆卸方法各异，这里主要介绍即热式电热水器的拆卸方法。

第一步　拆卸DST－B－8型即热式电热水器电热水器外壳，认识其内部结构。

① 关断空气开关，拆取电源接线。关闭进水截止阀，用扳手拆卸进、出水管的螺帽。旋下固定螺钉，将热水器向上提，将其从墙上取下。	② 用手向上推前盖，再向外慢慢取出前盖。

固定螺钉
拆卸螺母
出水
进水
电源线
进水截止阀
出水截止阀
卡扣

③ 观察内部结构，前盖与箱体间有线路连接，用手捏住插接件的卡扣，取下插头与插座，分离前盖。	④ 观察机箱内主要部件，认识其名称及外形。
电源主板　插接件　电脑控制板	出水温度传感器　无氧紫铜加热系统　继电器　接线板　变压器　超温保护器　电源进线　水流开关

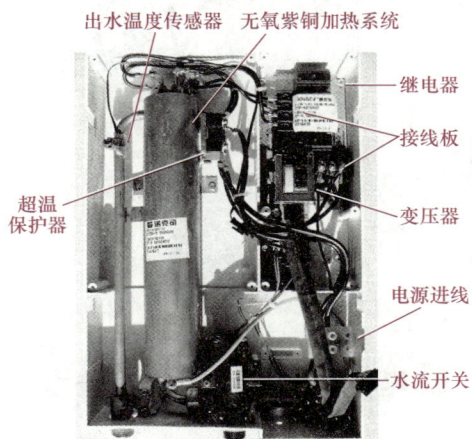

第二步　拆卸电热水器电路板、加热体，认识其组件。

① 用十字螺钉旋具旋下热水器前盖上固定电脑控制板的6颗螺钉。	② 取出电路板，观察电路的元器件。
	LED数码管　译码器　CPU　面板按键　蜂鸣器
③ 用十字和一字螺钉旋具，分别旋松压接电源线头的螺钉，取出两端的电源线；再取出漏电检测线圈。	④ 用螺钉旋具旋下固定电源电路板的4颗螺钉。
漏电检测线圈	电源主板

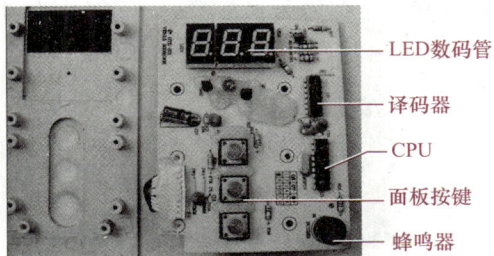

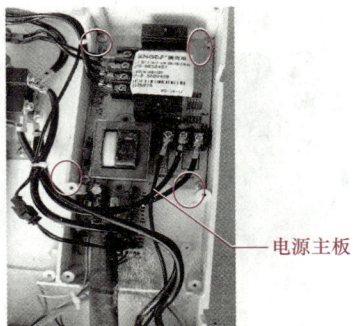

⑤用起子旋下固定紫铜加热系统螺钉。	⑥由下往上将加热系统和电路板一起取出，记录线路关系。
	连接加热管的导线 漏电线圈

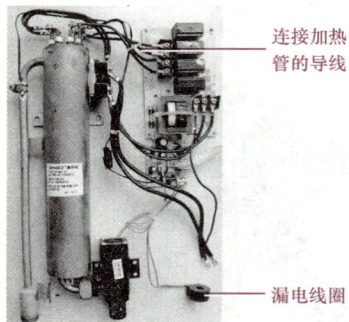

3 认识电热水器电路的主要元件

DST-B-8型电脑控制式电热水器构成电路的元器件较多。

（1）无氧紫铜加热系统

无氧紫铜加热系统共有4组发热体，两组1700W，两组2300W，额定电压为220V，如图5-3（a）所示；该电热水器的Hi-Copheat海可沸快速加热系统采用无氧紫铜材料配合镍铬合金发热元件，其内部结构如图5-3（b）所示。该加热系统具有传热快，热效率高,抗菌、抑菌、杀菌能力强，耐腐蚀，不易结水垢等特点。

（a）无氧紫铜加热系统外形　　　　（b）发热体内部结构

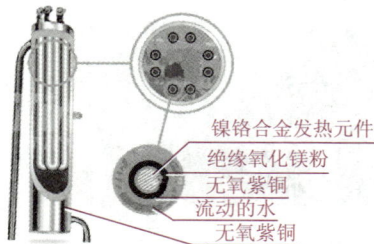

镍铬合金发热元件
绝缘氧化镁粉
无氧紫铜
流动的水
无氧紫铜

图5-3　无氧紫铜加热系统

（2）超温保护器

该电热水器的超温熔断器外形如图5-4所示，外壳上标示的含义如表5-1所示。

（a）温控器KSD307　　　　　　　（b）标示参数

图5-4　电热水器的温控器KSD307M外形

表5-1　超温熔断器KSD307M外壳标示的含义和功能

标示	KSD307	250V	~	45A	98℃	常闭开关符号	RE-SET	CQC	功能
含义	双极型温度控制器	额定工作电压250V	工作电压为交流电	额定电流为45A	突跳断温度为98℃	常闭开关符号	复位	产品认证	温度保护及过热保护、防干烧

KSD307/98℃双极型温控器，外壳全封闭的双金属片接触感温式温度继电器，在预设定之温度达到98℃时快速跳断，同时将热水器电路的火线和零线全部切断，对电器、人体起安全保护作用，复位方式为手动复位。

（3）水流开关

水流开关也称为流量开关或流量传感器，用于检测管内流体流动或停止输出信号来控制系统的一个产品。如图5-5所示，水流开关由有磁环的活塞、复位弹簧、聚碳外壳和传感器组成。外壳为聚碳制造，磁心采用钕铁硼永磁材料，传感器磁控开关为干簧管。进水端与出水端接口均为G1/2″标准管螺纹。

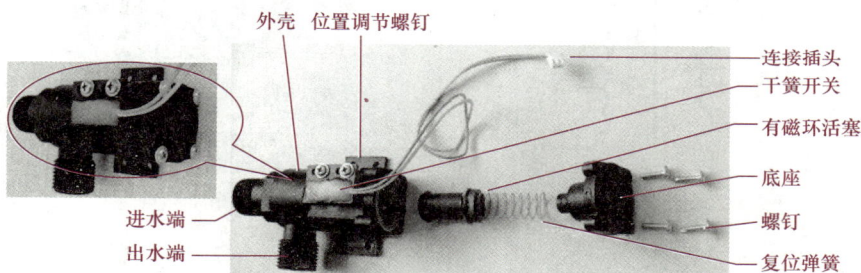

图5-5　水流开关结构

水流开关中没有水流动时，开关断开，可见为常开干簧开关；而当水流动时有一个向上的压力将有磁环的活塞抬起接近并驱动干簧开关，产生一个闭合的信号，要求直立安装。

（4）漏电线圈

漏电线圈也称为零序互感器或检测互感器或电流互感器，电热水器正常工作时，流过互感器中火线与零线的电流大小相等，方向相反，电流和为零，漏电线圈无感应电流产生，电路不动作；当热水器出现线路与设备间漏电或有人触电时，就有一个接地故障电流，使流过互感器内电流量和不为零，互感器铁芯会感应出磁通，漏电线圈中就会有感应电流产生，经漏电专用芯片处理后控制单片机，使热水器发热元件断电，停止加热。

（5）继电器

DST-B-8型电热水器的4组发热体是否接通电源，是依靠4个继电器来控制的，其电路符号和外形如图5-6所示。外壳上标示说明该继电器型号是891P-1A-C，继电器线圈额定直流电压为12V，有CQC产品认证（中国质量认证中心），开关额定交流电压为250V，额定电流为25A。

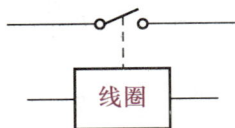

（a）电路符号 　　　　　　（b）继电器外形

图5-6　继电器

（6）电源变压器

电源变压器的电路符号和外形如图5-7所示，1脚与4脚间输入220V/50Hz的交流电压，5脚与9脚间输出10V/50Hz的交流电压。

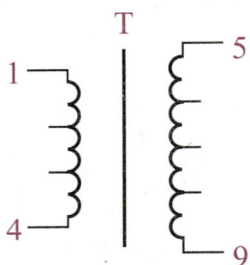

（a）变压器电路符号 　　　　　　（b）变压器外形和规格标示

图5-7　电源变压器

（7）温度传感器

DST-B-8型热水器中的温度传感器是一个负温度系数热敏电阻，它用于检测流出热水的温度，其电阻值常温下超过100kΩ，当温度升高时，阻值下降，这个变化的阻值转换为电压变化，再经单片机处理后，由数码管显示出来。其外形和电路符号如图5-8所示。

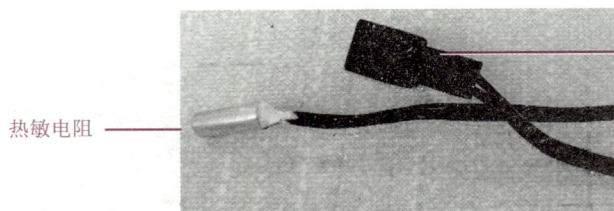

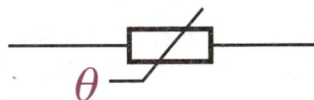

（a）温度传感器外形 　　　　　　（b）温度传感器电路符号

图5-8　温度传感器

（8）电源主板

DST-B-8型电热水器有两块电路板，一块是电源主板，另一块是电脑控制板。它包含了产生12V、5V电压电路，继电器控制电路，温度、水流量、漏电检测及处理电路（传感器电路）3部分。

（9）电脑控制板

DST－B－8型电热水器的电脑控制板上有电阻器、电容器、二极管、三极管、按钮、数码管、蜂鸣器、接插件、两块集成电路，如图5－9所示。

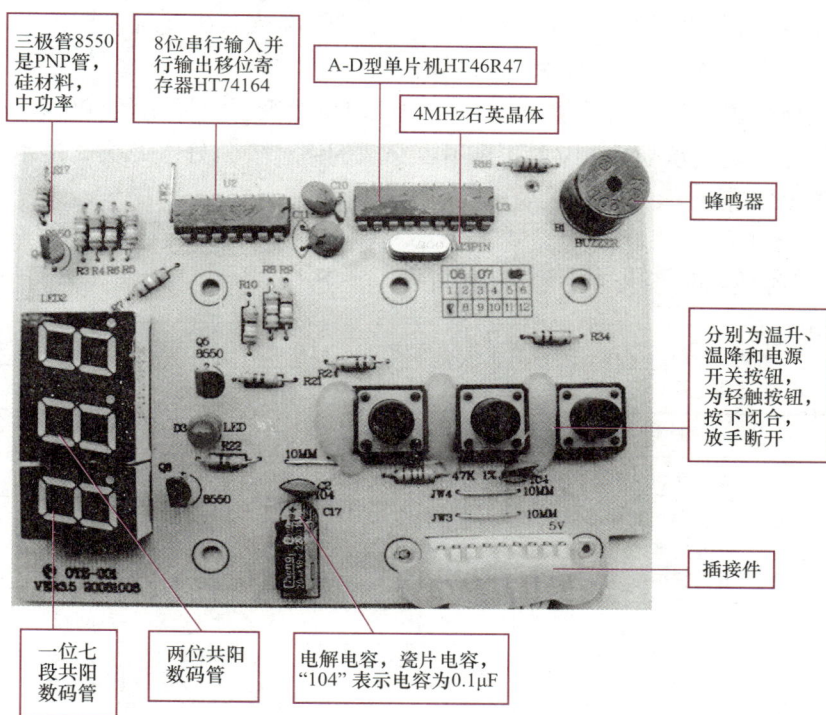

图5-9　电热水器电脑控制板的识别与检测

4 组装电热水器

检修完毕后，需重新装配热水器，组装过程与拆卸过程相反。

1）组装无氧紫铜加热系统的部件。

①把超温保护器固定在紫铜加热罐外壳上，注意先要在接触处涂上导热硅脂，要充分接触，但力矩不易过大。

②把水流开关安装在进水口，注意开关的出水端与铜罐进水端相连。

③将温度传感器头涂上导热硅脂，紧固在出水管上。

2）安装发热元件和保护器上的连接线路。把相应规格的线路固定在4组发热元件和超温保护器上（提示：按拆卸前记录的情况选择对应导线及螺钉）。

3）安装电源板的导线。理清线路关系，可参照后面相关理论知识中热水器电路原理图。将7根主线路连接，固定。

4）组装传感器检测线路。把温度传感器、水流开关、漏电线圈的头插接在电路板对应位置，用扎带将线路绑好，参照图5－5所示，检测螺钉压接的线头是否牢固，线路是否连接正确。

5）固定加热系统及电源主板。各线路连接正确后，整体从上往下装入箱体中，用螺钉固定紫铜加热系统和电源电路板；电源输入的火线零线穿过漏电线圈，电源线压接在接线板上，最后把地线固定在铜罐上。

6）安装电脑控制板，组装外壳。把电脑控制电路板用螺钉固定在前盖对应位置，连接好电脑板与电源板之间的数据线；再将前盖从上往下盖在箱体上，用力往下拉。至此，热水器组装结束。

7）通电前检测。通电前检测火线与零线间阻值为变压器阻值约500Ω，火线与地线间绝缘阻值能承受1500V电压5s不击穿或闪络。安装好水龙头、进水调流阀、出水防电墙等。

操作评价　**电热水器的拆卸与维修操作评价表**

评分项目	技术要求	配分	评分细则	评分记录
认识外形	能正确认识热水器外观部件名称	10	错每次扣1分，扣完为止	
拆卸热水器	1. 能正确按照步骤和方法，顺利拆卸	15	操作错误每次扣1分	
	2. 拆卸相应配件完好无损，并做好记录	15	配件损坏每处扣2分	
认识热水器电路元件	能够认识热水器电路组成元件的名称、规格、功能	20	答错每次扣2分	
组装热水器	1. 能正确组装，还原整机	15	操作错误每次扣2分	
	2. 螺钉正确，配件不错装、不遗漏配件	15	错装、漏装每处扣2分	
安全文明生产	能按安全规程、规范要求操作	10	不按安全规程操作酌情扣分，严重者终止操作	
额定时间	每超过5min扣5分			
开始时间		结束时间	实际时间	成绩
综合评议意见				

5.1.2　相关知识：电热水器的类型、结构及其质量技术标准

1　电热水器的类型与结构

电热水器按结构不同可分为储水式（又称容积式或储热式）、即热式、速热式（又称半储水式）3种，以及现在发展的第四代电热水器——空气能电热水器。

（1）储水式电热水器

储水式电热水器按加热元件的安装位置不同分为内插式（效率高）、外敷式两种。壳与内胆之间有加厚保温层。加热管功率可选，加热管由一个温控器来控制，在40～75℃范围内可调。带漏电保护的电热水器的典型工作原理图如图5-10所示。

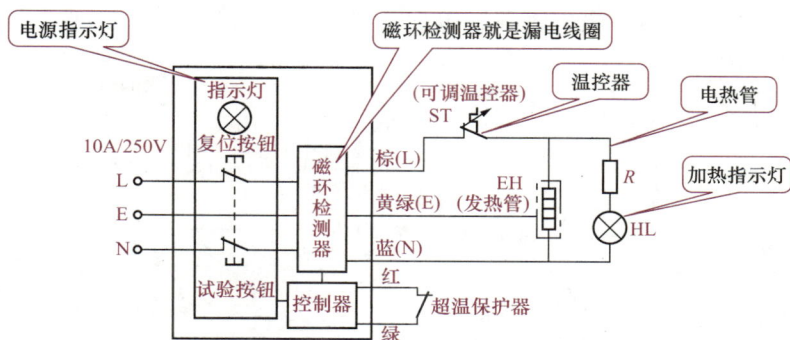

图5-10 电热水器典型工作原理图

其工作原理是：带漏电保护功能的电热水器通电后，加热指示灯亮，电加热器通电加热。当水温达到预置温度时，温控器触点断开，停止加热，指示灯熄灭。当水温比预设温度低7℃左右时，温控器触点闭合，重新通电加热。当水箱内温度过高时，超温保护器动作，由控制器处理后控制电源进线断开停止加热，防止干烧；当漏电时，由磁环检测器感应电流，通过控制器处理，使电源进线断开停止加热，防止触电；故障排除后需按下复位按钮才能重新使用热水器。

储水式电热水器按温控器不同有双金属片式、蒸汽压力式、电子式3种。图5-11所示为电热水器中常见的温控器。

（a）双金属片式　　　　　　（b）双金属片组合式　　　　　　（c）蒸汽压力式

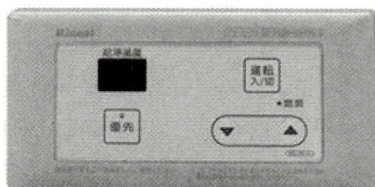

（d）电子式　　　　　　　　　　　（e）电子线控式

图5-11 电热水器中常见的温控器

储水式电热水器按安装方式又分为壁挂横式、壁挂立式和落地式3种，按容积大小又分为大容积与小容积式，壁挂式容量从5~500L的都有。所有的储水式电热水器在进水口必须安装压力安全阀，以确保超压泄压。

封闭储水式电热水器一般由箱体、电加热器、控制系统及进、出水系统、镁棒等组成，如图5-12所示。

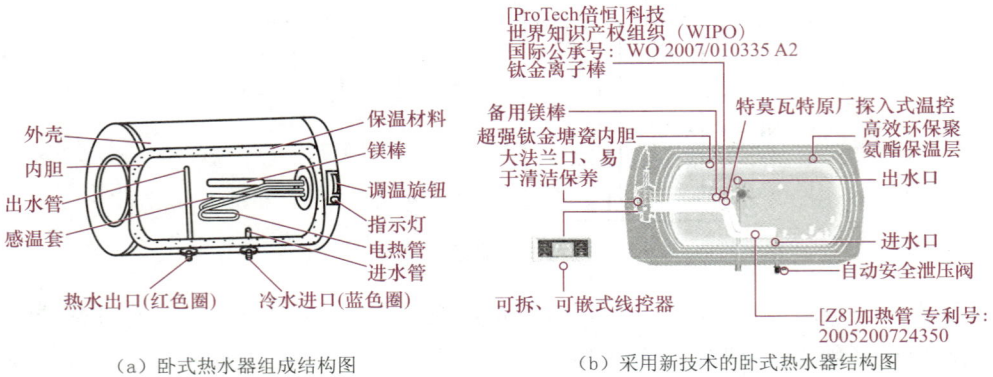

（a）卧式热水器组成结构图　　　　（b）采用新技术的卧式热水器结构图

图5-12　储水式电热水器的结构图

箱体由外壳、内胆、保温层等组成，起到支撑、贮水及保温的作用；电加热器大多采用内插式管状结构，金属套管常为不锈钢或铜管，如图5-13（a）图所示，有的采用陶瓷加热器，结构如图5-13（b）所示。

（a）金属管电加热器　　　　　　（b）陶瓷加热器结构图

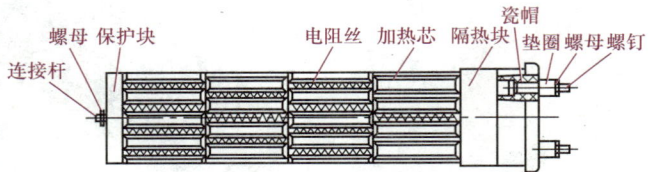

图5-13　电热水器的加热器

电热水器的控制系统，有温控器、漏电保护器、有防干烧保护元件（干烧超过93℃时断开电源）、超温熔断器等。

进、出水系统由进水管、出水管、安全阀、淋浴头等组成，保证安全使用热水淋浴。

镁棒又称阳极棒，它的主要成分是镁。镁比铁先溶解于水，从而防止内胆铁被腐蚀。镁棒要定时更换；否则会损坏内胆。

（2）即热式电热水器

即热式电热水器一般工作电流大，即开即热。其按用途分为淋浴型和厨用型（多称为小厨宝），按控制方式分为机械式和智能控制式。其中，智能控制式采用单片机智能控制系统，体现了智能化和便捷性。但功率一般都比较大，需要$4mm^2$以上的铜芯专线和20A以上的电表，最好使用空气开关。

（3）速热式电热水器

速热式电热水器是第三代电热水器，是区别于储水式和即热式的一种独立品种的电热水器产品。它体积小、容量小（20L以内）、安装条件低（普通家庭2.5m²线路即可安装）、出水量大、加热迅速、出热水迅速。

2　电热水器的质量技术标准

快热式热水器（包括即热和速热式）按GB 4706.11—2004《家用和类似用途电器的安全快热式电热水器的特殊要求》和QB/T 1239—1991《快热式电热水器》的规定，主要质量要求如下。

1）泄漏电流。不大于0.75mA或按每千瓦0.75mA计，但最大不超过5mA。

2）接地电阻。不大于0.1Ω。

3）电气强度。能承受交流1250V电压试验，历时1min无击穿或闪络。

4）热效率。不小于80%。

5）渗漏性。正常使用情况下，不得有渗漏现象。

6）通断特性。热水器自动接通、断开电源装置，在供水后即可接通电热元件，在供水停止后，应能自动切断电源。热水器在正常使用中不允许有干烧现象。

7）温度特性。在额定电流、额定流量下，通电90s内出水温度应达到表中规定值。最高水温不得超过95℃。

8）调温特性。控温器应能可靠地调节水的温度；换挡调温应有标记，并用O、I、II由低到高顺序标志。

任务 5.2 电热水器的维修

任务目标

　　1. 会检测电热水器中的主要元件。

　　2. 学会排除电热水器的常见故障。

任务分析

　　电热水器出现故障时，需要检测、维修电热水器，因此必须学会检测电热水器的主要元件，学会排除电热水器的常见故障。

5.2.1　实践操作：电热水器电路的主要元件检测与常见故障排除

1　检测电热水器电路的主要元件

（1）无氧紫铜加热系统

图5-14所示为4组发热元件的排列情况，用万用表检测第1组和第2组的冷态阻值都

约为24Ω（即1脚与6脚之间、2脚与5脚之间阻值），第3和第4组的冷态阻值都约为17Ω（即3脚与8脚之间、4脚与7脚之间阻值）。若阻值很大或无穷大则烧断，只能整体更换发热系统。

使用摇表检测4组发热元件与紫铜壳体间的绝缘电阻，应要符合技术标准。若漏电只能更换。使用观察法观察系统是否漏水，若漏水需焊接补漏。

（a）4组发热体排列情况   （b）4组发热元件分布示意图

图5-14 无氧紫铜加热系统

（2）超温熔断器

超温熔断器两组常闭开关阻值均应为零；用电烙铁对KSD307加热到98℃以上，能听到很大的断开响声，且检测两组常闭的阻值应为∞，再冷却到常温时阻值仍为∞。用手按下"RESET"按钮，才能重新接通，则正常可用。KSD307的检测方法如图5-15所示。

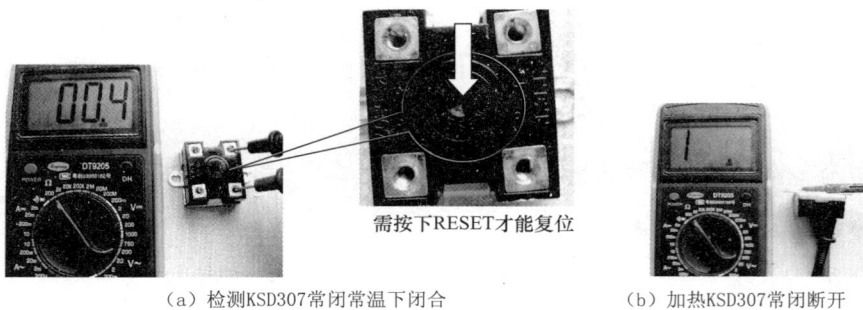

需按下RESET才能复位

（a）检测KSD307常闭常温下闭合 （b）加热KSD307常闭断开

图5-15 KSD307的质量检测

（3）水流开关

水流开关的质量检测主要看能否在水流动时发出一个开关信号，在模拟环境下用万用表检测。如图5-16所示，没有水流动时检测插头两端阻值为∞；而将水流开关倒置，利用磁心重力压紧弹簧，插头两端阻值为零。当控制失控时可调节固定干簧开关位置螺钉。

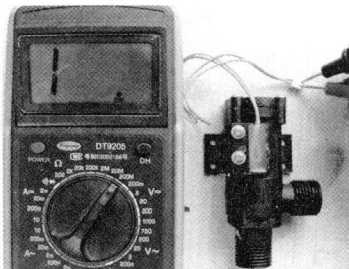

（a）没有水流动时开关断开　　　　　　　　　（b）有水流动时开关闭合

图5-16　检测水流开关

（4）检测漏电线圈

漏电线圈的检测方法如图5-17所示，阻值为27Ω左右。

（5）继电器

继电器的质量检测可用万用表的欧姆挡检测线圈有无阻值，如图5-18所示。阻值约为140Ω，说明继电器线圈正常。如图5-19所示，给线圈接上12V直流电压，可听到继电器开关发出闭合的响声，再检测其开关应接通，否则更换同规格的继电器。

图5-17　检测漏电线圈阻值　　　　　　　　图5-18　检测继电器线圈

（a）继电器线圈加上12V直流电压　　　　　（b）线圈加上12V电压后测开关应闭合

图5-19　继电器开关检测

（6）电源变压器

如图5-20所示，检测变压器初级与次级间的阻值，初级为500Ω左右，次级1Ω左右。也可在初级接通220V交流电，万用表交流电压挡测量次级输出电压应为10V。

（7）温度传感器

检测方法如图5-21所示，常温下阻值为130kΩ左右，加热后阻值会下降，损坏后需更换同规格温度传感器。

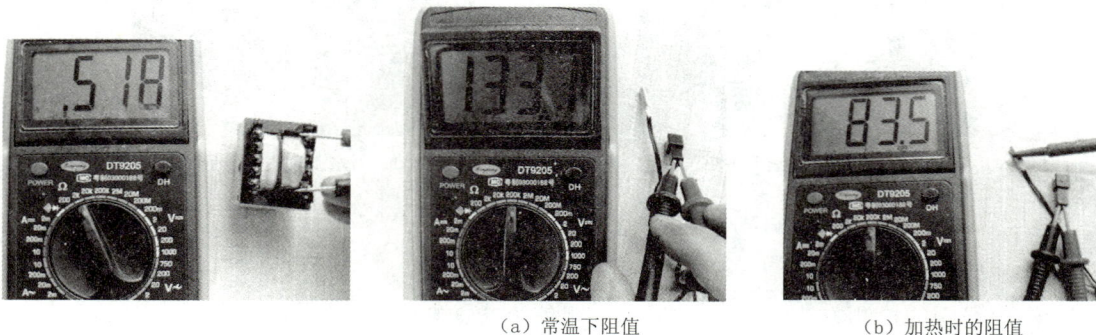

图5-20　检测变压器的初级阻值

（a）常温下阻值　　　　　（b）加热时的阻值

图5-21　检测温度传感器的阻值

2 排除电热水器的常见故障

DST-B-8型电热水器电路原理图参见相关理论知识，通过例举的典型故障学习，学会排除电热水器的常见故障。

典型故障一：接通电路通电后，全无

故障现象　DST-B-8型电热水器，接通线路通电后，全无。

故障可能的原因及排除方法如表5-2所示。

故障分析　分析故障引起的可能原因，见表5-2。

故障排除　排除故障的方法见表5-2。

表5-2　"全无"故障可能的原因及排除方法

引起故障的可能原因	排除故障的方法
空气开关跳开，没供电	检查空气开关，使空气开关处于闭合状态或更换规格大的空气开关
电源线路损坏断路	电阻法检查电源线路，修理或更换电源线路
超温熔断器处于保护状态	拆卸电热水器前盖，按下RESET按钮复位
超温熔断器损坏开路	拆卸前盖后，检测两组常闭开关应闭合，更换超温熔断器
无12V、5V电压产生	拆卸后，检测电源板12V、5V产生电路元件质量，焊接或更换损坏元件
单片机HT46R47不能正常工作	判断单片机工作条件是否满足，或重新下载程序或更换集成电路HT46R47，再重新下载程序

检修过程　参照表5-2的可能原因，由易到难地排除故障。

第一步　检查空气开关是否正常，若是空气开关故障，修复或更换空气开关即可排除故障。

第二步　空气开关正常，再检查电源线路，取下前盖，通电后，直接在接线板处检测有无220V交流电，在如图5-22所示处检测，若无，则是线路开路，需更换新线路。也可用电阻法检测线路好坏。

第三步　线路正常，再检查超温保护器，通电后，按下超温保护器的复位按钮，在如

图5-23所示处测有无220V电压。也可用电阻法检测超温保护器。

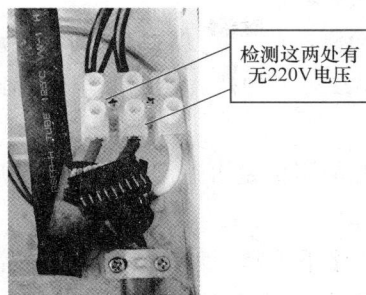

图5-22 检测进线有无电压

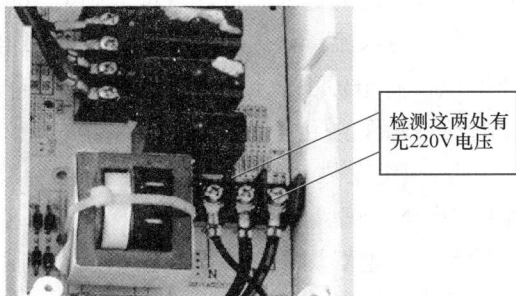

图5-23 检测变压器输入有无220V电压

第四步 超温熔断器正常,再检查12V、5V电压产生电路是否正常,可在路检测变压器、二极管、电容、三端稳压器LM7805的好坏。也可拆卸下来,直接给电路加220V电压,检测是否有12V形成,LM7805输出是否为5V,如图5-24所示。

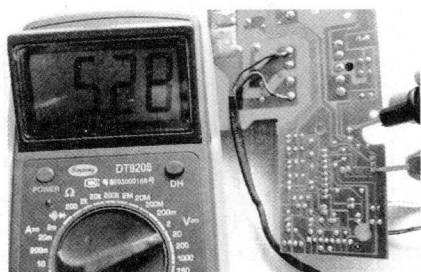

图5-24 检测LM7805输出电压

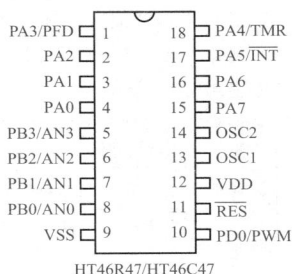

PA3/PFD 1   18 PA4/TMR
PA2   2   17 PA5/INT
PA1   3   16 PA6
PA0   4   15 PA7
PB3/AN3 5   14 OSC2
PB2/AN2 6   13 OSC1
PB1/AN1 7   12 VDD
PB0/AN0 8   11 RES
VSS   9   10 PD0/PWM

HT46R47/HT46C47

图5-25 单片机HT46R47的引脚排列

第五步 直流电压12V、5V正常,则最后检查电脑控制板的单片机HT46R47肯定没有工作。该单片机的引脚排列如图5-25所示。拆机后,先检查它的工作条件是否满足,即电源端12脚电压、复位端11脚电压都应为5V,以及时钟振荡引脚13、14脚应产生4MHz的脉冲。

典型故障二:接通线路启动电源,操作与显示正常,但出水温度低

故障现象 DST-B-8型电热水器,接通线路启动电源,操作与显示正常,但出水温度低。

故障分析 分析故障引起的可能原因,见表5-3。

故障排除 排除故障的方法见表5-3。

表5-3 "升温慢"故障分析及故障排除方法

引起故障的可能原因	排除故障的方法
冷水流量过大	适当减小水流量
部分发热元件损坏	更换无氧紫铜发热系统
部分继电器损坏或失控	检测继电器,更换对应继电器
分控制电路失控	检查对应控制电路三极管、电阻器、线路、接插件及单片机部分引脚

检修过程　参照表5-3的可能原因，由易到难地排除故障。

第一步　首先检查水流量，若过大则适当减小以排除故障。

第二步　与水流量无关，可通电使用钳形电流表来检测，从"1"挡到"8"挡逐渐增大温升挡位，看电流变化情况，判断是否所有发热元件参与了加热。然后断电，拆卸前盖，检测发热元件的阻值，判断发热元件的好坏。

第三步　4组发热元件均正常，再检测4个继电器线圈的阻值是否正常。也可拆机后，单独加12V电压，试验继电器好坏。

第四步　继电器均正常，最后检查4路控制线路哪几路不正常，对应去检查三极管、电阻器、线路、插接件和单片机。此时应完全拆卸后再检修，断开发热元件线路，闭合水开关，模拟热水器工作环境，逐级检查，判断故障所在。（提示：注意用电安全）

操作评价　电热水器的维修操作评价表

评分项目	技术要求	配分	评分细则	评分记录
检测电热水器的电路元件	1. 能正确使用万用表	10	错误操作每次扣5分	
	2. 能正确检测元件，判断其性能	10	测错每个扣2分	
电热水器重装后的检测	1. 能养成通电前检测的习惯	10	错误操作每次扣2分	
	2. 能判断重装后电热水器性能	10	不能判断扣2~10分	
电热水器常见故障的排除	1. 能够正确描述故障现象、分析故障，确定故障范围及可能原因	20	不能，每项扣5分，扣完为止	
	2. 能够正确拆装电热水器	10	不能，扣10分；基本能，扣5分	
	3. 能够由原因逐个排除，确定故障点，并能排除故障点	10	不能，扣10分；基本能，扣5~10分	
使用电热水器	能正确使用、维护电热水器	10	操作错误每次扣2分	
安全文明生产	能按安全规程、规范要求操作	10	不按安全规程操作酌情扣分，严重者终止操作	
额定时间	每超过5min扣5分			
开始时间		结束时间	实际时间	成绩
综合评议意见				

5.2.2　相关知识：电热水器的电路工作原理与防电墙技术

1 DST-B-8型电热水器的电路工作原理

图5-26所示为DST-B-8型电热水器电路组成框图，包括电源电路、保护电路、4组发热元件、继电器控制电路、非电量检测及处理电路、单片机（CPU）控制电路、挡位及

温度显示电路。单片机接收相应指令、信号，经单片机运算处理输出对应信息控制开机、停机，以及在开机后控制继电器接通或断开一组或多组发热元件来升温、降温，同时显示工作状态、挡位和温度。

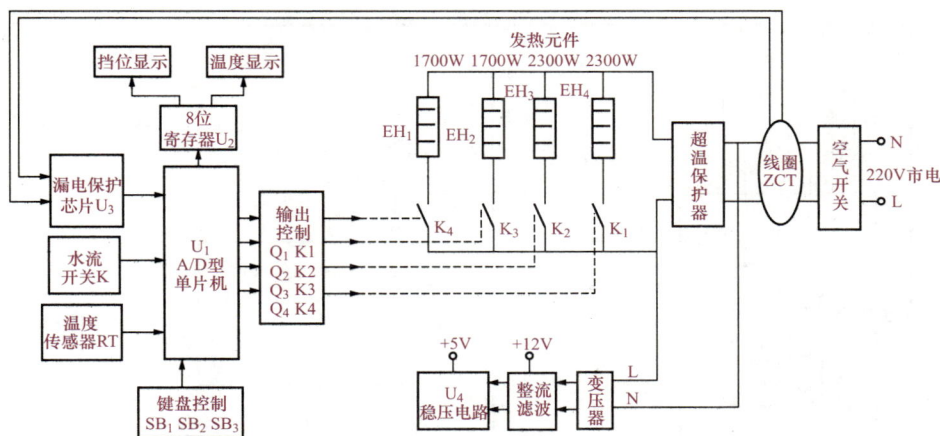

图5-26　DST-B-8型电热水器电路组成框图

DST-B-8型电热水器有两块电路板，即单片机控制及显示电路板和电源主板。

图5-27所示为单片机控制及显示电路板电路图，其核心——单片机（电脑）HT46R47完成如表5-4所示功能。

表5-4　单片机HT46R47完成功能

单片机接收指令或输入信号	输出信号或输出状态
按动SB1一次：单片机工作指令（HT46R47的7脚输入）	启动单片机U1工作，蜂鸣器发声1次，LED停止闪烁一直发光，LED1显示"1"，LED2显示环境温度
按动SB1第二次：单片机停止工作指令（HT46R47的7脚输入）	单片机U1停止工作，蜂鸣器发声1次，LED一直闪烁，LED1、LED2熄灭不显示，U1的17、16、15、10脚均输出低电平，Q1～Q4截止，4个继电器均停止工作，开关K1～K4均断开，停止加热
按动SB2：输入温度升高指令（HT46R47的7脚输入）	每按一次，蜂鸣器就发声1次，LED1显示数字从"1"逐渐升高到"8"；同时若流水开关发出低电平，则U1的10、15、16、17脚依次输出高电平，逐级接通4组发热元件，使加热功率增大，水温升高
按动SB3：输入温度下降指令（HT46R47的7脚输入）	每按一次，蜂鸣器就发声1次，LED1显示数字逐渐减少，最后变为"1"；同时若流水开关发出低电平，则U1的17、16、15、10脚依次输出低电平，逐级断开4组发热元件，使加热功率降低，水温降低
温度传感器输出的变化电压（HT46R47的8脚输入）	当温度升高时，温度传感器输出升高的电压到单片机U1的8脚，运算处理后从5脚输出脉冲到移位寄存器U2的8脚，使LED2显示逐渐增大的数字，对应着升高的温度；相反就显示减小的数字；温度过高时，控制U1的10、15、16、17脚均为低电平，4组发热元件停止加热，LED1/LED2闪烁
水流开关传感器输出的变化电压（HT46R47的6脚输入）	没有水流动时，水开关断开，U1的6脚输入高电平，使U1的10、15、16、17脚均为低电平，4组发热元件停止加热LED1/LED2闪烁；有一定水流动时，水开关闭合，U1的6脚输入低电平，在温升按钮SB2作用的同时，U1的10、15、16、17脚能输出高电平，4组发热元件一组或多组加热
漏电检测及处理后输出的变化电压（HT46R47的18脚输入）	没有漏电出现，漏电线圈没有感应电流，漏电保护器电路U3的7脚不输出高电平，U1的18脚输入高电平，U1正常工作； 有漏电出现，漏电线圈有感应电流，漏电保护器电路U3工作，7脚输出高电平，U1的18脚输入低电平，U1的10、15、16、17脚输出低电平，停止加热；同时显示闪烁，蜂鸣器发出警报声

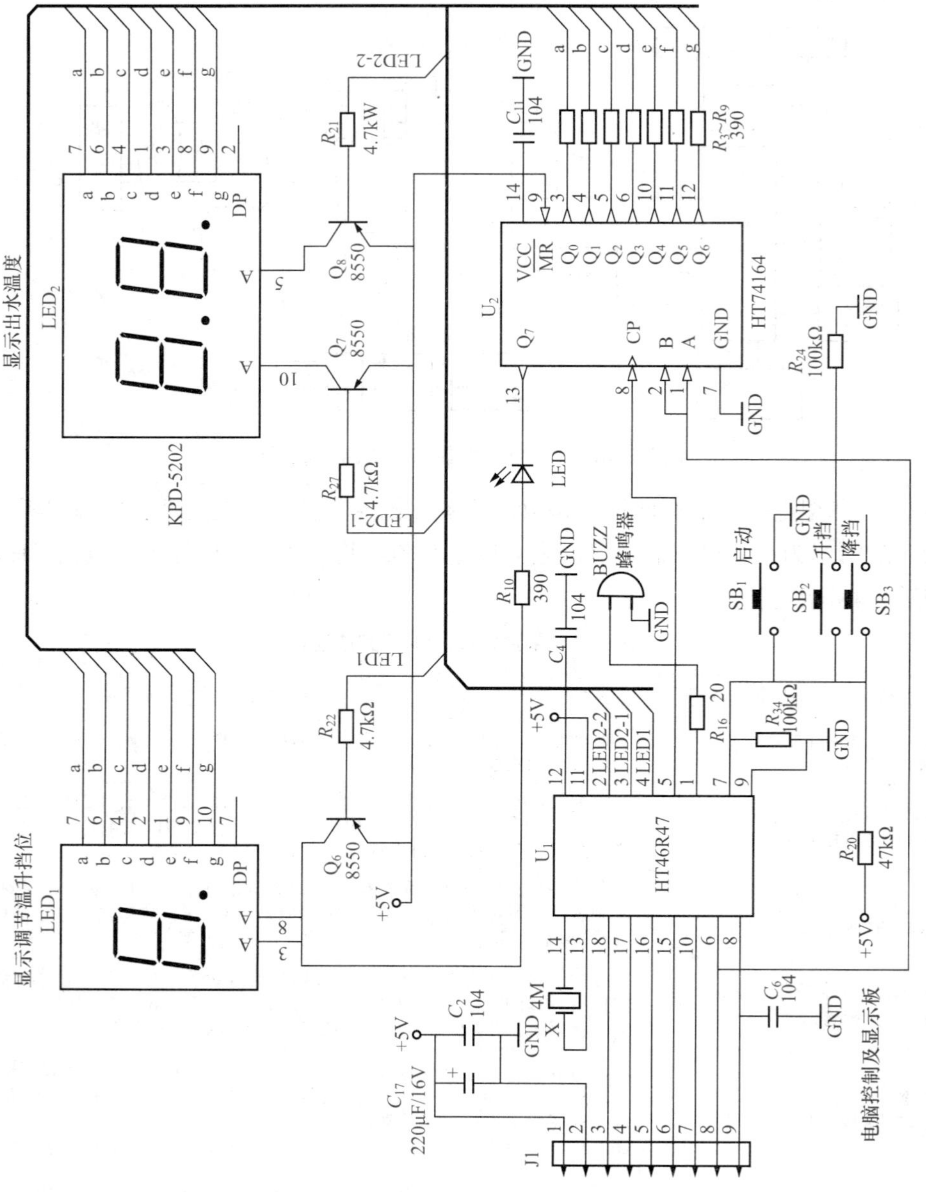

图5-27 单片机控制及显示电路板电路

图5-28所示为电源主板的电路图，它包括超温保护电路、12V与5V产生电路、继电器控制电路、传感器检测电路4部分，完成功能如表5-5所示。

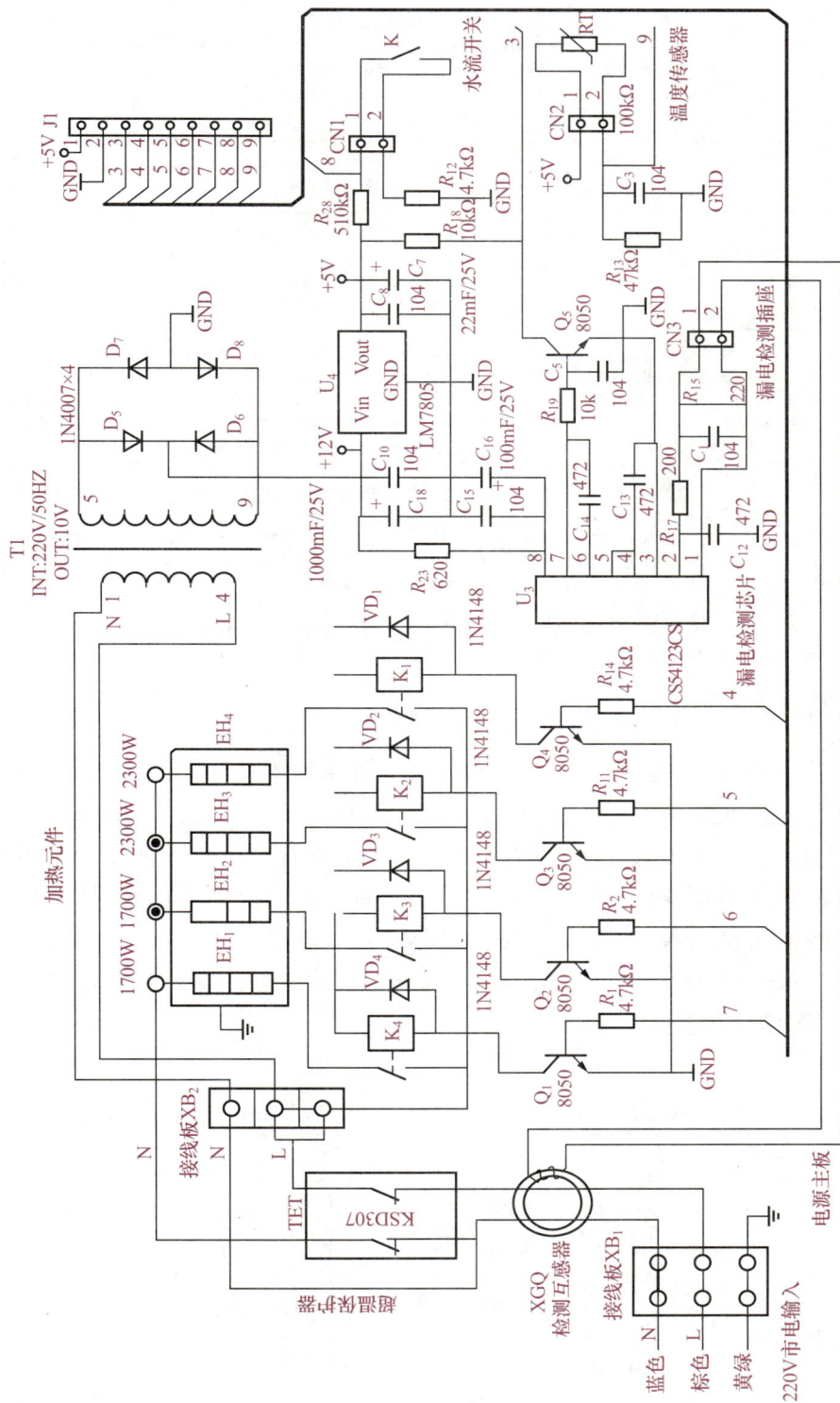

图5-28　DST-B-8型电热水器电源主板的电路图

表5-5　电源主板电路完成功能

电路功能	工作过程
超温保护	当无氧紫铜加热系统外壳温度高于98℃时，超温保护器KSD307动作，断开使火线与零线，电热水器停止供电，有效防止干烧及火灾的发生。KSD307动作后复位需手动复位。正常情况下，超温保护器KSD307两极均闭合，接通线路
产生12V与5V	产生12V的电路主要由电源变压器T1，整流二极管$D_5 \sim D_8$，滤波电容器C_{18}和C_{10}组成，产生5V的元件有三端稳压集成电路7805，滤波电容器C_7、C_8组成
继电器控制发热元件	继电器控制电路主要有4只电阻器R_1、R_2、R_{11}、R_{14}，4只三极管$Q_1 \sim Q_4$，4只开关二极管（保护三极管因继电器的反电动势而损坏）$VD_4 \sim VD_1$,4只继电器$K_4 \sim K_1$；当U_1的10、15、16、17脚输出高电平时，对应的三极管$Q_1 \sim Q_4$饱和，12V的电压加在继电器$K_4 \sim K_1$的线圈上，继电器的常开触点闭合，对应接通发热元件$EH_1 \sim EH_4$的220V供电，完成加热
传感器检测	传感器检测包括温度检测及转换、水流状态检测及转换、漏电检测及处理 　温度传感器的检测元件是RT热敏电阻（负温度系数），当加热系统的温度升高时，其阻值减小，R_{13}分得的电压增大，此电压信号直接输入单片机U_1的8脚，经U_1、U_2处理，LED_2显示出对应温度，使淋浴者直观了解温度的高低。水流状态检测及转换电路由水流开关、R_{28}、R_{12}组成，无流动的水，水流开关断开，高电平直接输入单片机U_1的6脚，经U_1、U_2处理，LED_2显示温度闪烁，所有受控继电器断开，停止加热。而当打开水龙头在淋浴时，流动的水使水流开关闭合，低电平直接输入单片机U_1的6脚，经U_1、U_2处理，受控继电器闭合，加热冷水，LED_2显示出水温度。 　漏电检测及处理电路主要由零序互感器、漏电保护器电路U_3、电压转换三极管Q_5组成；当没有发生漏电时，零序互感器中没有感应电流产生，漏电专业保护器电路U_3的7脚输出低电平，Q_5截止，输出高电平到U_1的18脚，U_1正常工作；当出现漏电时，零序互感器中产生感应电流，漏电保护器电路U_3的7脚输出高电压（具体多大的电流使U_3的7脚输出高电平，由产品设计），Q_5导通，输出低电平到U_1的18脚，U_1发出报警，并控制所有发热元件停止加热

2 防电墙技术

据悉，中国一些家庭的接地线安全可靠性不高，或者根本没有接地线，家庭内电器漏电有可能导致用电环境带电。海尔自主研发的防电墙技术可以有效杜绝这些危险。

2007年7月，海尔"防电墙"技术提案正式通过国家标准化委员会修订纳入国家标准，彻底解决了用户在不安全环境下的洗浴安全。2007年12月，"防电墙"技术提案经各国专家投票通过并正式写入新版国际标准（IEC标准）。

"防电墙"是一种简称，它确切的表述法应该是"水电阻衰减隔离法"。图5-29所示为防电墙示意图。

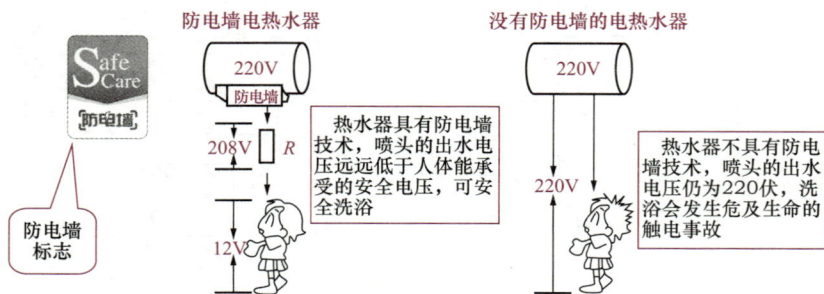

图5-29　防电墙示意图

"防电墙"就是利用了水本身所具有的电阻（如国标规定自来水在15℃时电阻率应大于1300Ω·cm），通过对电热水器内通水管材质的选择（绝缘材料），管径和距离的确定形成"防电墙"。当电热水器通电工作时，加热内胆的水即使有电，也会在通过"防电墙"时被水本身的电阻衰减掉而达到将电隔离的目的，使热水器进出水两端达到几乎为零的电压和0.02mA/kW以下的极微弱电流，大大优于国标0.25mA/kW的标准。采用"防电墙"技术不仅可以阻隔电热水器本身可能产生的漏电，也可以阻隔因地线带电或水管带电而对淋浴者带来的安全威胁。所以热水器采用"防电墙"技术可以充分保证人的洗浴安全。

防电墙装置的作用是隔绝加热内胆中因发热管漏电致使水中带电的电流和隔离因地线带电或水管带电而对淋浴者带来的伤害。

建议中国消费者在购买热水器时，注意选购具有防环境漏电装置的产品。

3 选购、使用与维护

（1）选购要点

1）安全性选择。一定要选择有漏电保护装置的产品，最好有"防电墙"技术的热水器。

2）品牌选择。选择知名品牌的热水器，有国家质量认证中心、电工安全认证的产品，有售后服务及安全保障的产品。

3）夜间用电选择。选用有自动定时装置的热水器，专用夜电，可节省一半左右的电费。

4）种类的选择。电热水器的种类繁多，选择时主要根据用途来考虑。人多空间小可选购快热式电热水器；使用热水较多的用户则应选择储水式热水器。

5）规格大小的选择。通常家庭选用10L、15L、20L左右即可。功率大小还应考虑到家用电表容量的限度。

（2）使用注意事项

1）电热水器买回后要认真进行安装，最好请专门技术人员来做。

2）安装时，必须注意把机内的接地端认真接上地线，以确保使用安全。

3）有的温度调节器标有"Ⅰ"、"Ⅱ"、"Ⅲ"的刻度(有的用英文或阿拉伯数字表示或数码显示)，表示热水温度的调节位置。

4）使用时，必须先注满冷水，直至"出水管"有水流出后，才能接通电源(即开启电源开关)。切勿在未注满冷水时，即接通电源。

（3）维护须知

1）储存式电热水器使用一段时间后，应对水箱进行清洗，清洗后污水从水箱底部的排泄阀排出。

2）电热管使用时间长了会结水垢，影响导热，需及时清理或更换。

3）电热水器不使用时，要用干布将外壳擦干，保持干燥清洁，除电热元件外，其他电器零件不要接触水而受潮，否则会影响使用。

思考与练习

1. 电热水器按结构不同分为几种_____、_____、_____主要类型。

2. DST－B－8型即热式电热水器的拆卸要点是_____。

3. 目前电热水器都是利用_____加热水，常见的发热元件有_____

_____。

4. 电热水器都采用了温控器，其作用是_____，常见的种类有_____。

5. 如何检测超温保护器KSD307的质量_____。

6. 根据图5－27和图5－28，分析电热水器如何完成有进水时加热，无水流时停止加热。

7. 根据图5－28，若电热水器中超温保护器处于保护状态，出现的故障现象是什么？如何检修？

项目 6
红外电暖器的拆装与维修

学习目标

知识目标 ☞

1. 了解红外电暖器的类型与结构。
2. 理解红外电暖器的工作原理。
3. 了解红外发热元件。
4. 掌握红外电暖器的技术标准。
5. 了解红外电暖器的选购、使用与维护。

技能目标 ☞

1. 会拆卸与组装红外电暖器。
2. 能认识红外电暖器的主要部件。
3. 会检测红外电暖器的相关元器件。
4. 能排除红外电暖器的常见故障。

研究表明，人体(含衣服)对可见光（0.40～0.76μm）的吸收能力较弱，对近红外光（0.76～2.5μm）的吸收能力也不强，但对远红外光（2.5～15μm）有较强的吸收能力，且能立即转化为热能。因此，利用远红外光作为冬天取暖御寒是现代人们常采用的办法。红外电暖器工作时，以辐射远红外线为主，尽可能不发射或少发射可见光和近红外光。其中最常用的石英管式电暖器采用石英管（或卤素管）红外电热元件，产生远红外光，通过机内的反射装置，使远红外线向周围空间辐射实现热量的传递。

石英管式电暖器具有安全可靠、加热迅速、节省电能等优点，它辐射传热不受中间空气层的影响而直接照射人体，即使在室内保温条件不好时，也能给辐射距离范围（3m）内的人体加热。一般小型石英管式电暖器只能朝某一方向加热，不能加热整个室内空间，要对整个室内空间加热可采用台扇式的红外电暖器。

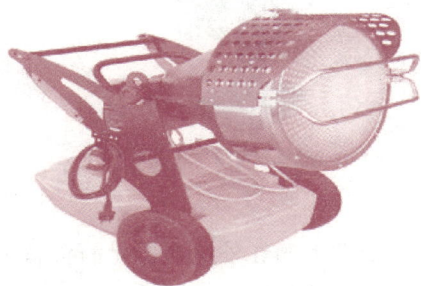

任务 *6.1* 红外电暖器的拆卸与组装

任务目标

1. 会拆卸与组装红外电暖器。
2. 能认识红外电暖器的主要部件。

任务分析

拆卸与组装红外电暖器的工作流程如下所示。

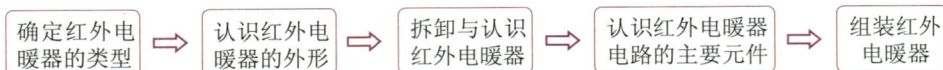

确定红外电暖器的类型 ⇒ 认识红外电暖器的外形 ⇒ 拆卸与认识红外电暖器 ⇒ 认识红外电暖器电路的主要元件 ⇒ 组装红外电暖器

6.1.1 实践操作：拆卸与组装电暖器

1 确定红外电暖器的类型和认识红外电暖器的外型

红外电暖器有卧式与立式，石英管有单管、双管、三管等。红外电暖器一般由石英管远红外电热元件、反射罩、防护网罩和机壳等组成，如图6-1所示。

（a）卧式红外电暖器

（b）立式红外电暖器

（c）台扇式红外电暖器（全反射）

（d）转页扇式红外电暖器

（e）落地式红外电暖器

图6-1　常见的红外电暖器

最常用的红外电暖器是石英管式电暖器。这里拆卸的是HN-100型石英红外电暖器，其外形结构如图6-2所示。

图6-2　红外电暖器外形结构

2 拆卸与认识红外电暖器

第一步　拆卸HN-100型石英红外电暖器的石英电热管，并认识其部件。

① 用螺钉旋具旋下固定防护格的2颗螺钉。	② 用手取下防护条。	③ 将两根石英管固定在铁制架子上。
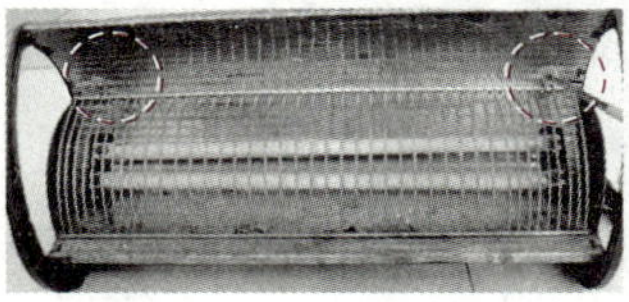	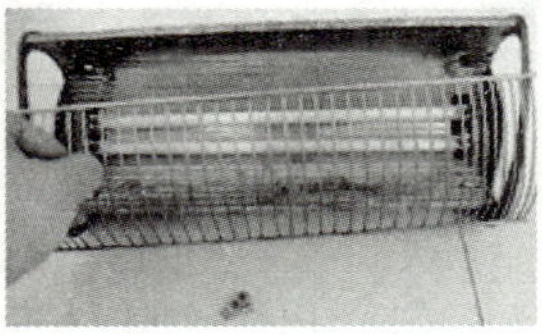	
④ 用螺钉旋具旋下固定石英管的2颗螺钉，注意不能损坏玻璃。	⑤ 取下两根石英管。	⑥ 认识石英管及防护格、反射罩，分析如何拆卸反射板。
	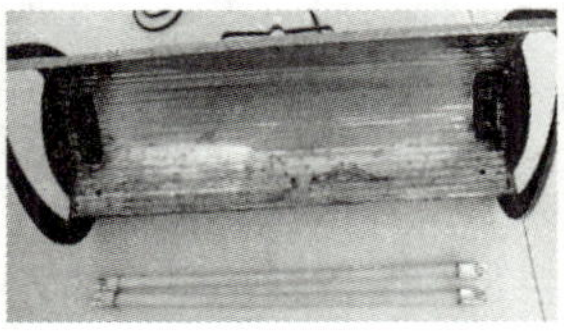	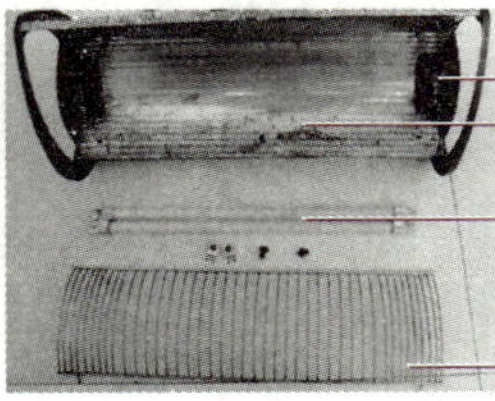

第二步　拆卸反射罩。

① 旋松电暖器两侧支撑外壳的固定螺钉。	② 用尖嘴钳夹直固定反射板的各卡扣。
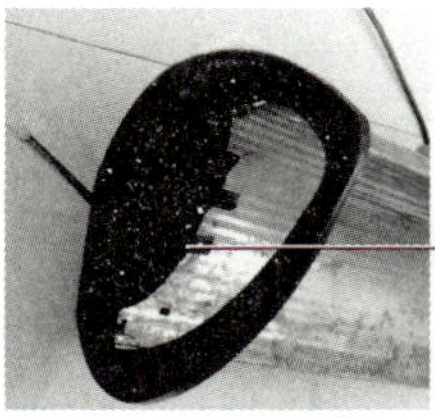	

③ 用手取下反射罩。	④ 认识电暖器外壳支撑及线路。
	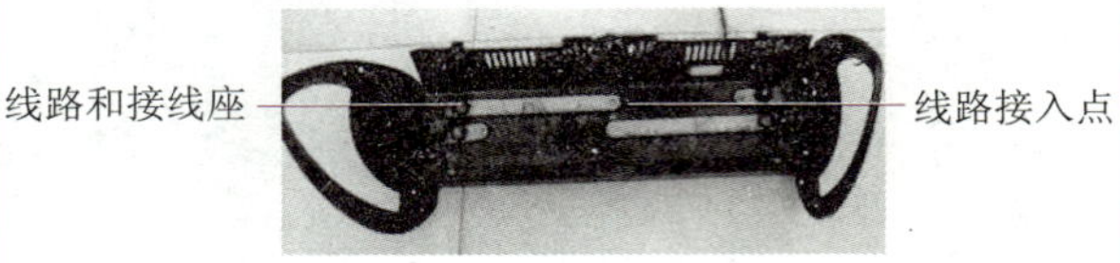 线路和接线座 — — 线路接入点

第三步　拆卸电源线。

① 使用加热法取出轴流式风叶。	② 取下电压盒盖，认识电压线路连接关系
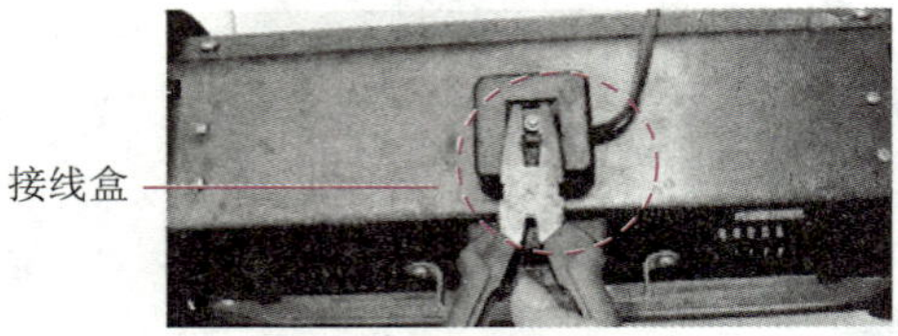 接线盒 —	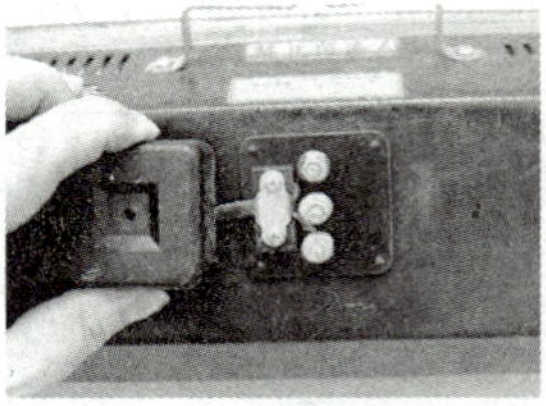

3 认识红外电暖器电路的主要元件

简易红外电暖器电路的主要元件是石英电热管。其外形如图6-3（a）所示，它由石英管、电热丝及金属支架3部分组成，内部结构如图6-3（b）所示。石英管采用乳白色半透明石英材料经特殊工艺制成，它的内部装有螺旋状电热合金丝(镍铬丝或铁铬铝丝)，两端用瓷质或不锈钢支架固定。该石英电热管规格为220V 50Hz 500W。

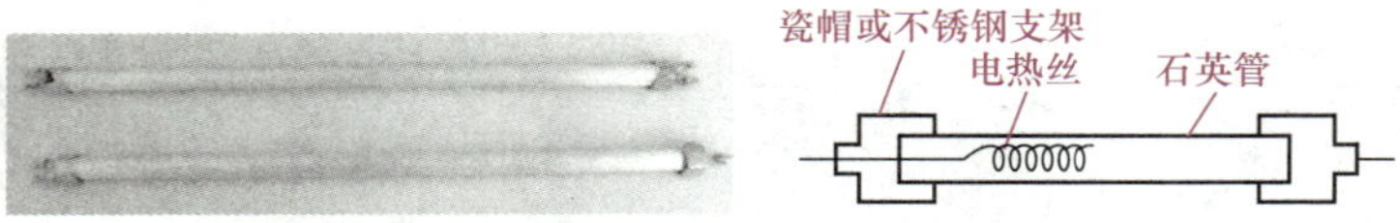

（a）石英电热管实物　　　（b）内部结构

图6-3　石英电热管的外形与结构

5 组装红外电暖器

按拆卸的相反顺序组装电暖器，组装步骤如下。

第一步　组装外壳骨架。使用绝缘电阻表检测电源接线板、接线座与外壳间绝缘良好后，把外壳两侧支撑板固定好。

第二步　安装反射罩。把反射罩安装在外壳上，用卡扣固定反射罩。

第三步　安装石英发热管。把2根石英发热管固定在接线座上，注意不能破损石英玻璃。

第四步　安装防护条。先把防护条卡在外壳上，再用螺钉固定防护条。

第五步　安装电源线。把电源线压接在接线盒内，盖好安全盒。

注意：重新组装后，通电前一定要检测电器的绝缘性能，正常后才能通电。

操作评价　红外电暖器的拆卸与组装操作评价表

评分项目	技术要求	配分	评分细则	评分记录
认识外形	能正确描述红外电暖器外观部件名称	10	错每次扣1分，扣完为止	
拆卸红外电暖器	1.能正确顺利拆卸	20	操作错误每次扣2分	
	2.拆卸相应配件完好无损，并做好记录	10	配件损坏每处扣2分	
认识部件	能够认识红外电暖器组成部件的名称	10	错每次扣1分	
组装红外电暖器	1.能正确组装，还原整机	20	操作错误每次扣2分	
	2.螺钉正确，配件不错装、不遗漏配件	20	错装、漏装每处扣2分	
安全文明生产	能按安全规程、规范要求操作	10	不按安全规程操作酌情扣分，严重者终止操作	
额定时间	每超过5min扣5分			
开始时间		结束时间	实际时间	成绩
综合评议意见				

6.1.2　相关知识：红外电暖气的基本结构和远红外电热元件

1 石英红外电暖器的类型和基本结构

电暖器是把电能转换为热能供人取暖御寒的家用电器。电暖器的核心是电热元件，包括电阻式电热元件、远红外电热元件、PTC电热元件等。其中，远红外电热元件中最常用的是石英管状电热管，它由石英管、电热丝及支架3部分组成，这种电热器称为石英红外电暖器。

石英红外电暖器主要由石英电热管、反射罩、防护网罩、外壳、开关等组成。按石英管的安装形式，可分为卧式、立式、壁挂式等；按石英管的数量来分有单管、两管、三管等。其中卧式和立式外形如图6-4所示。

反射罩一般用不锈钢抛光后制成，其断面设计成抛物线状。网罩设置在石英管外壳的正面，主要起防护作用。外壳一般采用塑料注塑成型或薄铁皮冲压成型，起装饰、防护及支承作用。

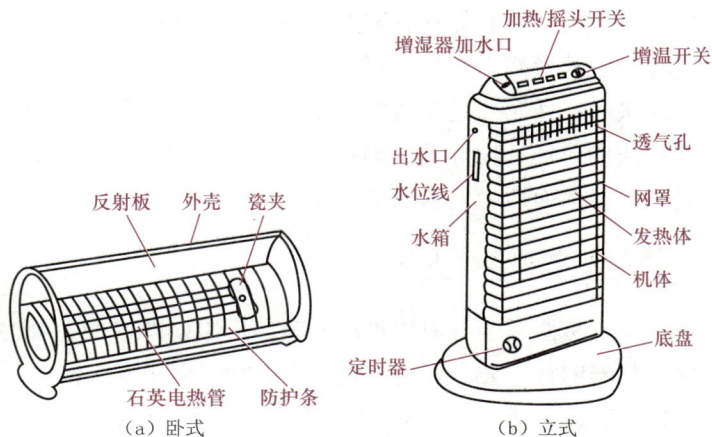

（a）卧式　　（b）立式

图6-4　石英红外电暖器结构图

立式石英管电暖器一般都配有旋转装置，用一个小电动机驱动摇摆机构后，使电暖器在70°～90°范围自动左右来回旋转，可以扩大取暖范围。

目前，许多红外电暖气器的外形与电风扇的外形相似，能左右摆动、定时、调温等，有的电暖器还装有防倾倒开关。安放位置正常时，通过安装在底盘下面的顶杆使触点开关闭合，电暖器可正常加热。如倾倒，则防倾倒开关立即断开，切断石英管的电源，可以防止电热管与地板或地毯接触而引起火灾。

功率较大的石英管式电暖器还装有风扇。电暖器工作时，可以接通风扇电动机电源，风扇运转后，可向外送出热风，增强制热效果。

2 远红外电热元件

远红外线辐射加热是一种热效率很高的加热方法，远红外电热元件发出的波长为2.5～15μm的远红外线极易被人体(取暖)和食物(烘烤)所吸收，从而起到加热的作用。远红外辐射电热元件有管状远红外元件、板状远红外元件、粘接式远红外元件及红外线灯等。其中，管状远红外元件是电热器具中应用最多的一种。管状远红外电热元件又分为金属管状远红外元件和石英管状远红外元件两种。

金属管状远红外元件是由普通金属管状电热元件加涂远红外辐射层而制成的。工作时金属管状元件通电发热，激发红外辐射涂层，发出远红外线。常用的远红外涂料有锆钛、三氧化二铁、碳化硅、稀土、锆英砂和镍钴等，不同材质的辐射涂料辐射的光谱特性也不相同。金属管状远红外元件的优点是可以做成不同形状，安装方便且机械强度高，但管外的辐射涂层容易造成脱落。

石英管状远红外元件是在直径为12～18mm的石英管内装置螺旋合金电热丝制成的，由于石英不导电，因此管内无须填充绝缘和导热材料，石英管多数采用乳白色半透明石英材料制成，制造中采用特殊工艺使管壁形成大量直径为0.03～0.05mm的小气泡，其密度可达2000～8000个/cm²。这样的石英管壁几乎将电热丝发射的可见光和近红外光的能量全部转换为石英体中的晶格振动，从而产生较强的远红外辐射。

石英管状辐射元件具有辐射效率高（可达90%）、安全性好、热惯性小、使用寿命长等优点，但其受碰击容易破碎。

板状远红外元件是在碳化硅或金属板表面涂敷一层远红外辐射物质，中间装上合金电热丝制成的。红外线灯的结构和普通照明用的白炽灯大致相同，二者的区别是：前者发出的是红外线，而后者发出的是可见光。

3 红外电暖器技术标准

红外电暖器属于室内加热器范畴，按GB 4706.23—2003《家用和类似用途电器的安全 室内加热器的特殊要求》的规定，主要技术要求如下：

1）泄漏电流。工作温度下的泄漏电流I类器具不大于0.75mA或按每千瓦0.75mA计，但最大不超过5mA；Ⅱ类器具不大于0.25mA。

2）电气强度。能承受交流试验电压：基本绝缘1250V，加强绝缘3750V历时1min无击穿或闪络。

3）稳定性。倾斜15°不翻倒。

4）开关寿命。不低于5000次。

5）电源线。I类器具应采用单相三极不可重接插头和三芯纱编织护套软线。

任务6.2 红外电暖器的维修

任务目标

　　1.会检测红外电暖器的主要部件。

　　2.学会排除红外电暖器的常见故障。

任务分析

　　学会检测红外电暖器的主要元器件，学会排除红外电暖器的常见故障。

6.2.1 实践操作：红外电暖器的主要元件检测与常见故障排除

1 检测红外电暖器的主要元件

红外电暖器的主要元件就是石英电热管。

检测石英电热管的质量，可通过观察其外形有无破裂、裂纹、变形；也可使用万用表检测电热丝的阻值，两表笔分别接触石英管两端，测得该电热元件的阻值为92Ω，测量方法如图6-5（a）所示。还可直接通电观察发热情况，如图6-5（b）所示，但要注意安全。

（a）检测石英电热管的阻值　　　　　（b）通电

图6-5　检测石英电热管的质量

2 排除红外电暖器的常见故障

红外电暖器的常见故障及处理方法如表6-1所示。

表6-1　红外电暖器的常见故障及处理方法

故障现象	可能原因	处理方法
不能发热	电源引线断路	接好引线或更换
	石英电热管损坏	更换石英电热管
	有熔丝的可能熔丝熔断	更换熔丝

续表

故障现象	可能原因	处理方法
升温缓慢	反射罩积垢	清洁反射罩
	有风扇的电暖器可能进气或排气口被堵塞	清理气道保持进出气畅通
	有控温器的电暖器可能温控器失灵	调整或更换控温器

操作评价 红外电暖器的维修操作评价表

评分内容	技术要求	配分	评分细则	评分记录
检测元件	能正确检测电热元器件的好坏	10	操作错误每次扣5分	
排除红外电暖器的故障	1. 能够正确描述故障现象、分析故障，确定故障范围及可能原因	20	不能，每项扣5分，扣完为止	
	2. 能够正确拆装红外电暖器	20	操作错误每次扣2分	
	3. 能够由原因逐个排除，确定故障点，并能排除故障点	10	不能扣10分，基本能扣5～10分	
安全使用	安全检查，正确使用红外电暖器	20	操作错误每次扣5分	
安全文明操作	能按安全规程、规范要求操作	20	不按安全规程操作酌情扣分，严重者终止操作	
额定时间	每超过5min扣5分			
开始时间		结束时间	实际时间	成绩
综合评议意见				

6.2.2 相关知识：红外电暖器的工作原理及其使用与维护

1 红外电暖器电路的工作原理

石英管红外电暖器的控制电路一般有两种类型。

图6-6（a）所示为简易型（一般为卧式）红外电暖器的控制电路，EH1和EH2是两根石英电热管，每根功率为500W；SA1、SA2是控制开关，只闭合一个开关时，一根石英电热管发热，两个开关同时闭合时，产生功率为900W。

图6-6（b）所示是具有旋转和送风功能的立式红外电暖器控制电路，EH1和EH2是两根石英电热管，每根功率为500W；M1为摆动旋转电动机；M2是风扇电动机；SA是功能选择开关；SW是倾倒安全保护开关。功能选择开关SA为旋转式开关，有4挡：OFF挡→断电；Ⅰ挡→单管工作，功率500W；Ⅱ挡→双管同时工作，功率为1kW；Ⅲ挡→双管同时工作，并在M1驱动下左右来回旋转。定时器PT可在120min内任意选定定时时间。在使用时如不慎倾倒，则SW断开，切断主电路，起安全保护作用。

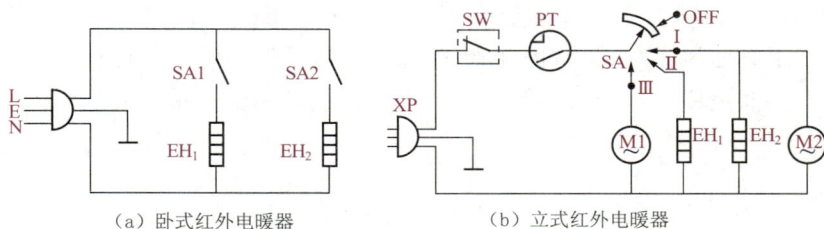

（a）卧式红外电暖器　　　　　（b）立式红外电暖器

图6-6 红外电暖器电路工作原理图

2 红外电暖器的选购、使用与维护

（1）选购

一般来说，当气温降至10℃以下，在没有安装空调和采暖设备的室内，就有必要考虑使用室内加热器。

1）适用性。选购时应根据室内条件、取暖人员的需要选购合适的电暖器具。取暖空间范围大时宜采用可摇头、摆动的立式红外电暖器；餐厅或小房间可用一般卧式红外电暖器。

2）安全性。电暖器具是一种产热装置，如果制造上有缺陷或使用不当，都可能发生灼伤或引起火灾危险。在有小孩的家庭宜选用壁挂式电暖器，最好是摇头的或能变换方向的，以免除用手动来改变电暖器辐射方向的麻烦。

3）实用性。电暖器是一种将电能转换成热能的器具，如果消耗的电力得不到相应的热能，而有相当部分电能消耗在转换、传递过程中（如机体发热、机件发红、发光），这些都是电力损耗。省电就是省钱，应选择耗电省、热效率高、坚固实用、优质的电暖器具。

4）具体挑选。购买时可作试通电运行，看其是否发热，石英管内可见光是否匀称，开关转动是否灵活，手摸金属部件有无麻电感觉；要求电镀件表面光亮、无起皮、剥落；涂漆件漆膜附着牢固，表面光洁，色泽均匀，无明显擦伤；塑料件表面光滑，色泽均匀，无裂痕、凹缩等缺陷；标志齐全、清晰、牢固。

（2）使用注意事项

1）安置。电暖器宜放置在小孩不易碰触到的地方；在其附近不应有易于流失热量的通风口；其周围不能放置纸、布、窗帘等易燃物品；也不要在电暖器上面晾放湿衣服，以防引起火灾；对流式电暖器的进风口和出风口应保持畅通无阻。

2）防范。使用没有摇头和摆动机构的红外电暖器时，要注意移动送暖方向，以防某一方向送暖热量过于集中。人体不可触及防护栅和壳体，以防烫伤。

3）严禁覆盖。红外电暖器禁用任何物体覆盖，以免过热损坏器具甚至引起火灾。

（3）维护须知

1）清洁。清洁电暖器时务必切断电源，保证安全。石英管、光亮铝或不锈钢反射罩表面，应保持清洁、光亮，避免沾污积垢，保持良好的反射率。

2）收藏。用干毛刷去除电暖器外表的尘埃，然后用湿抹布擦净，最后用干布抹干净；对于有送风机和摆动机构的电暖器具，轴承、转轴等其运动部件的转动处应添加一些润滑脂；在金属电镀表面抹上一薄层防锈油，最后套上防尘罩存放于干燥处。

思考与练习

1. 红外电暖器主要由_____、_____、_____、_____等几部分组成。

2. 红外电暖器是利用_____完成取暖的。

3. 红外电暖器的电加热管一般使用的材料是_____。

4. 为什么石英电热管式电暖器通常被称为红外电暖器？

项目 7
电油汀的拆装与维修

学习目标

知识目标 ☞

1. 了解电油汀的类型与结构。
2. 理解电油汀的工作原理。
3. 掌握电油汀的技术标准。
4. 了解电油汀的选购、使用与维护。

技能目标 ☞

1. 会拆卸与组装电油汀。
2. 能认识电油汀的主要部件。
3. 会检测电油汀相关元器件。
4. 能排除电油汀的常见故障。

电油汀，又称电热油汀或充油式电暖器或充液式散热器，是近年来流行的一种安全可靠的空间加热器。电油汀是将电热元件安装在带有许多散热片的腔体下面，在腔体内注有导热油；当接通电源后，电热管周围的导热油被加热、升到腔体上部，沿散热管或散热片循环流动，通过腔体壁表面将热量辐射出去，从而加热空间环境。

电油汀一般都装有温控元件，当油温达到调定温度时，温控元件会自行断开电源，温度下降又自动加热；电油汀设置有活动脚轮，便于移动；还设置过热保护，运作安全可靠。它具有使用方便、安全可靠、长期使用无需加油、无明火、不耗氧、无污染、发热均匀、热感舒适、升降温较缓慢等特点。

电油汀表面温度较低，一般不超过85℃，适用于人易触及取暖器的场所，如客厅、卧室、过道等处，更适合有老人和孩子的家庭使用。产品密封性和绝缘性均较好，也不易损坏，使用寿命在5年以上。电热油汀的缺点是热惯性大，升温缓慢，焊点过多，长期使用有可能出现焊点漏油的质量问题。

任务 *7.1* 电油汀的拆卸与组装

任务目标

1. 会拆卸与组装电油汀。

2. 能认识电油汀的主要部件。

任务分析

拆卸与组装电油汀的工作流程如下：

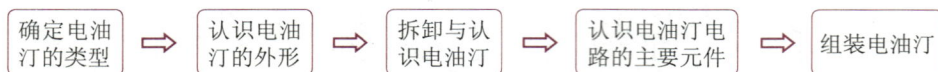

确定电油汀的类型 ⇒ 认识电油汀的外形 ⇒ 拆卸与认识电油汀 ⇒ 认识电油汀电路的主要元件 ⇒ 组装电油汀

7.1.1 实践操作：拆卸与组装电油汀

1 确定电油汀的类型和认识电油汀外形

电油汀的散热片有7片、9片、11片、13片，功率在1200～2000W不等。外观与颜色有多种，但其结构主要由壳体、密封式电热元件、金属散热管或散热片、控温元件、开关、支撑板、脚轮等组成。常见电油汀的外观如图7-1所示。

这里拆卸的是格力NDYU-16型电油汀，它的主要技术参数为：220V/50Hz，额定功率为1600W，有9片散热片，适用于15m²，它具有如下特点。

1）功率三挡可调，可根据室内温度需要自由调节。

2）机内设有自动温控器，可预设温度控制点。

(a) 9片　　　　　　(b) 11片　　　　　　(c) 有防护外壳

图7-1　常见的电油汀

3）内设过热保护装置，预防温度过高损坏油汀，安全可靠。

4）采用特种导热油，无噪声、无气味、不损耗、不挥发、传热好。NDYU‑16型电油汀的外形结构如图7‑2所示。

散热片　装饰板（使用提示）　拉手处　可调温控器　功率选择开关　前罩壳　电源线　电源线座　脚轮

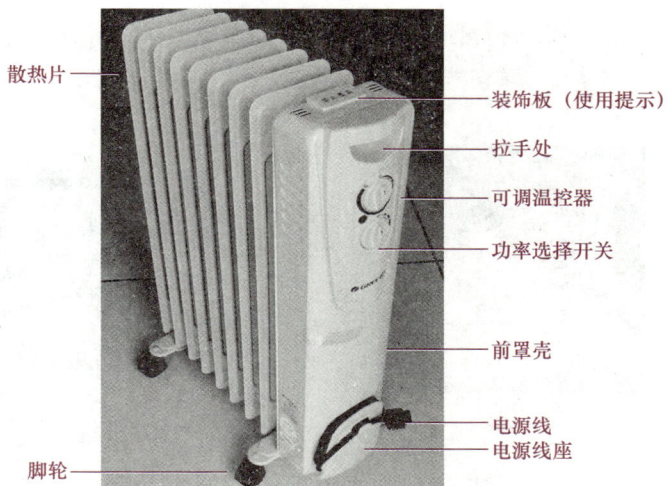

图7-2　金属散热片式电油汀的外部结构

3 拆卸与认识电油汀

第一步　拆卸NDYU‑16型电油汀的脚轮，并认识脚轮部件。

① 将电油汀底朝上，看见固定脚轮组件的U形抱攀，旋下碟形螺母，即可取下脚轮。	② 取下脚轮及固定板、U形抱攀和蝶形螺母，并认识外形。
	脚轮　脚轮固定板　蝶形螺母　U形抱攀

第二步　拆卸与认识电油汀的前罩壳。

①将电油汀平放于工作台上，注意要防止损伤外壳漆层。	②使用"Y"字螺钉旋具旋下固定前罩壳底部的2颗螺钉。	③用一字螺钉旋具撬起前罩壳顶部的装饰板。

④ 盖板下面有两颗螺钉，用"Y"字螺钉旋具将其旋下。	⑤ 打开前罩壳，认识内部元件及记录线路连接关系。
	超温保险 电热原件 电源进线 航空导线 温控器 功率选择开关 可调温控器 工作指示灯

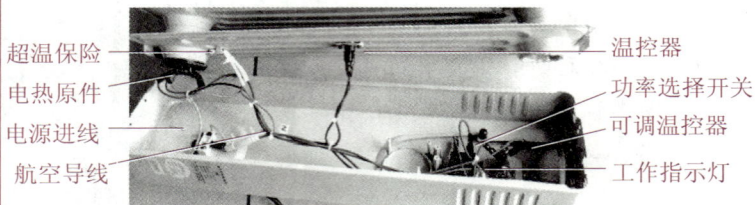

第三步　分离电油汀前罩壳与发热体。

① 温控器在发热体的散热片上，用尖锥顶开接插件的定位卡，拔出连接温控器的插件。	② 用同样的方法取下温控器另一根导线。	③ 用一字螺钉旋具顶开固定超温保险器的卡，取出超温保险器，记录其规格。
	 散热片 温控器 接插件	
④ 顺着导线方向拔出绝缘导管，用十字螺钉旋具旋下线头的螺钉。	⑤ 观察电热管接线头的排列顺序及位置。	⑥ 分离了前罩壳与发热体，考虑如何拆卸前罩壳上的元件：温度调节器和功率选择开关。
		 发热体 前罩壳及电路元件

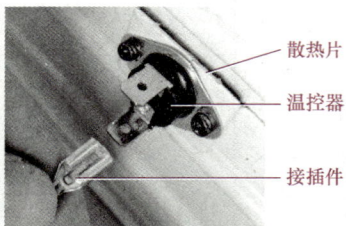

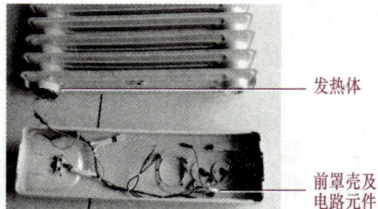

第四步　拆卸电油汀前罩壳上的元件。电油汀前罩壳上的元件主要有温度调节器、功率选择开关、工作指示灯。

① 用力拔出前罩壳面板上功率选择开关的旋钮。	② 用同样方法拔出温度调节器的旋钮。
——旋钮	
③ 用十字螺钉旋具旋下固定两个开关的4颗螺钉。	④ 从前罩壳内取出功率选择开关、温度调节器、工作指示灯，记录线路关系，拔下各线路接插件，取下各元件。
	——功率选择开关——可调温控器——工作指示灯

3 认识电油汀电路的主要元件

格力NDYU-16型电油汀电路的主要元件有全封闭式电热管、超温保险器、温控器、可调温控器（或称为双金属温控器）、功率选择开关、工作指示灯。

（1）全封闭式电热管

电油汀是通过电热元件对封闭在壳体内的导热油加热，使其在壳体内循环流动，同时向室内扩散热量，从而提高室温的，因此电热元件与导热油封闭在壳体内。只能通过外观检查是否漏油，对接线头检测电热元件的阻值和绝缘性能。如图7-3所示，可知该电热元件的规格是：工作电源AC 220V 50Hz，额定功率1600W，有2组电热元件，9片散热片。

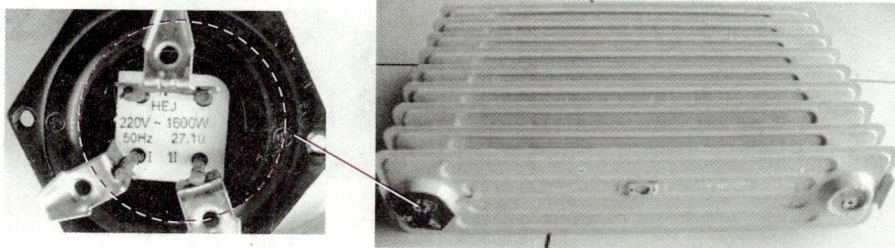

图7-3　电油汀的全封闭式电热管

（2）超温熔断器

超温熔断器是电油汀加热中的过热保护元件。该电油汀使用的超温熔断器如图7-4所示，规格为250V/15A/150℃。正常情况下超温熔断器是闭合的，当电热元件附近壳体温度超过150℃时熔断，使电路断开，从而保护了电油汀。

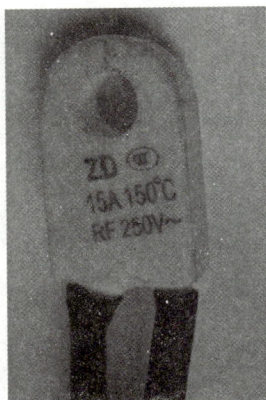

图7-4　超温熔断器　　　　　图7-5　温控器（KSD301/110）

（3）温控器

温控器如图7-5所示，是实现温度自动控制的元件，NDYU-16型电油汀使用的温控器用于控制"Ⅰ"组电热元件的通断，它直接感受发热元件附近壳体温度。其外形如图7-6（a）所示，型号是KSD301，规格为220V 10A/110，是110℃的恒温温控器，当电油汀温度达到110℃以上时它自动断开，使"Ⅰ"组电热元件断开，低于110℃以下几度时又自动闭合，使"Ⅰ"组电热元件又参与工作。因为该电油汀有3种功率选择，Ⅰ挡功率为600W，Ⅱ挡功率为1000W，Ⅲ挡功率为1600W；Ⅰ挡使用的时间最多，该温控器就可以保证电油汀壳体表面最高温度不超过110℃。

（4）可调温控器（或称为双金属可调温控器）

电油汀采用的可调温控器规格是QX201A T-180/250V/16A，有关断位置，温度可调范围为30～85℃。它属于机械控制器件，其结构如图7-6所示。

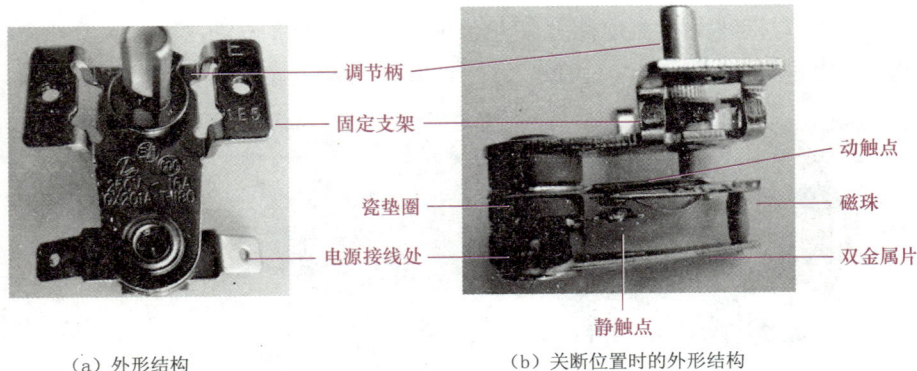

调节柄　固定支架　瓷垫圈　电源接线处　动触点　磁珠　双金属片　静触点

（a）外形结构　　　　　（b）关断位置时的外形结构

图7-6　电油汀中的可调温控器外形结构

（5）功率选择开关

电油汀采用的功率选择开关，型号为XK2系列选择开关，规格是AC 220V/15A，有5个引脚，2组开关，4个选择位置，分别为"关/Ⅰ/Ⅱ/Ⅲ"，其外形如图7-7所示。

功率选择开关的各引脚关系示意图如图7-8所示，组合开关在各挡位各引脚间的关系如表7-1所示。

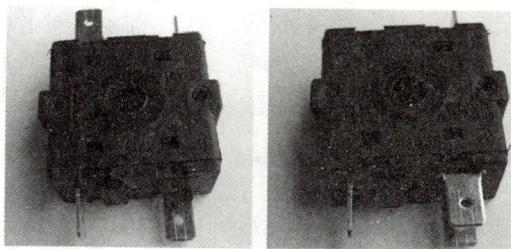

（a）B组开关是两个插头　　（b）A组开关有3个插头

图7-7　功率选择开关的外形 （两个反向观察）

表7-1　XK2组合开关各挡位情况

组别	各挡位引脚间关系			
	"关"状态	Ⅰ挡	Ⅱ挡	Ⅲ挡
A组开关	A与任何引脚不通	只与1引脚接通	只与2引脚接通	与1和2引脚均接通
B阻开关	B与任何引脚不通	与3引脚接通	与3引脚接通	与3引脚接通

（6）工作指示灯

NDYU-16型电油汀是否处于加热状态，由氖泡指示灯表达，由选择开关的一组开关控制其通断，220V交流电通过150kΩ电阻限流后约有70V的电压加在氖泡两端，使其发出橘红色的光。其外形如图7-9所示。

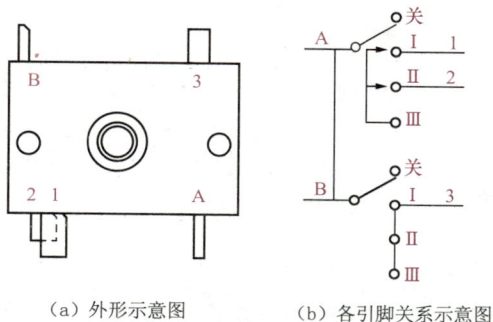

（a）外形示意图　　（b）各引脚关系示意图

图7-8　XK2开关外形示意图

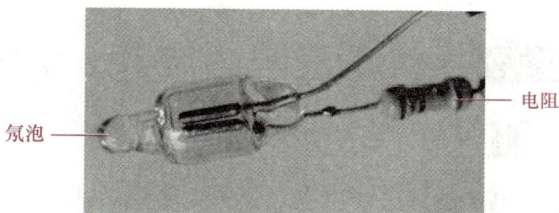

氖泡　　　　电阻

图7-9　加热工作的氖泡指示灯

4　组装电油汀

组装电油汀的操作过程与拆卸过程相反，注意不同规格的螺钉、紧固件要牢固，转动件要灵活。具体组装步骤如下：

第一步　安装各元件。将功率选择开关、可调温控器、工作指示灯连接到线路中。注意与拆卸时记录情况对照，正确连接。再将它们固定在前罩壳上；把选择开关、可调温控器的旋钮安装上，试验是否转动灵活，可靠。

第二步　前罩壳固定在发热体上。将温控器固定在散热片上，并连接好温控器线路；再将电热元件的线路连接好，连接好接地线；固定超温熔断器在散热片的原来位置；顺理固定好线路；安装前罩壳并用螺钉固定在发热体上，盖好装饰板。

第三步　安装脚轮。将电油汀底朝上，把两组脚轮用U形抱攀紧固在原来位置。

第四步　检查试机。检查安装是否复原。万用表在插头处检测电油汀通断情况，先调节可调温控器，再转换功率选择开关，依次检查4个挡位阻值应依次为∞、82Ω、49Ω、32Ω。最后使用绝缘电阻表检查线路绝缘情况。一切均正常后通电试机，观察各功能是否正常。

操作评价　电油汀的拆卸与组装操作评价表

评分项目	技术要求	配分	评分细则	评分记录
认识外形	能正确描述电油汀外观部件名称	10分	错每次扣1分，扣完为止	
拆卸电油汀	1. 能正确顺利拆卸	20分	操作错误每次扣2分	
	2. 拆卸相应配件完好无损，并做好记录	10分	配件损坏每处扣2分	
认识部件	能够认识电油汀组成部件的名称	10分	错误每次扣1分	
组装电油汀	1. 能正确组装，还原整机	20分	操作错误每次扣2分	
	2. 螺钉正确，配件不错装、不遗漏配件	20分	错装、漏装每处扣2分	
安全文明操作	能按安全规程、规范要求操作	10分	不按安全规程操作酌情扣分，严重者终止操作	
额定时间	每超过5min扣5分			
开始时间		结束时间	实际时间	成绩
综合评议意见				

7.1.2　相关知识：电油汀的结构及其技术标准

1　电油汀的结构

电热油汀主要由电热元件、金属散热片、导热油、可调温控器、功率选择开关、指示灯、万向转动小轮、外壳等组成，结构如图7-10所示。

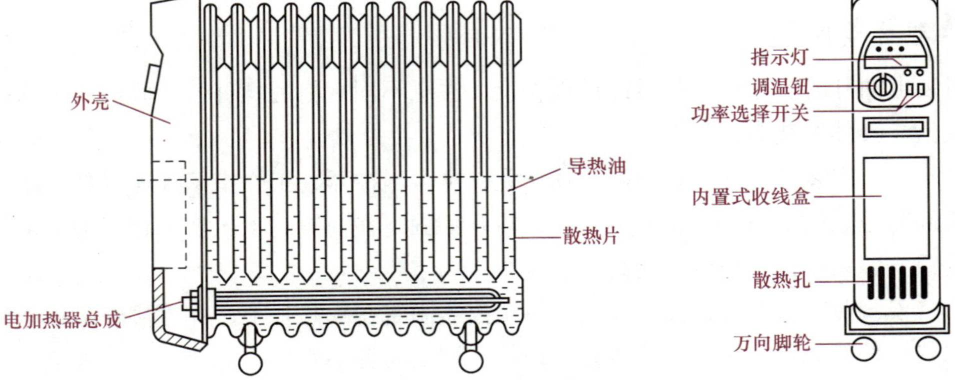

图7-10　电油汀结构图

电油汀是以金属电热管为电热元件，其结构如图7-11所示，为两组U形电热管。用点焊或套压的方法把金属管状电热元件固定在有许多散热片的腔体中，腔体中充有YD系列的导热油（或变压器油等）。

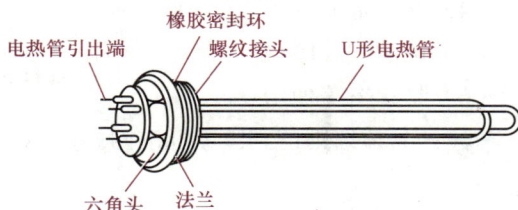

图7-11 电油汀的电热元件

这种油是由长碳链的饱和烃组成的，无毒、无渗透、热稳定性好、抗氧化性强、黏度适中、温度容易控制、价格低廉。在腔体内一般所占体积为70%，因此在倒置电油汀时会听到内部有液体流动的响声。

电油汀散热片由7～13个金属片中空叠合而成。电油汀多数采用钢铁结构，表面烤漆，也有采用铝合金结构的，其散热快，效率高，独特的表面处理和造型，颇具装饰性。由于电油汀的体积和重量都较大，其底部均装有4只万向小轮，以便随意改变摆放位置。

电油汀一般采用双金属片温控器来控制温度，其温度调节和控制开关的结构如图7-12所示。它是一种手动（通过调节杆）和自动（双金属片的动作）相结合的温度控制装置，由支杆、热金属片、压板和调节杆等几部分组成，通过旋转调节杆改变压板对热金属片的压力来设定温度，显然压力越大，相应的设定温度越高（最高不超过100℃）。当达到设定温度时，双金属片发热变形使动、静触点分开，从而切断加热元件的电源，达到控制温度的目的。

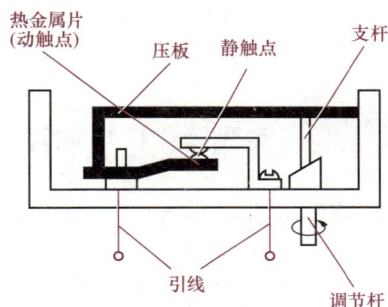

图7-12 可调温控器的结构示意图

2 电油汀技术标准

电油汀产品应执行GB 4706.1—2005/GB 4706—2007。GB 4706—2007是家用和类似用途电器安全系列国家标准中的基础标准，家用电器产品在设计、制造、检测、认证时必须遵照执行此标准，各类家用电器产品的特殊安全要求都必须与GB 4706.1—2005一起配合使用。贯彻实施GB 4706.1—2005，对提高产品质量和其安全性能是非常重要的，也为我国家用电器产品大量进入国际市场开辟了广阔的前景。

根据GB 4706.1—2005《家用和类似用途电器的安全 第1部分：通用要求》和GB 4706.23—2007《家用和类似用途电器的安全 第2部分：室内加热器的特殊要求》。其主要技术要求如下：

1）泄漏电流。工作温度下的泄漏电流I类器具不大于0.75mA或按每千瓦0.75mA计，但最大不超过5mA；Ⅱ类器具不大于0.25mA。

2）电气强度。能承受交流试验电压：基本绝缘1250V，加强绝缘3750V历时1min无击穿或闪络。

3）稳定性。不得倾斜使用。

4）开关寿命。不低于5000次。

5）电源线。I类器具应采用单相三极不可重接插头和三芯纱编织护套软线。

6）禁止覆盖使用。

注：具体细则请到国家标准网站www.51zbz.com下载。

任务7.2 电油汀的维修

任务目标

　　1. 会检测电油汀的主要部件。

　　2. 学会维修电油汀。

任务分析

　　学会检测电油汀的主要元器件，学会维修电油汀。

7.2.1 实践操作：电油汀的主要部件检测与常见故障排除

1 检测电油汀的主要部件

电油汀出现故障时，需要对电油汀电路的主要部件进行质量检测。

（1）全封闭式电热管

使用万用表的欧姆挡检测出两组电热元件的阻值，方法如图7-13所示，测得 I 组电热元件的冷态阻值约为84Ω，功率约为600W；II 组电热元件的阻值约为49Ω，功率约为1000W，因此两组同时工作时为1600W。

同时使用200MΩ挡检测电热元件与壳体间的绝缘电阻为∞；最好使用绝缘电阻表检测绝缘情况。

(a) I 组电热元件的阻值 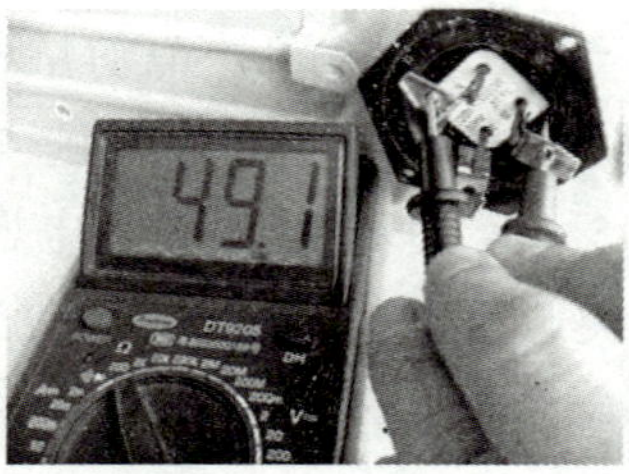　　　　(b) II 组电热元件的阻值 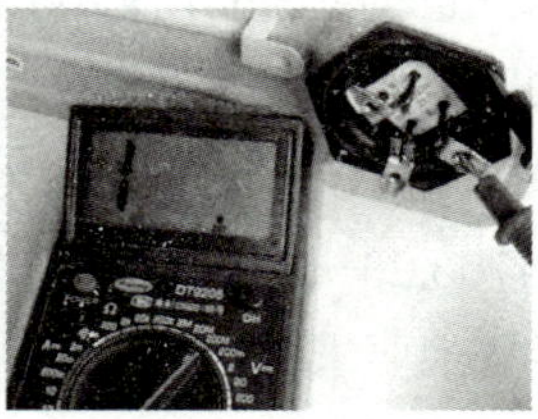　　　(c) 200M挡测电热元件的绝缘电阻

图7-13　电油汀电热元件的质量检测

（2）超温熔断器

检测时使用万用表测其两端电阻，应为0Ω，为无穷大则损坏。它属于一次性元件，损坏后更换相同规格的超温熔断器即可。

（3）温控器

温控器的检测方法如图7-14（a）所示，可在常温下用万用表检测引线两端阻值，应为0Ω；用电烙铁对温控器加热到110℃时，再检测其阻值应为∞（如图7-14（b）所示），冷却后又能闭合，则正常可用。

(a) 检测温控器质量　　(b) 加热110℃时温控器断开

图7-14　电油汀中的温控器

（4）可调温控器

检测其质量时，用手调节调节柄转动，观察是否转动灵活，观察动静触点是否能关断和开启闭合，听有无关断和开启的响声；与此同时用万用表检测能打开能闭合，就正常可用。检测方法如图7-15所示。进一步检测可用电烙铁对双金属片加热，同时在旋钮不同位置检测其受热通断情况。

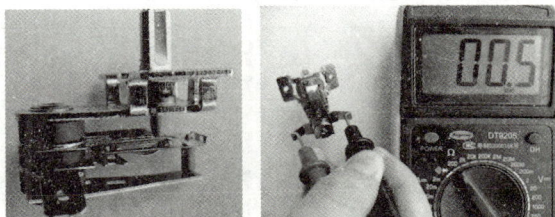

(a) 闭合时动静触点闭合　　(b) 闭合时检测应为0Ω

图7-15　电油汀中的可调温控器质量检测

（5）功率选择开关

功率选择开关的质量检测，主要观察外观是否损坏，引线插头是否松动。再就是使用万用表检测两组开关在4个位置的通断情况，参见表7-1。检测方法如图7-16所示。

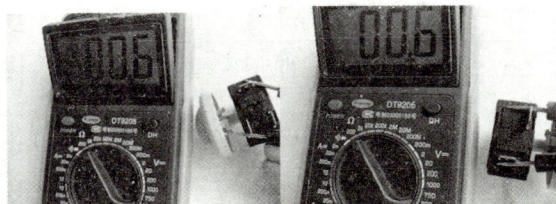

(a) 测A组开关　　(b) 测B组开关

图7-16　检测功率选择开关各挡通断情况

2 排除电油汀常见故障

NDYU-16型电油汀电路原理图参见相关理论知识，常见故障有以下几种。

典型故障一：通电后油汀不加热

故障可能原因及排除办法如表7-2所示。

表7-2　原因分析及排除方法

引起故障的可能原因	排除故障的方法
电源插头、插座接触不良	调整插头、插座，使其接触良好
电源线路损坏断路	电阻法检查电源线路，修理或更换电源线路
超温熔断器烧毁开路	拆卸电油汀的前罩壳，找到超温熔断器，万用表欧姆挡检测其质量后，更换同规格的超温熔断器；同时要找出它损坏的原因
可调温控器触点变形开路	拆卸电油汀的前罩壳，在壳内找到可调温控器，在边旋转旋钮时，边用万用表检测其质量，拆卸下来修复或更换同规格的可调温控器
功率选择开关损坏	拆卸电油汀的前罩壳，万用表判断质量，若损坏则更换选择开关

典型故障二：通电后温度过低

故障可能原因及排除办法如表7-3所示。

表7-3 原因分析及排除方法

引起故障的可能原因	排除故障的方法
市电电网电压过低	待电压正常后使用
电热管损坏一根	电阻法检查电热管，更换同规格电热管
散热片表面灰尘过多	清洁散热片表面的灰尘
可调温控器触点变形或移位	检修或更换可调温控器

操作评价 电油汀的维修操作评价表

评分内容	技术要求	配分	评分细则	评分记录
检测元件	能正确检测电油汀元件的好坏	20	操作错误每次扣5分	
排除电油汀的故障	1. 能够正确描述故障现象、分析故障，确定故障范围及可能原因	20	不能，每项扣5分，扣完为止	
	2. 能够正确拆装电油汀	20	操作错误每次扣2分	
	3. 能够由原因逐个排除，确定故障点，并能排除故障点	20	不能，扣10分，基本能，扣5~10分	
安全使用	安全检查，正确使用电油汀	10	操作错误每次扣5分	
安全文明操作	能按安全规程、规范要求操作	10	不按安全规程操作酌情扣分，严重者终止操作	
额定时间	每超过5min扣5分			
开始时间		结束时间	实际时间	成绩
综合评议意见				

7.2.2 相关知识：电油汀的工作原理及其使用与维护

1 电油汀的工作原理

NDYU-16型电油汀的电路原理图如图7-17所示。可调温控器ST_1是带开关功能的双金属片温控器。

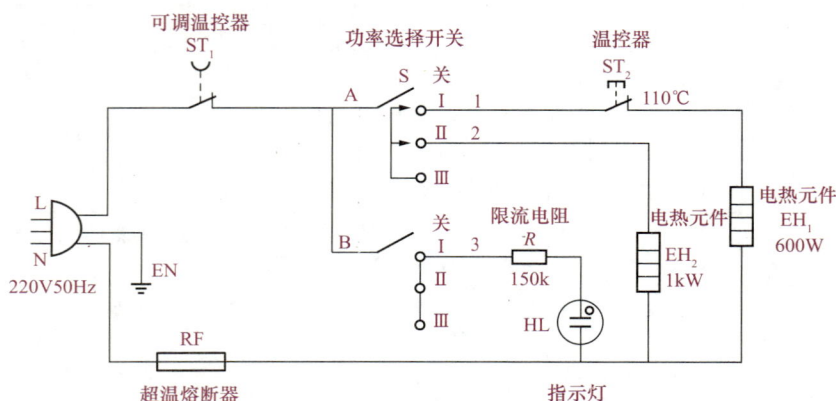

图7-17 NDYU-16型电油汀电路原理图

　　通电后调节ST_1在最高温度位置，并将功率选择开关置于图中Ⅲ的位置，此时两只热元件EH_1、EH_2同时发热，指示灯HL发光，处于最高功率状态，电热管周围的导热油较快被加热后，沿散热腔体内的管道循环，通过腔体的表面将热量辐射出去。热量散发后冷却的导热油沿导管返回电热管周围再次被加热，从而不断地循环传递热量。当电热油汀温度较高，若超过110℃时，ST_2断开，EH_1电热元件停止加热，降低了加热功率。此时可将功率选择开关调至Ⅱ位置，只有EH_2在通电加热；把功率开关调至Ⅰ位置，就只有EH_1在通电加热，Ⅰ挡为长时间恒温状态，此时可根据需要调节ST_1温控旋钮，以使其在所调定的温度附近实现自动保温。当温度超过所设定的温度时，温控开关ST_1的动、静触点因热双金属片受热变形而分开，切断了电热元件的电源,指示灯熄灭。经过一段时间，温度降低到设定温度以下时，热双金属片又恢复原状使两触点接通，从而电热管又通电工作，继续加热。

　　若ST_1温度调至最高温度位置，且长时间工作在Ⅰ挡时，可由温控器ST_2完成恒温110℃，以防止过热；若电油汀温度高于150℃时，可调温控器没有断开，此时超温熔断器熔断保护电热管。

　　顺便指出，使用电油汀时，应在开机时将温控旋钮旋至最高温挡，半小时后再回旋至低温挡功率选择开关转换在Ⅰ挡，其功耗只有600W。

2　电油汀的选购、使用与维护

（1）选购要点

1）选品牌的电油汀。产品要有执行标准，要有安全认证，有售后保证等。

2）看电油汀取暖器容积的大小。质量好的油汀体积大，重量更重。

3）看电油汀取暖器油汀的内部连线。最好选择航空导线，明火烧不着，电阻小，节能性强，发热不老化，安全可靠。

4）看电油汀取暖器外壳的厚度。要选择采用0.6mm钢板，结实耐用，安全可靠。

5）电油汀取暖器内的导热油质量要好。电油汀取暖器的导热油性能非常重要，经过高温炼制的电油汀导热油导热性能就好，升温快可降低对其内壁及元器件的损坏，达到延长寿命及节能的目的。要选用380℃高导热油。低质量导热油一般在280℃左右。

（2）安全须知

1）不要与其他电器公用电源插座，以免电流过载。电源插座电流容量应为10A以上。

2）在拔出电源插头时，应先将功率选择开关置于"关"的位置。

3）停止使用时，请将电源插头拔下，不能用手触摸电源线，且收集在电源线座内。

4）电源插座应设有可靠的接地装置，以确保使用安全。

5）应离墙及周围物品0.5m以上放置。

6）长期不用时，应将电油汀置于干燥通风处。

7）务必竖直使用，严禁覆盖使用。

8）儿童应该被监督，以保证他们不玩耍电油汀。

（3）维护须知

1）进行维护和保养前，先将电源插头拔下，并且在油汀散热片冷却后才可进行。

2）外壳表面容易积尘，要常用软布擦拭，灰尘过厚将影响发热效率。

3）表面太脏时，可用低于50℃的水和中性洗涤剂混合后，蘸布擦拭晾干。

4）清洁时，不能使用汽油、天那水、稀释剂、酸类等易损坏机体表面的物质。

5）存储时，应先将油汀冷透、吹干才可装箱。

6）如果电源线损坏，请找专业人士或送指定维修点维修。

7）要充灌定量的特殊油类，出现漏油须由专业人员修复。

思考与练习

1. 电油汀的拆卸要点是_____。

2. 电油汀的基本结构分为_____、_____、_____、_____、_____等几部分。

3. 电油汀是利用_____完成取暖的。

4. 电油汀的特点是什么？

5. 如何正确选购电油汀？

项目 8
电饭锅的拆装与维修

学习目标

知识目标 ☞

1. 了解电饭锅的类型及结构。
2. 理解普通电饭锅的工作原理。
3. 掌握选择电饭锅的技术标准。
4. 了解电饭锅的选购、使用及维护。

技能目标 ☞

1. 会拆卸与装配电饭锅。
2. 会检测电饭锅的主要部件。
3. 能排除电饭锅的常见故障。

电饭锅，也叫电饭煲，是一种利用电热烹饪食物的厨房电器。它能够对食物进行蒸、煮、炖、焖等多种加工，还能自动煮饭、保持恒温。世界上第一台电饭锅，是由日本东京通讯工程公司于20世纪50年代发明的。它的发明算得上是烹饪史上一次伟大的革新，让人们从繁重的厨房劳动中解脱出来，大大缩短了花费在煮饭上的时间，且具有清洁卫生、无需看管、省事省力、使用方便等优点，从而走进了每个家庭。

随着人们生活水平的提高，煮饭不仅仅停留在煮熟上，人们要求营养煮饭、智能煮饭。传感器技术、单片机技术在电饭锅上的应用解决了这些问题，电脑控制式电饭锅能以更合理的方式进行加热，精确地调节火候，使我们的主食更加营养可口，而且其定时、预约的人性化设计，使我们的煮饭更加轻松快乐。

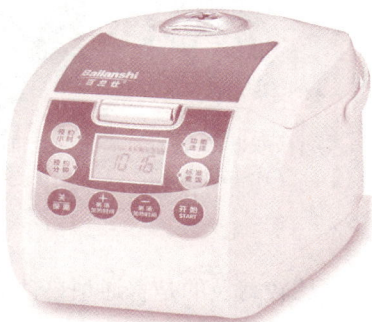

任务 *8.1* 电饭锅的拆卸与组装

任务目标

> 1. 会拆卸与组装电饭锅。
> 2. 能认识电饭锅的关键元器件。

任务分析

> 拆卸与组装电饭锅的流程如下所示。

确定电饭锅的类型 ⇒ 认识电饭锅的外形 ⇒ 拆卸电饭锅 ⇒ 认识电饭锅 ⇩ 认识电饭锅的主要部件 ⇐ 组装电饭锅

8.1.1 实践操作：拆卸与组装电饭锅

1 确定电饭锅的类型与认识电饭锅的外形

电饭锅的类型主要有常见的自动保温式、电脑控制式和压力电饭锅等，实物如图8-1所示。

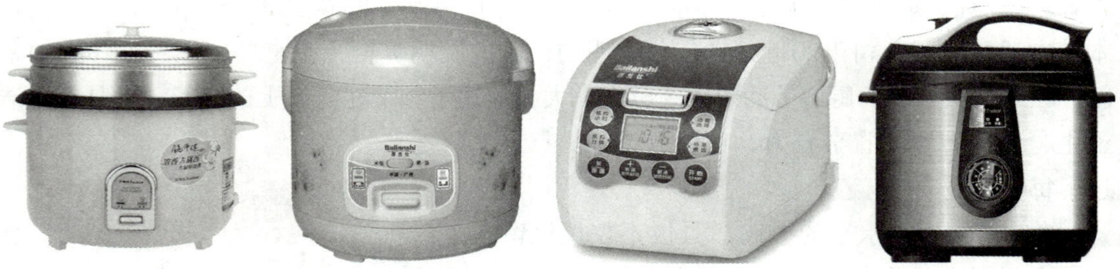

（a）自动保温式电饭锅（普通型）　（b）多功能自动保温式电饭锅（带煮粥）　（c）电脑控制式电饭煲　（d）压力电饭锅

图8-1　常见电饭锅

比较普及的是普通型自动保温电饭锅。这里拆卸的是半球CFXB30-5M型保温式自动电饭锅，它的规格为：额定电压为220V/50Hz,额定功率为500W,额定容积为3.0L，保温功率为40W,热效率值为82%，能效等级为2级，具有中国"3C"安全认证。其外形结构如图8-2所示。从外形看主要有锅盖、蒸屉、内锅、电源插头、指示灯、煮饭开关按键等。

3 拆卸电饭锅

做好拆卸电饭锅的准备工作，如工具、螺钉盒、标签、记号笔等。然后取出电饭锅的锅盖、蒸屉、内锅、电源线等附件，并整齐地放置在指定位置，以避免影响下面的工作。

图8-2 普通自动保温式电饭锅的外部结构

（图中标注：锅盖、内锅、外壳、电源插头、外壳底圈、蒸屉、能效标记、指示灯、煮饭开关按键）

注意事项：拆卸的顺序为从外到内，元件拆卸下来后，照顺序摆放零件，否则容易出现混乱，安装顺序为反序。另外，拆卸过程中零件之间的连接线比较多，如果记忆不清楚最好画图或者打上标记。

电饭锅的拆卸步骤如下：

第一步　拆卸底盖，认识电饭锅内部结构。旋下锅底固定螺钉，取下锅底，即可看见电饭锅的内部结构。

① 取出附件后，用螺钉旋具旋下固定底盖的3颗螺钉。	② 取下锅底盖，上面有接地螺钉，取下此螺钉，分离锅底盖，记录螺钉规格。

③ 认识普通电饭锅的内部结构。

（图中标注：电源插座、超温熔断器、磁钢限温器、外壳与隔罩固定架、电热管接线柱、煮饭开关及指示装置、发热盘、保温加热器）

第二步 拆卸与认识超温熔断器。

① 电饭锅外壳上有电源插座，用螺钉旋具旋下两颗固定螺钉。	② 用手扳开包裹超温熔断器的传热金属片。用螺钉旋具拆卸连接电热管接线柱的火线接头，记录线路情况。	
③ 再分别旋下固定接地线和零线的螺钉，记录线路情况。接地螺钉需旋上，固定发热盘。	④ 电源插座连同3根电源线一起，向外取出。	⑤ 超温熔断器作为插座与电热管的火线连接线。
		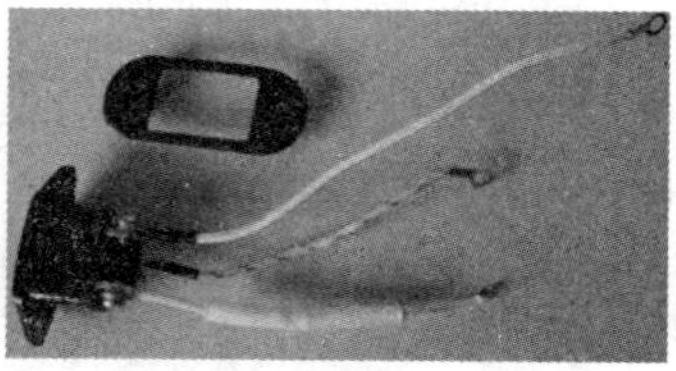

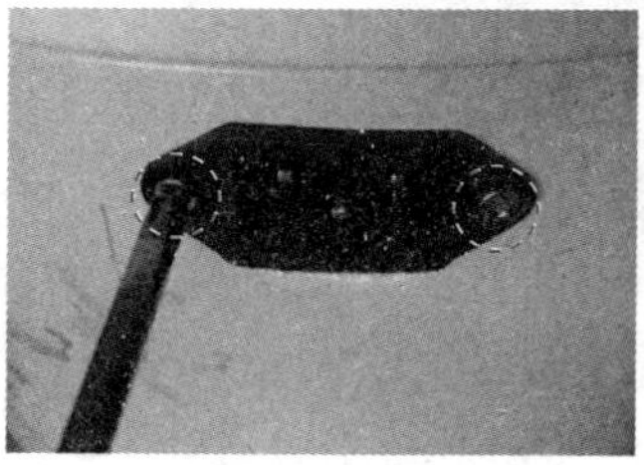

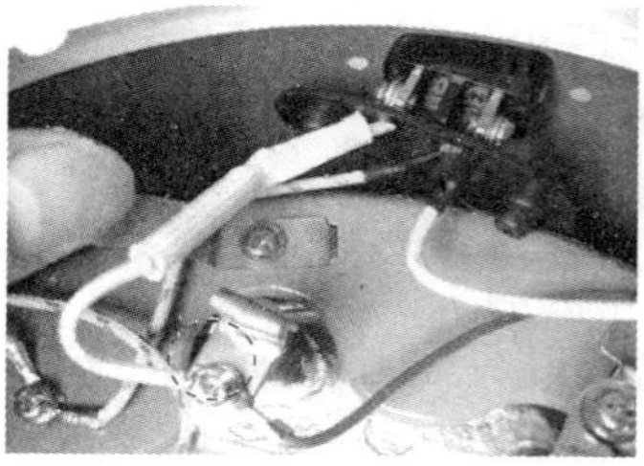

⑥ 旋下插座上的螺钉，取出超温熔断器。

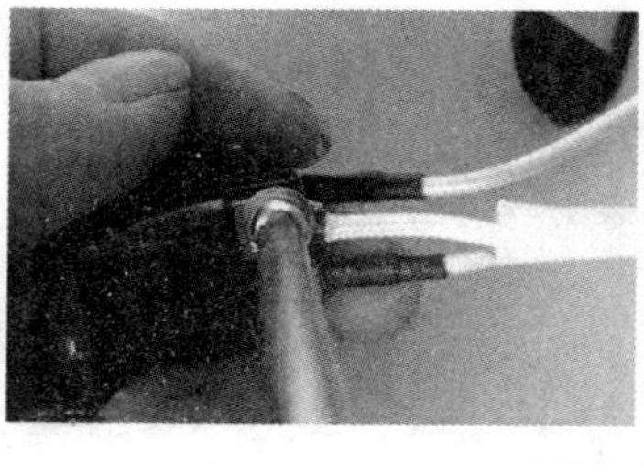

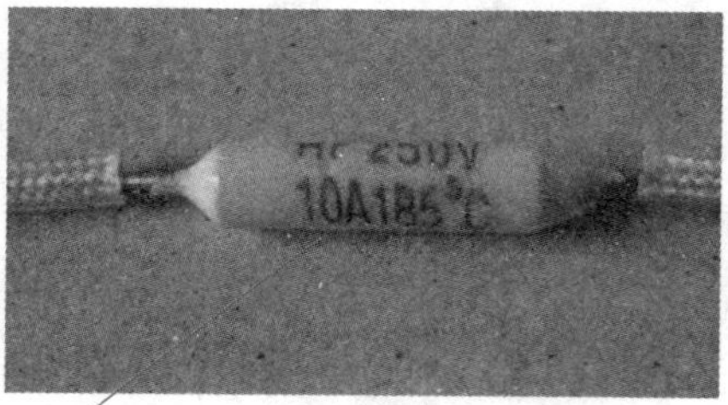

超温熔断器

第三步 拆卸与认识保温加热器。

① 用螺钉旋具拆卸连接电热管接线柱的零线接头，记录线路情况。再旋下固定保温加热器的螺钉。	② 取出保温加热器，认识其规格参数。
	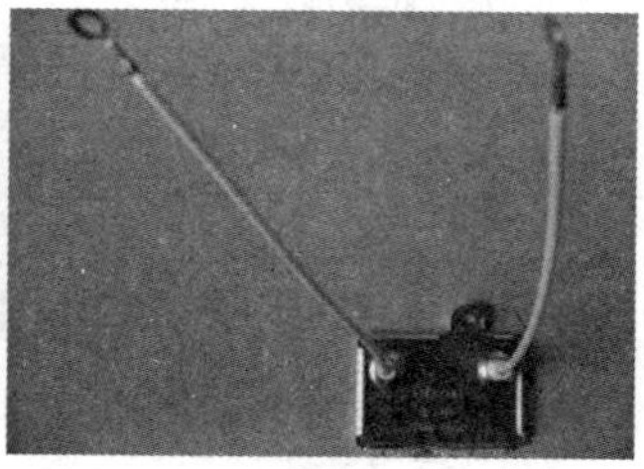

第四步 拆卸与认识发热盘和磁钢限温器。

① 用螺钉旋具旋下固定发热盘的螺钉。	② 用尖嘴钳整形金属片，分离磁钢限温器拉杆和煮饭开关杠杆的连接。	③ 取下发热盘，认识部件。
		 电热管接线柱 固定螺钉位 拉杆 磁钢限温器 发热盘（铸铝板）
④ 用尖嘴钳向内整形金属卡。	⑤ 用手向下按下磁钢，取出磁钢温控器。	⑥ 观察磁钢温控器和发热盘的结构。
		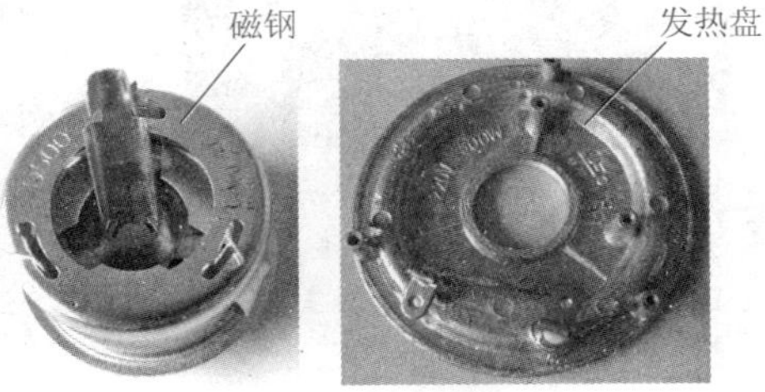 磁钢 发热盘

第五步 拆卸与认识煮饭开关和面板指示灯。

① 用螺钉旋具旋下固定外壳支架的3颗螺钉。	② 取下外壳底圈。用螺钉旋具旋下固定面板组件的螺钉。	③ 取出隔罩，分离外壳。
外壳底圈 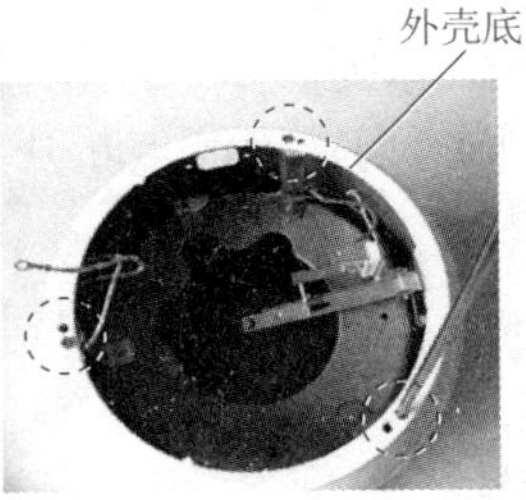	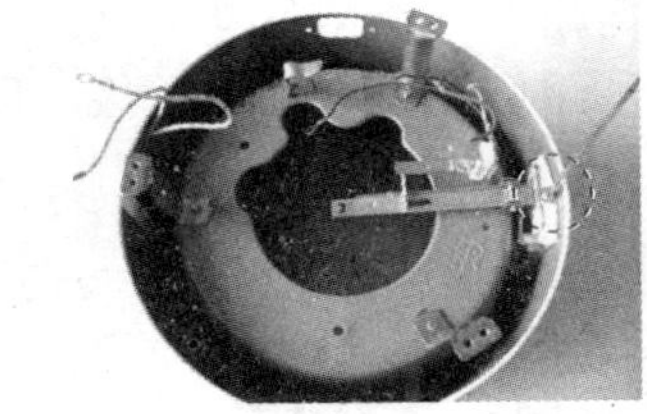	隔罩 外壳 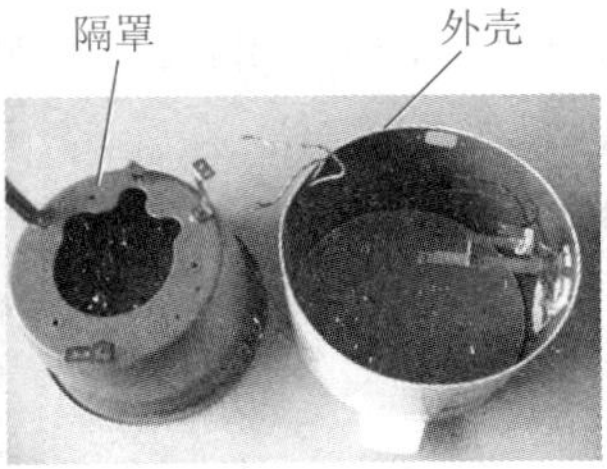
④ 用手按下塑料卡扣，向上用力取出面板组件。	⑤ 用螺钉旋具旋下固定煮饭开关的2颗螺钉，取出开关组件。	⑥ 用螺钉旋具旋下固定指示灯电路板的1颗螺钉，取出指示灯电路板。
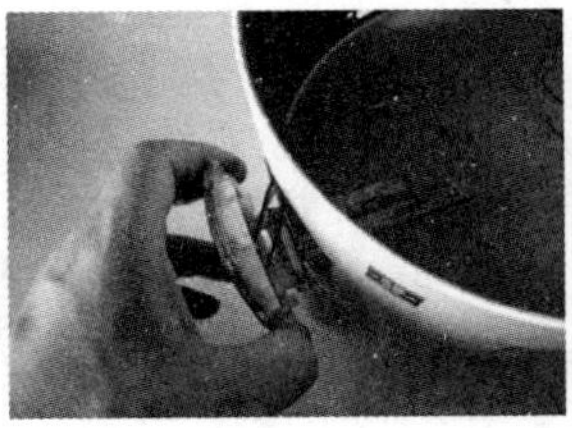	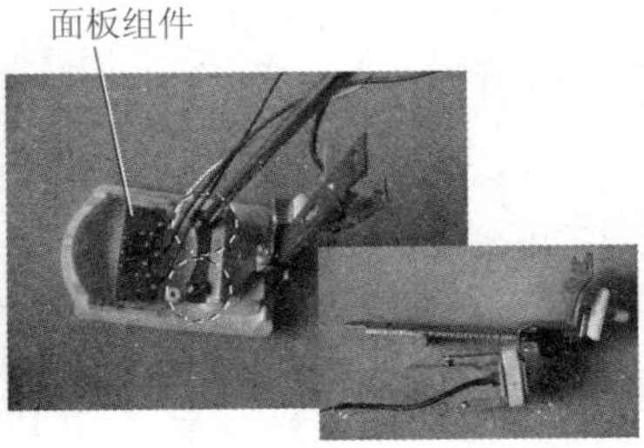 面板组件	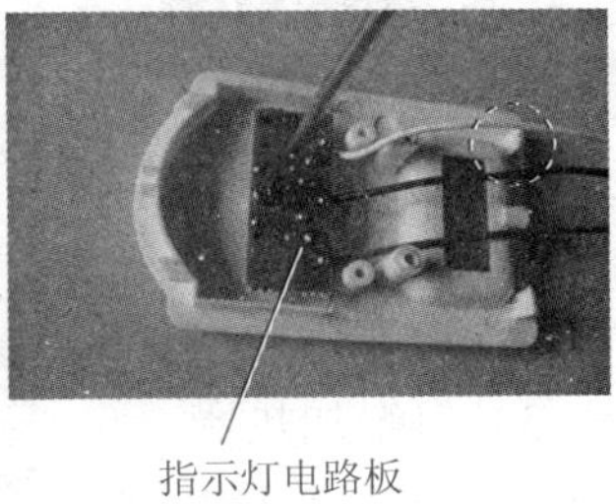 指示灯电路板

3 认识电饭锅的主要部件

普通电饭锅电路的主要部件有发热盘、磁钢限温器、保温加热器或双金属温控器、超温熔断器、指示灯等。

（1）发热盘

发热盘如图8-3所示。将管状电热元件浇铸在铝合金中制成发热盘，电热元件的端部用密封材料进行密封，以确保绝缘性能。电热管通电发热，通过整体铝合金将热量传导给发热盘实现煮饭。CFXB30-5M型电饭锅的发热盘规格是：额定电压为220V，额定功率为500W，直径为155mm。

| （a）发热盘 | （b）发热盘结构 | （c）电热管电路符号和文字符号 |

图8-3　发热盘的结构和电路符号

（2）磁钢限温器

磁钢限温器如图8-4所示。磁钢限温器也称磁性温控器，它是煮饭自动断电装置，一般由软磁铁（感温磁钢）、硬磁铁（永磁体）、起跳弹簧、杠杆和开关按钮等组成，它是把磁钢和操作控制开关连接在一起的机械控制器件。

在冷态时通过按下开关按钮，拉杆上移，感温磁钢与永磁体吸合在一起，顶杆也上移，动、静触点闭合，电热管通电发热；当内锅水分很少，温度高于（103±2）℃时，感温磁钢失去磁性，在弹簧作用下，永磁体掉下，拉杆下移，顶杆下移，动、静触点断开，电热管断电，实现自动断电。

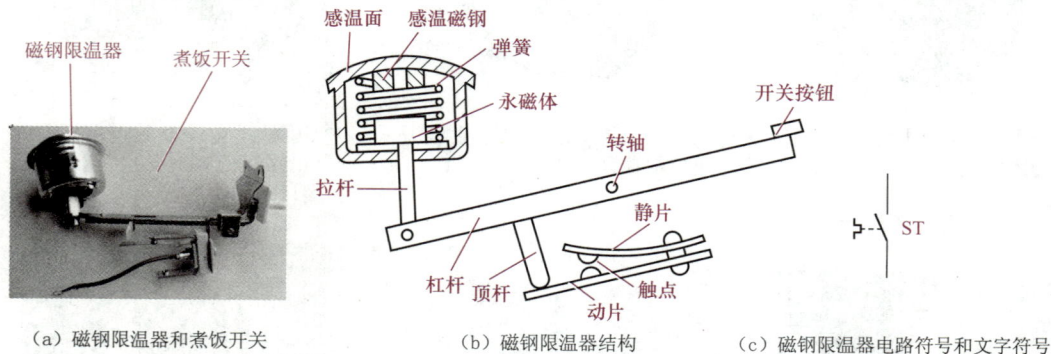

| （a）磁钢限温器和煮饭开关 | （b）磁钢限温器结构 | （c）磁钢限温器电路符号和文字符号 |

图8-4　磁钢限温器的结构和电路符号

（3）保温加热器

自动保温式电饭锅的保温方法有两种。一种是通过几十瓦的罩盖式电热元件一直加热保温。例如，CFXB30-5M型电饭锅就是采用40W/220V的罩盖式电热元件实现保温的。图8-5所示为罩盖式电热元件的结构和电路符号。

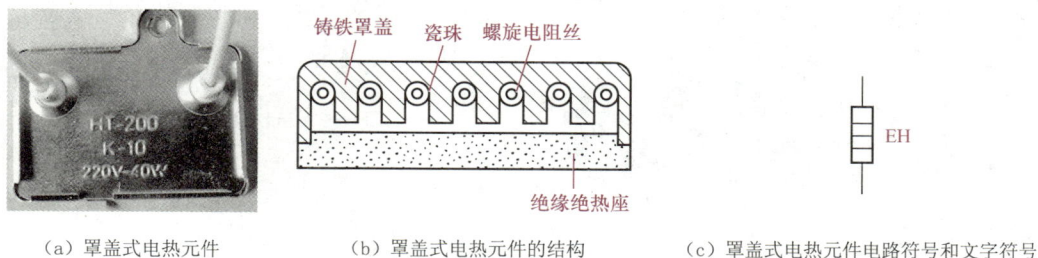

（a）罩盖式电热元件　　　（b）罩盖式电热元件的结构　　　（c）罩盖式电热元件电路符号和文字符号

图8-5　罩盖式电热元件的结构和电路符号

（4）双金属温控器

自动保温式电饭锅的另一种保温方法，是通过双金属温控器与发热盘的电热管一起完成保温。如图8-6所示，它与前面介绍的电熨斗、电油汀中采用的可调温控器相似，只是无手柄。电饭锅中采用的双金属温控器的控温点为（70±5）℃，具有校准调节螺钉。

它一般与磁钢温控器并联后，再与电热管串联，当煮饭完成后，磁钢温控器断开，而锅内温度下降到70℃以下时，双金属温控器触点就闭合，电热管又通电加热；温度上升到70℃以上时，双金属温控器触点就断开，电热管断电停止加热；如此反复，使锅内温度维持在70℃左右，实现保温。

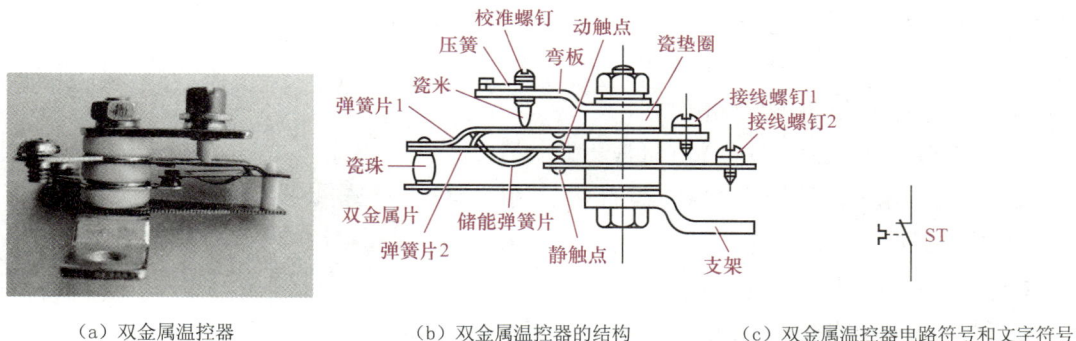

（a）双金属温控器　　　（b）双金属温控器的结构　　　（c）双金属温控器电路符号和文字符号

图8-6　双金属温控器的结构和电路符号

（5）超温熔断器

超温熔断器，也叫温度熔丝、热熔断器，与前面电熨斗、消毒柜、电油汀中采用的可调温控器相似，只是规格不同。如图8-7所示，它有两种封装形式，500W电饭锅采用规格为250V/10A/185℃的温度熔丝。当锅内温度超过185℃时熔断，防止发热盘过热损坏或引起火灾。

（a）超温熔断器　　　（b）电熔断器电路符号和文字符号

图8-7　超温熔断器的外形和电路符号

（6）限流电阻和指示灯

与前面电熨斗、消毒柜相似，该电饭锅采用氖泡指示电路工作状态。如图8-8所示，它采用150kΩ限流电阻器和氖泡串联实现指示电路工作状态，即煮饭状态和保温状态。

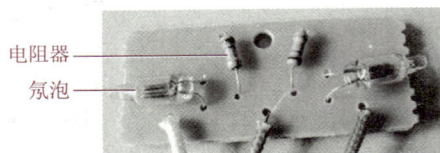

| 电阻器 |
| 氖泡 |

（a）指示灯电路板   （b）电阻器和氖泡的电路符号与文字符号

图8-8　限流电阻器和氖泡

4 组装电饭锅

组装普通电饭锅的操作过程与拆卸过程基本相反，但要注意不同规格的螺钉、紧固件要牢固，按动开关要灵活。

组装电饭锅的具体步骤如下。

第一步　安装指示灯电路板和煮饭开关。

① 将指示灯电路板用螺钉固定在面板上。

② 将煮饭开关用2颗螺钉固定在面板上。

③ 连同装饰圈一起从外壳指定孔穿过。

④ 卡扣在外壳上。

⑤ 用小螺钉固定指示灯和开关组件。

第二步　安装超温熔断器和电源插头。

① 将超温熔断器的一边固定在插座上。

② 将电源插座连同有超温熔断器的3根电源线穿过外壳安装孔，用2颗平顶螺钉将其固定在外壳上。

③ 把隔罩放入外壳内。

第三步　安装磁钢和发热盘。

① 把磁钢安装在发热盘中央，固定。	② 将发热盘从隔罩里穿出，磁钢拉杆与煮饭开关的杠杆用尖嘴钳使它们连接在一起。	③ 将发热盘固定在隔罩上。同时，把电源输入的接地线与外壳接地线一起，固定在发热盘上。
		隔罩

第四步　安装保温加热器和连接线路。

① 使用螺钉将保温加热器固定在发热盘上。	② 将保温加热器的1根导线与保温指示灯连线、1根电源零线一起用螺钉固定在煮饭开关的进线接线柱上（均为白色耐热导线）。

③ 将保温加热器的另1根导线与煮饭开关的出线、指示灯公共连线一起用螺钉固定在电热管的一个接线柱上（有2根蓝色导线）。	④ 把红色的加热指示灯连线与超温熔断器的导线一起，用螺钉固定在电热管的另一接线柱上。
	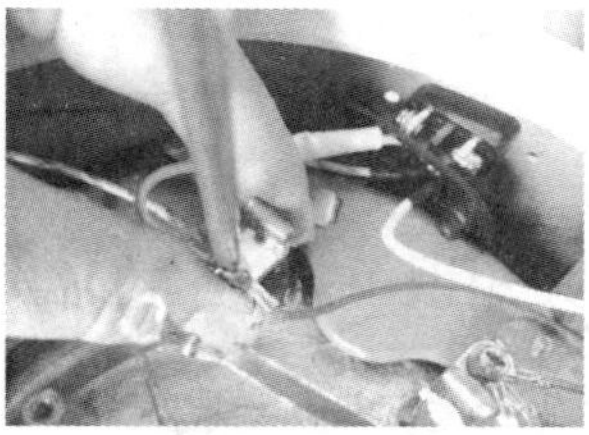

第五步　安装外壳支架和底盖。

① 把底圈安装在外壳上，调整好位置等，用3颗螺钉固定支架，固定外壳。

② 将接地线固定在底盖上。

③ 用3颗自攻螺钉固定底盖。组装结束。

第六步　组装后检查。检查组装是否复原。

①万用表在插头处检测电饭锅的通断情况，不按开关时组装应为1.3kΩ左右。	②按下磁控开关，阻值为96Ω左右。	③与接地线间阻值应为∞。
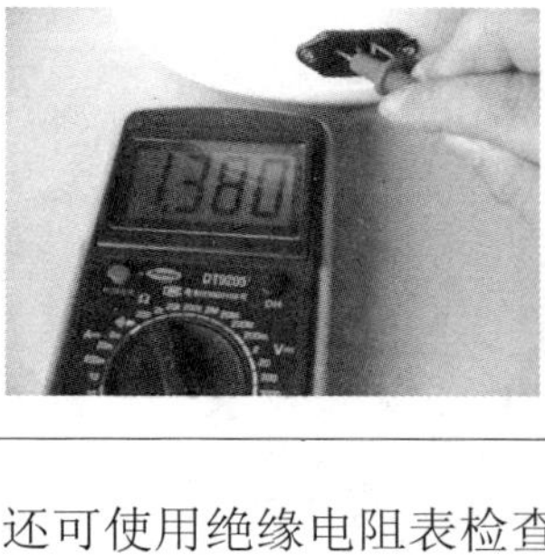	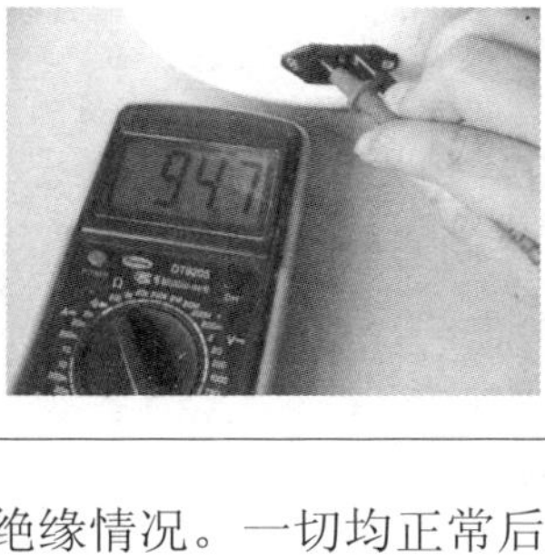	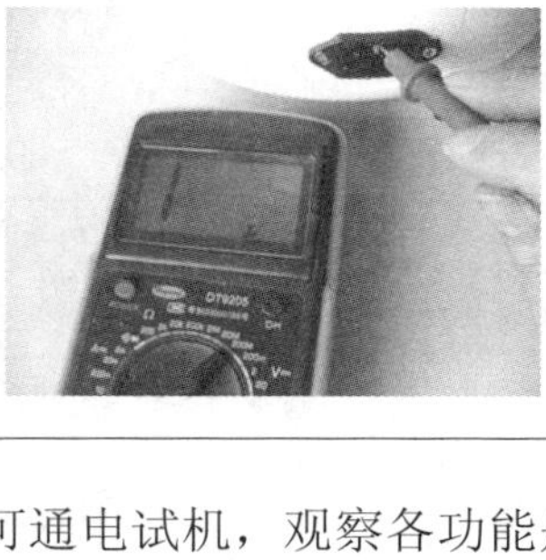

　　还可使用绝缘电阻表检查线路绝缘情况。一切均正常后才可通电试机，观察各功能是否正常。

操作评价　电饭锅的拆卸与组装操作评价表

评分项目	技术要求	配分	评分细则	评分记录
认识电饭锅外形	能正确描述电饭锅的外观部件名称	10分	错每次扣1分，扣完为止	
拆卸电饭锅	1. 能正确顺利拆卸	20分	操作错误每次扣2分	
	2. 拆卸相应配件完好无损，并做记录	10分	配件损坏每处扣2分	
认识电饭锅部件	能够认识电饭锅组成部件的名称	10分	错误每次扣1分	
组装电饭锅	1. 能正确组装，还原整机	20分	操作错误每次扣2分	
	2. 螺钉正确，配件不错装、漏装	20分	错装、漏装每处扣2分	
安全文明操作	能按安全规程、规范要求操作	10分	不按安全规程操作酌情扣分，严重者终止操作	
额定时间	每超过5min扣5分			
开始时间		结束时间	实际时间	成绩
综合评议意见				

8.1.2　相关知识：电饭锅的类型、结构与技术标准

1 电饭锅的类型和结构

（1）电饭锅的类型

电饭锅的类型较多，不同分类方法就有不同种类，如表8-1所示。

表8-1　电饭锅的类型和特点

分类方法	类型	特　　点
保温方式	保温加热器保温	使用一组专门加热器，一般为几十瓦的罩盖式电热元件一直通电加热保温，不易出现糊饭
	双金属温控器	使用双金属温控器设置70℃的温控点，配同电热管一起完成保温，工作间断
控制方式	自动保温式	在饭熟后会自动从煮饭状态切换到保温状态，自动保持一定温度直到人为断电
	定时启动保温式	在普通电饭锅上加装定时器，可在12h内任意选定启动时间，在选定的时间内，电饭锅自动启动，开始煮饭，然后保温
	电脑控制式	采用电脑程序控制，它利用电脑进行传感测量，控制细微的沸煮温度变化，功率在800W左右，有利于节能
电热元件	单一加热式	底部采用发热盘对内锅加热
	双加热式	除了底部有发热盘加热外，在锅盖上也有加热装置，能够提高工作效率
	立体加热式	采用底部、锅盖和锅壁3处同时加热，有更高的工作效率
压力	常压式	加热时锅内的压力保持在常压状态，利用沸腾的水及水蒸气来对食物加热
	压力式	加热时锅内的压力高于常压，从而使水的沸点上升，省时省电

（2）电饭锅的结构

普通自动保温式电饭锅的结构示意图如图8-9所示。它主要由外壳、内锅（内胆）、发热盘、磁钢限温器、保温加热器或双金属温控器、指示灯等组成。

1）外壳。外壳不仅有装饰和保护作用，还将内锅、发热盘、温控器及开关等集于一体。

2）内锅。内锅又称内胆，装食物的容器。其底部要求要与发热盘相吻合。

3）发热盘。发热盘又称电热板、电热盘、发热板等，将电热管浇铸在铝合金中成型，要具有良好的导热性、耐腐蚀性和较高的机械强度。

4）温控器。电饭锅中温控器一般有磁钢限温器和双金属片温控器。磁钢内部结构示意图如图8-10所示，用于控制饭熟后自动断电。煮饭时，靠永久磁钢吸住感温磁铁，使拉杆上触点闭合通电。当锅底温度达到103℃时（失去水），磁钢吸力小于弹簧弹力，磁钢被弹簧拉下，压动杠杆开关，切断电热管供电，停止加热。

双金属温控器配合电热管实现保温，为防止饭冷，当锅内温度低于65℃，双金属温控器接通电热管重新加热；高于75℃时断开电源，停止加热，使锅内温度基本恒定在70℃左右。

有的电饭锅采用几十瓦的保温加热器在饭熟后一直加热实现保温。

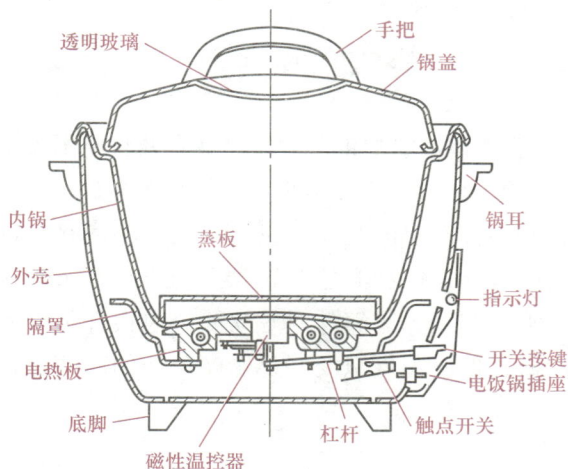

图8-9　自动保温式电饭锅的结构示意图

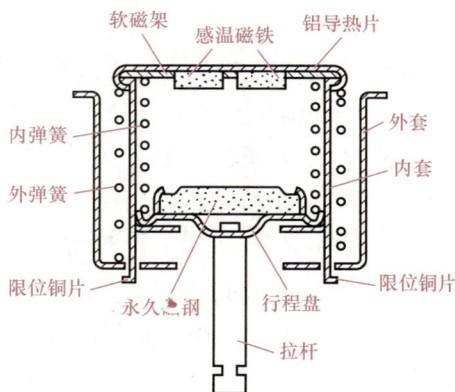

图8-10　磁钢限温器

2 电饭锅的技术标准

电饭锅的执行标准为GB17625—2003、GB4343.1—2003、GB4706.1—2005、GB4706.19—2008中《自动电饭锅》、《家用和类似用途电器的安全　自动电饭锅的特殊要求》的规定。其主要技术要求如下：

1）使用环境。电饭锅应能在室内或类似环境正常工作，周围空气中应无易燃、腐蚀性气体和导电尘埃，海拔高度不超过2000m，环境温度为-10～40℃，最大相对湿度为95%（25℃时）。

2）容积偏差。内锅实际容积应不小于额定容积的95％。

3）限温温度。为水的沸点+(0.5～4.5)℃。

4）保温温度。通过温控器进行保温的电饭锅，饭的温度应能保持在60～80℃范围内。

5）耐用性。电饭锅按规定方法试验：主加热器和附加电热元件经受500周期快速试验、温控器工作3万次后，应能正常工作，表面保护层不应出现剥落、剥离或起泡现象。

6）氧化膜。铝制内锅、锅盖的氧化膜厚度不小于6μm，经耐腐蚀性试验后不变色。

7）防粘涂层。内锅内表面使用无毒防粘涂层时，涂料应符合卫生要求，表面光滑，无龟裂、斑点；膜厚不小于15μm，附着力不小于二级；耐热试验后不起泡、不剥离；当锅底饭层温度达到105℃时，饭能顺利倒出，锅底无饭层粘连。

8）定时偏差。置有定时器的电饭锅，定时极限偏差为±15min。

9）防触电等级。按防触电保护等级分为Ⅰ类电器、Ⅱ类电器、Ⅲ类电器。其防水程度为普通型电器。

10）功率偏差。额定输入功率＞100W，偏差为－10％～+5％。

11）泄漏电流。Ⅰ类电器≤0.75mA，或每千瓦0.75mA计，但最大≤3mA；Ⅱ类电器≤0.5mA，Ⅲ类电器≤0.25mA。

12）绝缘电阻。基本绝缘≥2MΩ，加强绝缘≥7MΩ。

13）电气强度。基本绝缘1250V电压试验，加强绝缘3750V电压试验，历时1min无击穿或闪络。

14）电源线。应采用纤维编织或橡胶护套及类似性能的铜芯软线；其有效长度不短于1.8m。对于Ⅰ类电器，三芯软线中绿/黄双色线为专用接地线，不可错接。

15）外观要求。主要表面上的塑料、胶木零件应表面光滑，色泽均匀，不应有裂纹或明显的斑痕、划痕和凹陷；除发热盘外，铝和黑色金属表面均应有耐久性保护层；油漆件不得有划痕、起层剥落、皱纹、底漆外露等缺陷；电镀件不得有斑点、针孔、气泡，表面应光滑；搪瓷件应无气泡及明显影响美观的凹凸点、脱瓷、鱼鳞爆、边沿锯齿形裂纹。

任务 8.2 电饭锅的维修

任务目标

1. 学会检测普通电饭锅的主要部件。
2. 学会排除普通电饭锅的常见故障。

任务分析

学会检测自动保温式电饭锅的主要部件，学会维修自动保温式电饭锅的主要部件和维修典型故障。

8.2.1 实践操作：电饭锅的主要部件检测与维修及其故障排除

1 检测与维修电饭锅的主要部件

（1）检测发热盘

首先要直接观察发热盘外形是否变形、有裂纹以及与内锅底的吻合情况，电热管是否爆裂，接线柱处绝缘材料是否脱落。

500W的电热管通过计算应为96.8Ω。如图8-11所示，使用万用表的200Ω挡检测电热管的阻值为98Ω，再用200M挡检测电热管与金属外壳间的阻值应为∞。

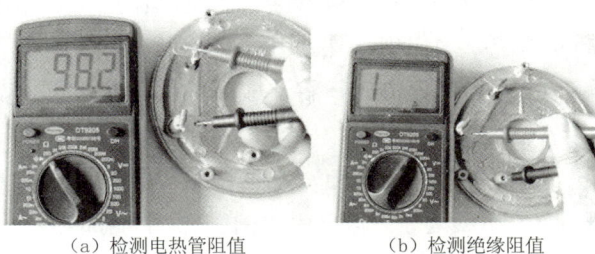

（a）检测电热管阻值　　（b）检测绝缘阻值

图8-11　检测电热管的质量

当发热盘严重变形，或电热管漏电，或电热管开路，都必须整体更换，注意更换同规格发热盘。

（2）磁钢限温器

磁钢限温器的检测如图8-12所示。首先要检查磁钢是否具有磁性，用手试验磁钢操作性能，磁钢使用一定时间后会出现磁性下降，磁控温度下降，会出现提前断电，使饭不能煮熟；也有可能弹簧变形不能正常动作，出现煮糊饭；此时均需整体更换磁钢。

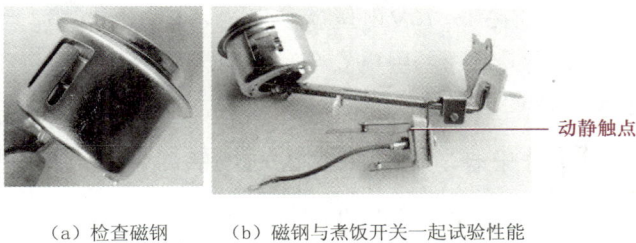

动静触点

（a）检查磁钢　　（b）磁钢与煮饭开关一起试验性能

图8-12　检测磁性限温器的质量

再将磁钢与煮饭开关连杆一起检查操作是否良好，动静触点是否接触良好，若触点有氧化情况，可用细砂纸打磨触点，使之接触良好；若是杠杆变形可修复或更换。煮饭开关出现故障时，会出现通电不能煮饭或不能断开煮糊饭。

（3）保温加热器

电饭锅可以采用专门保温加热器完成保温功能，检测质量时，主要观察加热器是否与发热盘接触良好；再用万用表检测阻值，40W的保温加热器的阻值通过计算应为1.2kΩ,实际检测方法如图8-13所示，阻值为1.3kΩ。另外，当出现不能保温时，检测其阻值为∞，则开路需更换；出现漏电时其绝缘性能下降，也需更换。

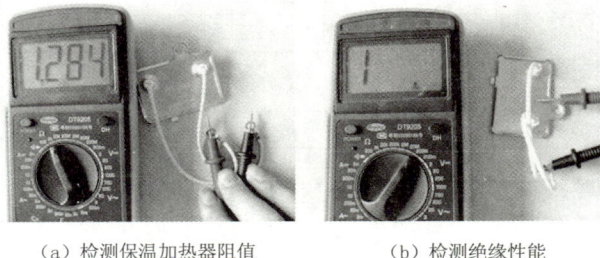

（a）检测保温加热器阻值　　（b）检测绝缘性能

图8-13　检测保温加热器的质量

（4）双金属温控器

电饭锅也可以采用双金属温控器同电热管一起完成保温功能，在电熨斗、电油汀项目中已介绍。检测双金属温控器质量时，主要观察动、静触点是否接触良好，有无氧化层；用手拨动双金属片，看动断是否良好；还可使用电烙铁对双金属片加热到70℃，观看触点动断情况。当出现触点断开或提前断开，将造成不保温或保温温度低；若出现触点粘连或触点断开温度升高时，将造成饭煮糊。此时可调节校准螺钉或整体更换。

（5）超温熔断器

在电熨斗、消毒柜、电油汀中已学习过熔断器的检测与维修，方法相同。用万用表检测阻值为0Ω为正常。当出现电饭煲不能加热、不能保温、指示灯均不亮时，可首先检测超温熔断器的阻值，如为∞，需更换同规格超温熔断器。

（6）限流电阻和指示灯

在电熨斗、消毒柜中已学习过氖泡指示灯检测与维修，方法相同。如图8-14所示，用万用表检测限流电阻的阻值为147kΩ；氖泡可以直接通电220V，试验氖泡两端有30～70V电压就能发光，但要注意接头绝缘，用电安全，在有老师监察下操作。

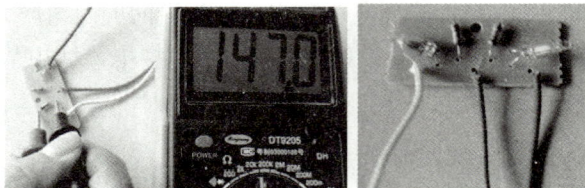

（a）检测电阻器阻值　（b）通电试验氖泡性能

图8-14　检测限流电阻和指示灯的质量

2 排除普通自动保温式电饭锅的常见故障

自动保温式电饭锅的常见故障现象及排除方法如表8-2所示。

表8-2　自动保温式电饭锅的常见故障现象及排除方法

故障现象		产生原因	排除方法
指示灯不亮	电热盘不热	电源插座没电	换插座或修复
		电源线内部断开	修复或更换电源线
		电饭锅插座损坏	检查后更换
		超温熔断器烧毁	检查后若损坏，更换
	电热盘发热	指示灯或降压电阻接线松脱	重新焊接好或连接好
		指示灯或降压电阻损坏	更换元件
指示灯亮	电热盘不热	中间接线松脱	重新固定接线
		电热管元件烧坏	插头处检测阻值应为几十欧姆，否则就更换电热盘
煮饭时间过长		内锅与磁钢限温器接触不良，内锅变形	将内锅整形，使其与电热盘接触良好
		电热盘变形	轻微变形可用细砂纸打磨
		内锅偏斜，一边悬空	把内锅轻轻转动
		内锅与电热盘之间有异物	用320#砂纸清除之
不能保温		采用保温加热器的电饭锅，属于保温加热器开路	重新连接线路，若损坏则更换；也可改装成双金属加热器
		采用双金属温控器保温，温控器触点开路	修复或更换温控器

故障现象	产生原因	排除方法
煮成焦饭	煮饭按钮及杠杆联动，机构不灵活	可用钳子等工具将毛疵去除
	磁钢限温器失灵	更换磁钢限温器
	采用双金属温控器保温的电饭锅，温控器触点粘连	修复温控器或更换70℃温控器
煮不熟饭	磁钢限温器退磁，提前跳开	更换磁钢
	插座开关触点接触不好	修复煮饭开关，检查触点；或更换组件
	采用双金属温控器保温的电饭锅，可能在磁控限温器损坏情况下，一直处于保温状态	可断开双金属温控器，检查煮饭开关组件是否能接触良好
漏电	接地线接触不好或没有接地	接上接地线
	内部受潮或进水	日晒或电吹风干燥处理
	内部绝缘受损，与外壳接触	处理线路绝缘或更换元件
	电热管接线柱绝缘损坏	更换电热盘

操作评价　电饭锅的维修操作评价表

评分内容	技术要求	配分	评分细则	评分记录
检测元件	能正确检测电饭锅元件的好坏	20分	操作错误每次扣5分	
排除电饭锅的故障	1. 能够正确描述故障现象、分析故障，确定故障范围及可能原因	20分	不能，每项扣5分，扣完为止	
	2. 能够正确拆装电饭锅	20分	操作错误每次扣2分	
排除电饭锅的故障	3. 能够由原因逐个排除，确定故障点，并能排除故障点	20分	不能，扣10分，基本能，扣5~10分	
安全使用	安全检查，正确使用电饭锅	10分	操作错误每次扣5分	
安全文明操作	能按安全规程、规范要求操作	10分	不按安全规程操作酌情扣分，严重者终止操作	
额定时间	每超过5min扣5分			
开始时间		结束时间	实际时间	成绩
综合评议意见				

8.2.2　相关知识：电饭锅的工作原理及其使用

1 自动保温式电饭锅的工作原理

（1）保温加热器自动保温的电饭锅

保温加热器自动保温的电路图如图8-15所示。电源接通后，不按下磁控温控器，ST处于开路状态，此时220V电压加在保温加热器EH_0和电热管EH两端，但由于EH_0的阻值约为1.2kΩ，而EH的阻值为96Ω，根据串联电路特点，几乎所有电压均加在保温加热器两端，保温加热器发出40W的功率，同时保温指示灯发光，指示电饭锅处于保温状态。

内锅放入电饭锅内，盛装一些水按下，此时按下面板上的煮饭开关键，ST闭合，短路保温加热器及保温指示灯，220V电压全部加在电热管EH两端，发出500W的功率，同时煮饭指示灯发光。当锅内水分没有时，温度升高到103℃时，永磁体失去磁性，磁钢控制煮饭开关ST断开，恢复保温状态。

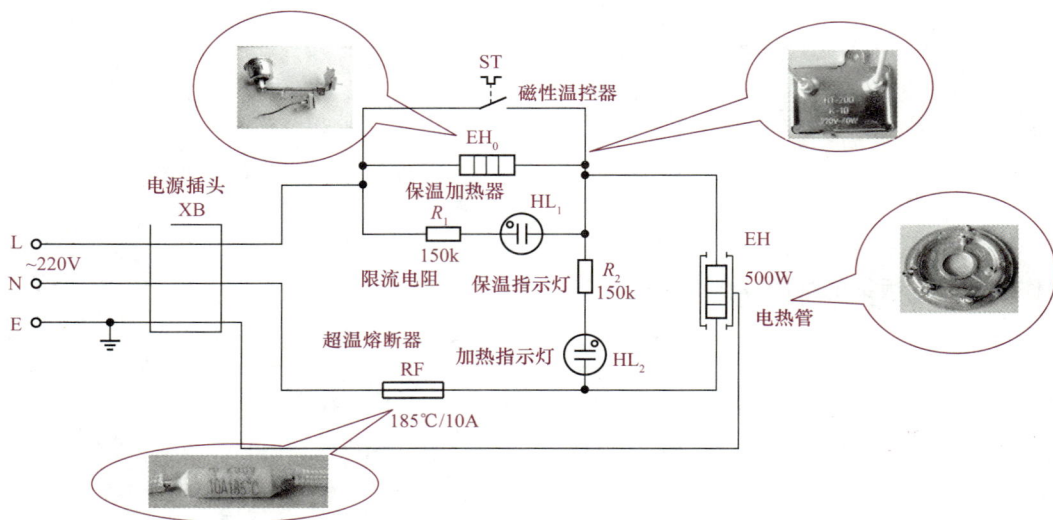

图8-15　保温加热器自动保温的电路图

（2）双金属温控器自动保温的电饭锅

双金属温控器自动保温的电路图如图8-16所示。与图8-15的区别是用双金属温控器代替保温加热器。通电，不按下ST_1，此时EH电热管两端有220V电压，电热管发热温度上升，升到70℃时，ST_2断开，停止加热，保温指示灯发光。其它部分工作原理同图8-15。

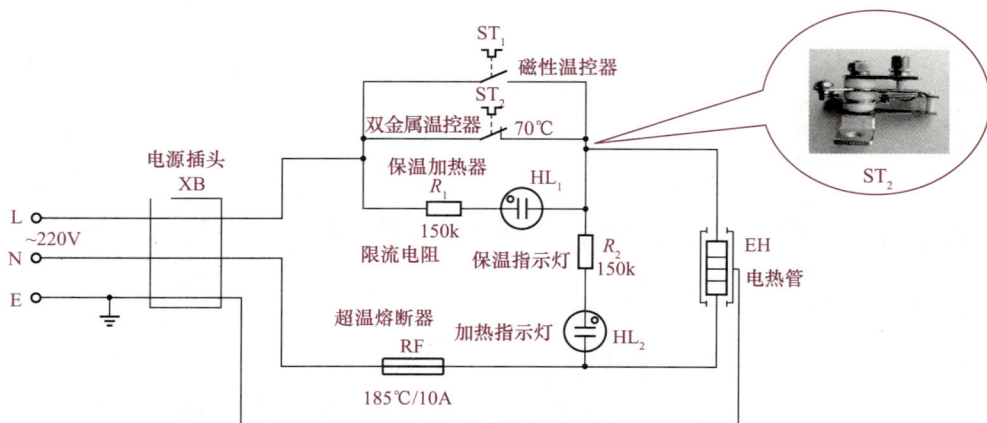

图8-16　双金属温控器自动保温的电路图

2 自动保温式电饭锅的选购、使用与维护

（1）选购要点

1）择优选购。通常选择信誉较高的品牌以及经国际ISO、中国安全、质量认证过的产品。

2）类型选择。如焖制米饭，一般选用CFXB型，即有自动限温、保温功能的电饭锅。但不用时需断开电源，因为处于保温状态会费电。如果为了节省回家做饭的时间，宜选购定时启动保温式或电脑控制式，因为这两种电饭锅不仅使用方便，而且可以节省长时间保温所消耗的电费。

3）规格选择。一般根据家庭人口和用饭量多少来选择。例如，一个三口之家选用3~3.5L的电饭锅即可。

4）外观选择。要求锅外涂层均匀、光亮、花纹色泽协调；手柄、支承脚、开关、插座等胶木件安装牢固，无裂痕、起泡、划伤现象；检查锅盖、蒸格与内锅口径的配合应严密平稳，无缝隙，以免漏气。

5）安全检查。选购时先看说明书或铭牌上标注的电源电压是否与使用地供电电压一致，检查各控制机构是否灵活、完好，开关有无卡壳现象；电源线插头、插座的连接是否可靠；接通电源后指示灯亮，检查有无漏电现象。

（2）使用注意事项

1）使用前。使用电饭锅前，先检查内锅和发热盘间有无饭粒、水滴或其他异物，若有立即擦除。内锅放入后应随手转动两次，使其与发热盘中心限温器感温软磁铁贴合，以防因接触不良使感温元件失灵而损坏发热盘。务必待内锅放入后，才能接通电源。

2）使用过程中。用电饭锅熬粥、炖汤，沸腾后不断电是正常的，可待食物煮至适度时，将按键开关断开，靠发热盘余热熬几分钟后，再按下按键开关直至沸腾，如此反复几次，直到煮好食物，最后拔去电源插头。如此操作可节省用电，又不会将汤水熬干。

3）不允许使用代用锅。内锅是电饭锅的专用配套件，不允许用其他容器代替内锅放在发热盘上使用。

4）用毕断电。电饭锅用毕后，务必将电源插头拔下；否则，保温加热器或温控器断续保温，既浪费电力，又容易烧坏电热元件。

（3）维护须知

1）防腐蚀、防潮。电饭锅不宜烧煮酸、碱食物。不用时也不宜放在有腐蚀性气体或潮湿的处所。

2）防变形。待煮食物最好用其他容器淘洗后倒入，避免因用内锅淘洗时破坏不粘层或不小心损坏内锅底或边缘碰撞变形，从而影响热传导效果。

3）用后清洗。内锅有锅巴时宜用竹木勺铲刮或用热水浸泡，然后再用软布揩擦，经常保持发热盘与内锅底清洁干净。

由于电子技术的飞速发展，微电脑技术（即单片机技术）应用于电饭锅中，能以更合理的方式进行加热，精确地调节火候，达到最佳的工作效果。电脑控制式电饭锅的核心是电脑芯片即CPU，因品牌不同所用CPU不同，但控制程序基本相同。整个过程大体是"吸水→加热煮饭→维持沸腾→再加热→焖饭→保温"这6个步骤。详细知识见教学参考课件介绍。

思考与练习

1. 电饭锅_____直接加热生鸡蛋。

    A. 不能   B. 能

2. 电饭锅加热的装置是_____。

    A. 保温开关   B. 发热盘   C. 温控器

3. 电饭锅_____放在电视机旁边。

    A. 可以   B. 不可以

4. 请同学们思考一下，你家里的电饭锅是什么品牌的？是哪种类型的？在日常生活中你使用电饭锅的哪些功能？请填入表8-3。

表8-3 学生家庭用电饭锅调查表

电饭锅的品牌	电饭锅的类型	使用了电饭锅的哪些功能

5. 请各位思考一下，家里的电饭锅坏了，应该准备些什么工具进行维修？日常生活中电饭锅有哪些常见故障？填入表8-4。

表8-4 维修电饭锅的典型故障

维修工具	常见故障	如何排除故障

电热饮水机的拆装与维修

水 是人体中含量最多的成分，占到了60%左右。可见，饮水是每个人每天必须的。饮水机的出现给人们的健康卫生饮水带来了方便。

饮水机是将桶装纯净水（或矿泉水）加热升温或制冷降温并方便人们饮用的装置，通过桶装水把纯净水、矿泉水或蒸馏水注入饮水机后，接通电源可获得85～95℃的热水或10℃以下的冷水，供给人们直接饮用。它具有无污染、饮水卫生、美观耐用及取用方便等特点，成为家居、办公、公共场所的必备饮水设备。

目前，无热胆即热型饮水机的闪亮登场，使饮水机行业发生了革命性的创新。随着科技的发展，一定会设计、生产出更健康、卫生、节能、低碳、安全的饮水机。

任务 *9.1* 电热饮水机的拆卸与组装

任务目标

　　1. 会拆卸与组装电热饮水机。

　　2. 能认识电热饮水机的主要部件。

任务分析

　　拆卸与组装电热饮水机的工作流程如下：

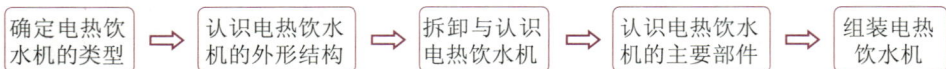

确定电热饮 水机的类型 ⇒ 认识电热饮水 机的外形结构 ⇒ 拆卸与认识 电热饮水机 ⇒ 认识电热饮水 机的主要部件 ⇒ 组装电热 饮水机

9.1.1　实践操作：拆卸与组装电热饮水机

1 确定电热饮水机的类型和认识电热饮水机的外形结构

　　饮水机种类较多，按放置形式分有台式和立式；按功能分有温热型、冷热型和温热冷型；制冷方式有半导体制冷（电子制冷）和压缩机制冷；目前又出现了抑菌型饮水机、无热胆即热型饮水机、公用净化饮水机。普通的饮水机一般由箱体、充瓶座、电热元件、温控器、冷热水龙头、指示灯（或显示屏）、开关等组成。

　　不同类型的电热饮水机，其拆卸与组装方法有所区别。几种类型的电热饮水机如图9-1所示。

　　（a）台式温热型饮水机　　　　（b）台式冷热型饮水机（电子制冷）　　　（c）落地式学生用电热饮水机

图9-1　常见的电热饮水机

（d）立式抑菌温热型饮水机　　　（e）立式无热胆即热型饮水机　　　（f）立式温热型饮水机

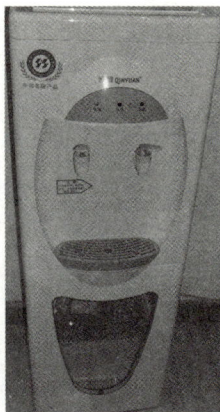

图9-1 常见的电热饮水机（续）

如图9-2所示，这里拆卸的是YR-4X立式抑菌温热型电热饮水机。其上部是饮水机、下部是消毒柜（兼储藏柜）；与水接触的塑料和水管等添加了抗菌剂；它利用电能自动加热饮用水，并保温，可立于地面使用。从外形看，有加热和保温指示灯、温水和热水水龙头、接水座、消毒室、消毒定时器、电源开关、箱体、充瓶座等。

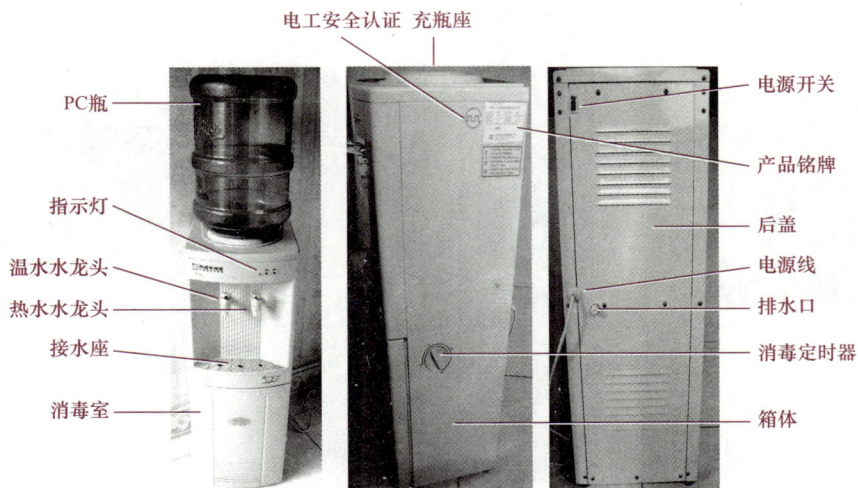

图9-2 YR-4X型电热饮水机外部结构图

2 拆卸与认识电热饮水机

饮水机因种类、厂家不同固定方式不同。拆卸前要准备好工具、装螺钉的工具盒，拆卸中随时记录螺钉、部件规格及位置，线路贴上标签。

电热饮水机的具体拆卸步骤如下：

第一步 拆卸与认识YR-4X型电热饮水机外围构件。

① 用手取下PC瓶。	② 用手向上取下接水座。
	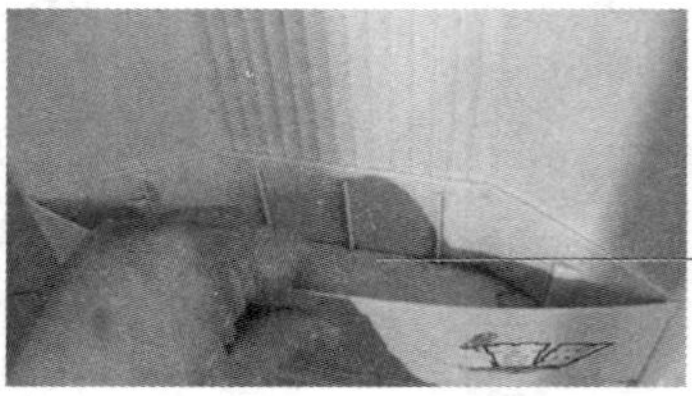 接水座
③ 取出饮水机下方消毒柜中的搁架。	④ 观察臭氧发生器、消毒控制开关的安装位置，再关好消毒柜柜门。
 消毒室 搁架	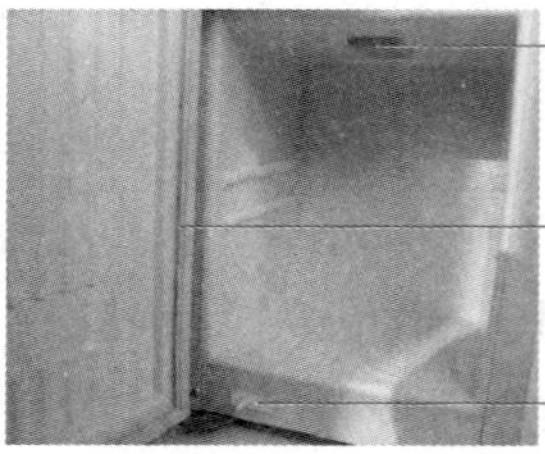 臭氧发生器 磁性封条 消毒控制开关

⑤ 旋下后盖上排水口的螺帽，排尽所有的储存水。	⑥ 按照"OPEN"方向，取下充瓶座。	⑦ 整理好取下的构件。
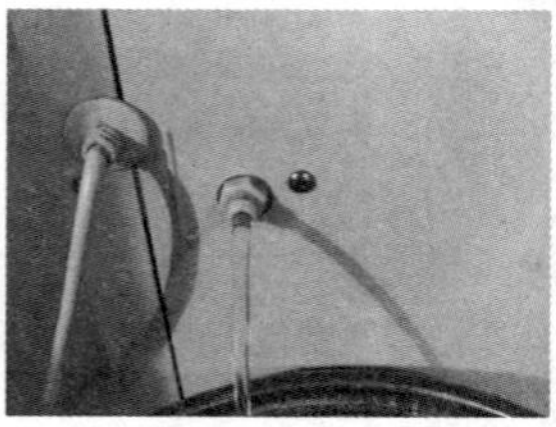	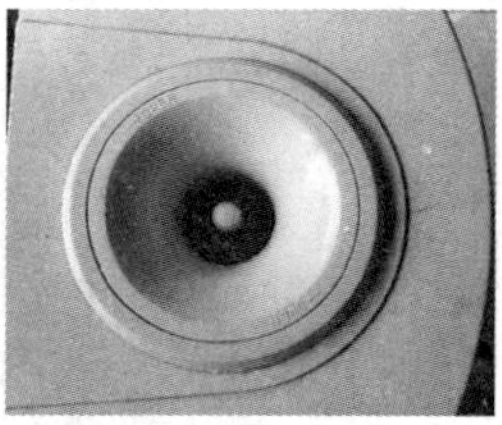	 充瓶座

第二步 拆卸YR-4X型电热饮水机后盖和认识内部结构。

① 用合适十字螺钉旋具旋下饮水机后盖（图示）的固定螺钉，共7颗。	② 取下后盖。

③ 认识饮水机内部结构。	④ 认识饮水机上部。
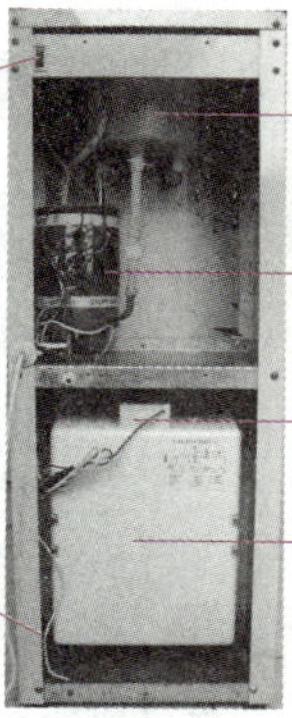 电源开关　储水盒　热胆（外有保温层）　臭氧发生器　消毒室柜体　外壳接地线	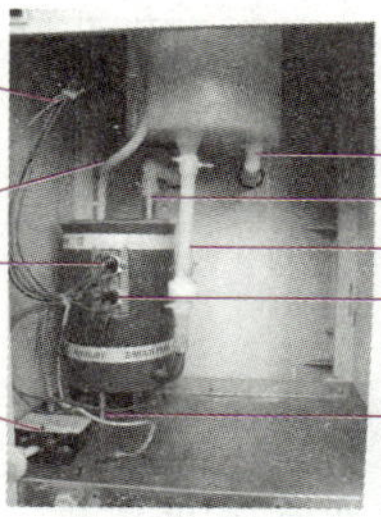 指示灯线路　溢气管　超温保护开关　电源线及接线盒　凉水管　热水管　进水管　温控器　排水管

第三步　拆卸与认识饮水机的臭氧发生器。

① 在保鲜柜内用一字螺钉旋具撬开臭氧发生器的卡扣。	② 在保鲜柜外层按箭头指示方向取出臭氧发生器。

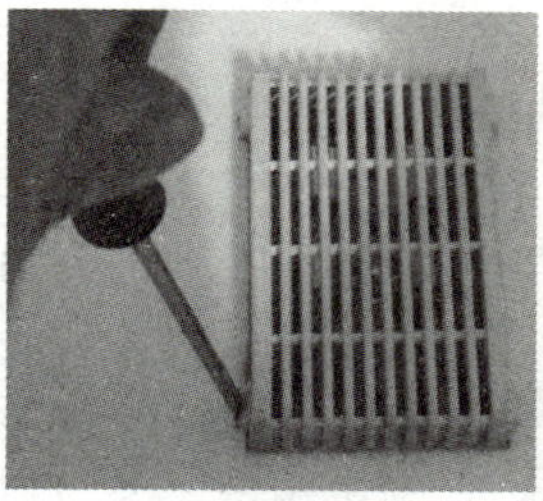

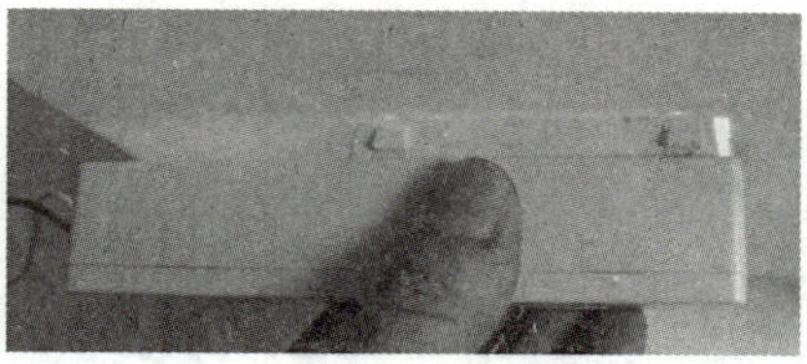

③ 取下臭氧发生器，观察其结构。	④ 用螺钉旋具旋下固定臭氧发生器的2颗螺钉。	⑤ 打开臭氧发生器的外壳，清理线路关系，记录。
		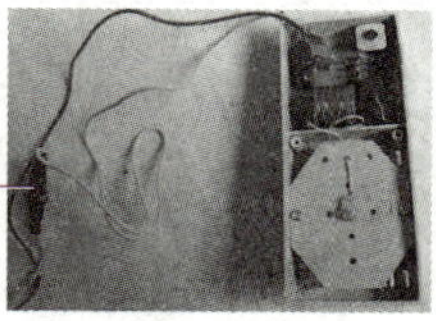 熔断器

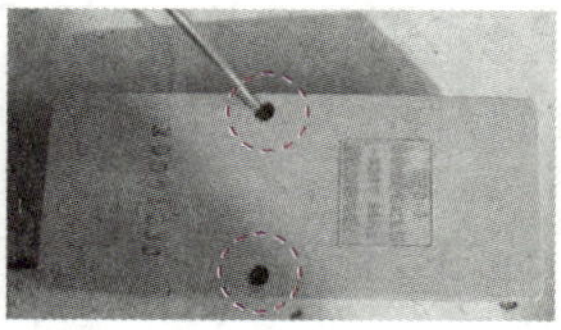

⑥ 观察臭氧发生器组成的电子元器件。	⑦ 旋下固定臭氧管的2颗螺钉，可见臭氧管外形。	⑧ 观察臭氧管外形。
可控硅　二极管　高压变压器　电容器		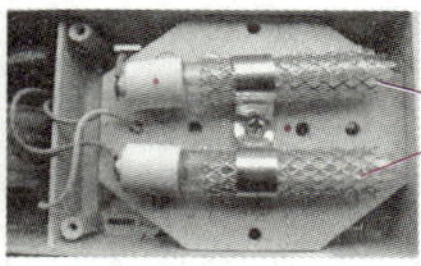 臭氧管

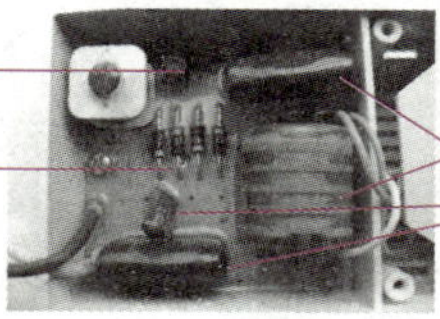

第四步 拆卸与认识饮水机的热胆。

① 松开扎带，取下连接进水管胶管，拔下各插线。	② 松开扎带，取下连接溢气管、热水管的胶管。	③ 用十字螺钉旋具旋下接地线螺钉。
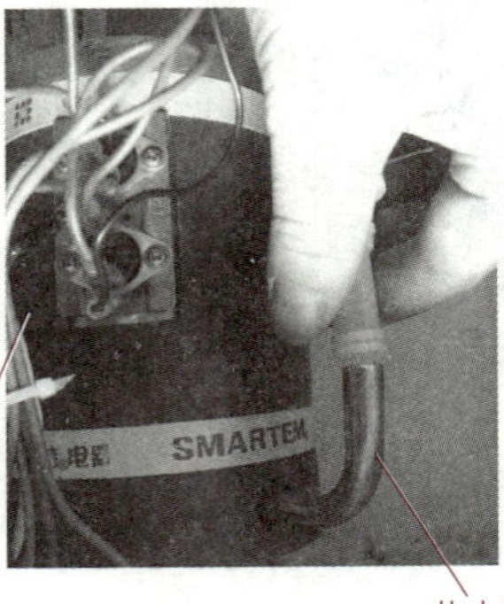 热胆　　　热水管	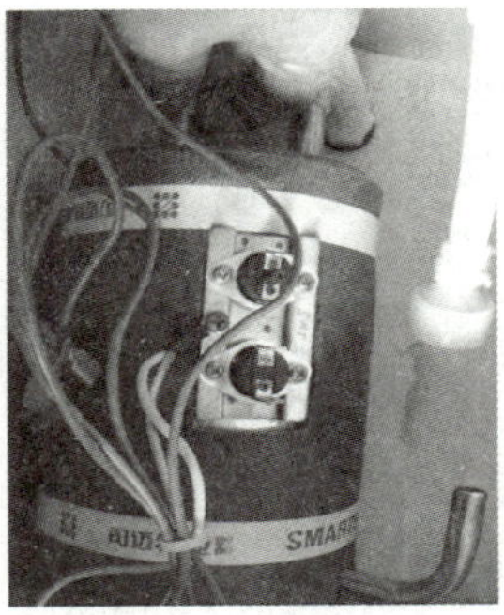	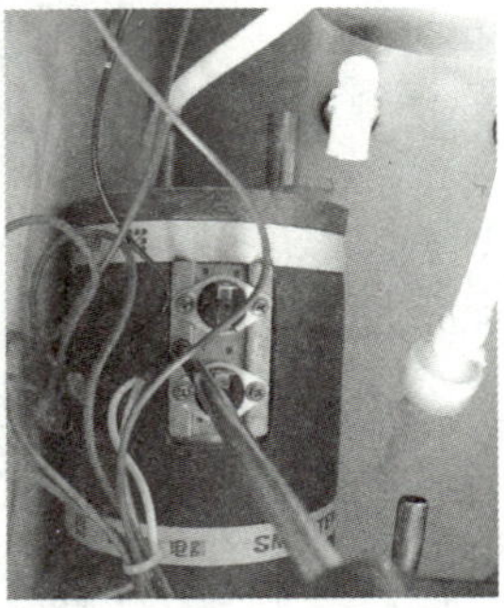
④ 在热胆的底部有排水管，连接有胶管，从热胆上取下连接胶管。	⑤ 用十字螺钉旋具旋下固定热胆的4颗螺钉。	⑥ 取下连接热胆发热管的2根导线，取出热胆，记录线路情况。
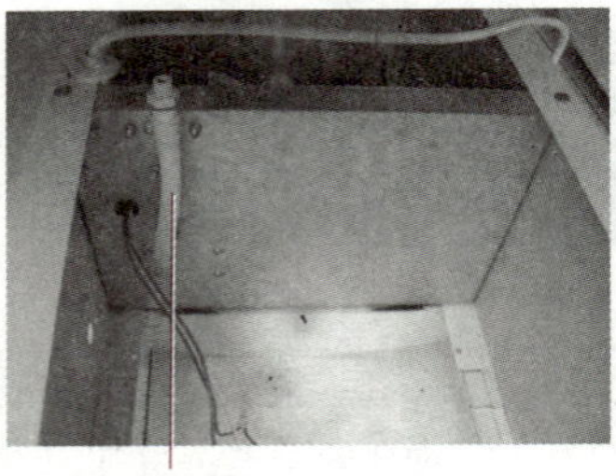 排水胶管	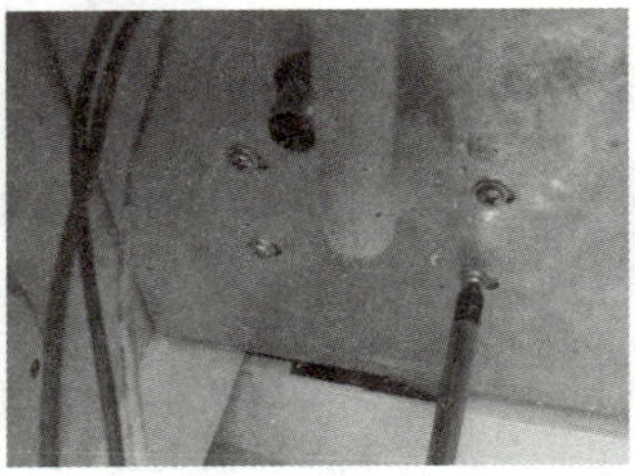	

关于饮水机的定时器、面板指示灯、开关、温控器、水龙头等的拆卸方法相同，这里不再一一介绍。

3 认识电热饮水机主要部件

机械控制式电热饮水机，电路的主要部件有电加热管、温控器、超温保护开关、电源开关、指示灯、定时器、门控开关、臭氧发生器等。

（1）电加热管

电加热管的额定电压为220V,额定功率为500W，如图9-3（a）所示；电加热管通电后，加热饮用水，使饮用水温度在95℃左右。

加热管固定并密封在热水罐中，此罐多用不锈钢材料制成，如图9-3（b）所示。

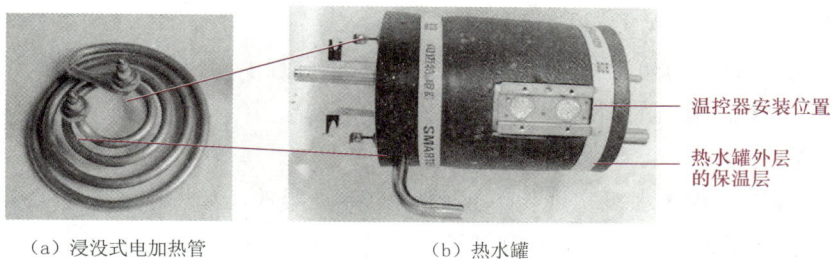

（a）浸没式电加热管　　　　　　（b）热水罐

图9-3　饮水机的电热管及热水罐

（2）温控器及超温保护开关

温控器和超温保护开关的安装位置、外形标示如图9-4所示，它们都是双金属片结构，根据双金属片随温度变化而发生形变的特性，来控制电路的通断。温控器会在88℃附近自动接通和断开电路，从而控制热水罐中热水的温度。超温保护开关与温控器作用一样，只是温控点为95℃，但是触点一旦断开后不能自动复位，必须手动复位按钮才能使触点闭合。

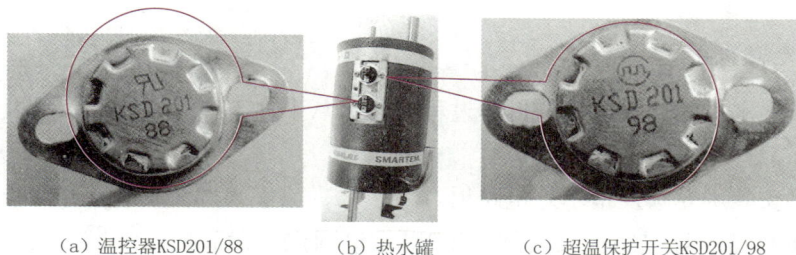

（a）温控器KSD201/88　　　（b）热水罐　　　（c）超温保护开关KSD201/98

图9-4　电热饮水机的温控器和超温保护开关

（3）指示灯

饮水机的工作状态是由两个发光二极管来表达的，煮水时加热指示灯工作发出红光；保温时，黄灯亮。指示灯电路组件如图9-5所示，主要由电阻器、整流二极管、发光二极管组成，具体电路见电子技能教材的介绍。

电阻器
发光二极管(保温)
发光二极管(加热)
整流二极管

图9-5　饮水机指示电路

（4）定时器

YR-4X型饮水机的消毒柜采用臭氧杀菌，其杀菌时间为0～15min，由一个机械时钟来定时。

（5）门控开关

消毒柜在工作时，为防止开门时臭氧外泄，因此设置了门控开关。其型号为KP－2，规格为0.5A/250V,标示在元件外壳上，如图9-6所示。

（6）臭氧发生器

臭氧发生器是电热饮水机实现保鲜柜消毒的主要器件，如图9－7所示。它是由二极管、晶闸管、电容器、高压变压器和臭氧管等元器件组成的一个电子设备。

图9-6　门控开关的外形

图9-7　臭氧发生器内部组成元器件

4 组装电热饮水机

组装电热饮水机的操作过程与拆卸过程相反，从上往下安装、紧固。其具体的组装步骤如下。

第一步　安装水龙头及指示灯电路板。将热水、凉水水龙头安装在相应位置，用扳手旋紧螺母；再将指示灯电路板安装好，用2颗螺钉固定；然后把储水桶安装在箱体上方，卡扣好并用螺钉固定。

第二步　连接进出水胶管。把连接凉水水龙头、热水水龙头、排水口的胶管连接好，并用尖嘴钳拉紧扎带。

第三步　安装热水罐。把加热管的两根导线插接牢固，把热水罐放入安装位置，用4颗螺钉固定。再把进水管、出热水管、溢气管、排水管的连接胶管连接好，并用扎带在尖嘴钳的帮助下轧紧。

第四步　安装温控器等。把超温保护开关、温控器固定在热水罐上，接地线紧固在热水罐上。

第五步　安装主线路。把电源开关固定在横梁上，横梁再固定在机箱上，按原理图插接好各线路。

第六步　安装定时器。把定时器安装在相应位置，注意起始位置确定，再用3颗螺钉固定，装上旋钮。

第七步　安装保鲜柜。臭氧发生器安装在保鲜柜体上，把柜体卡在机体上，并用螺钉固定。

第八步　安装底座及柜门。把门控开关卡在底座上，并连接好线路。再把底座固定在箱体上，同时安装固定好柜门。注意固定好接地线。

第九步　安装后盖。整理并绑扎好线路，先用3颗螺钉安装好后盖，再将所有螺钉固定后盖。最后把排水螺帽、接水座、充瓶座、搁架等外部构件装到相应位置。

第十步　通电前检测。检查正常后才可通电试机，观察装接质量。

① 使用万用表的欧姆挡，在插头处检测电源开关断开时阻值为∞。	② 电源开关闭合时为95Ω。	③ 检测饮水机绝缘阻值为∞。

操作评价　电热饮水机的拆卸与组装操作评价表

评分项目	技术要求	配分	评分细则	评分记录
认识外形	能正确描述电热饮水机外观部件的名称	10分	错1次扣1分，扣完为止	
拆卸电热饮水机	1. 能正确顺利拆卸	20分	操作错误每次扣2分	
	2. 拆卸相应配件完好无损，并做好记录	10分	配件损坏1处扣2分	
认识电热饮水机部件	能够认识电热饮水机组成部件的名称	10分	错误1次扣1分	
组装电热饮水机	1. 能正确组装，还原整机	20分	操作错误每次扣2分	
	2. 螺钉正确，配件不错装、不遗漏配件	20分	错装、漏装每处扣2分	
安全文明操作	能按安全规程、规范要求操作	10分	不按安全规程操作酌情扣分，严重者终止操作	
额定时间	每超过5min扣5分			
开始时间		结束时间	实际时间	成绩
综合评议意见				

9.1.2　相关知识：电热饮水机的技术标准

按GB 4706.42—1999《家用和类似用途电器的安全冷热饮水机的特殊要求》和QB/T 2452—1999《冷热饮水机》的规定，电热饮水机的主要安全要求如下。

1）绝缘电阻。基本绝缘≥2MΩ，加强绝缘≥7MΩ。

2）泄漏电流。Ⅰ类驻立式电热器具≤0.75mA，Ⅱ类器具≤0.25mA。

3）电气强度。能承受交流电压：Ⅰ类器具1250V、Ⅱ类器具3750V，试验历时1min无击穿或闪络。

4）接地装置。对Ⅰ类固定式饮水器具，在正常使用时与水接触的金属容器和其他金属零件应永久、可靠接到接地端子上。

上述只是安全要求，而对饮水机的技术标准我国目前还没有统一，不同厂家有自己的一套规定，主要以沁园、美的、安吉尔等为参照。

任务 9.2 电热饮水机的维修

任务目标

　　1. 会检测电热饮水机的主要部件。
　　2. 学会排除电热饮水机的常见故障。

任务分析

　　学会检测电热饮水机的主要元器件，学会排除电热饮水机的常见故障。

9.2.1 实践操作：电热饮水机的主要部件检测与常见故障排障

1 检测电热饮水机的主要部件

（1）电加热管

使用万用表检测电加热管的阻值为95Ω左右，可判定正常可用,如图9-8所示。

（2）温控器

温控器KSD201/88的检测方法如图9-9所示。可在常温下检测阻值应为0Ω；用电烙铁对温控器加热到88℃以上，再检测其阻值应为∞，再冷却到常温时阻值又为0Ω，则正常可用。

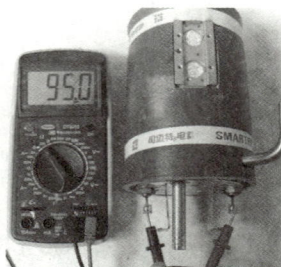

图9-8　检测加热管阻值

（a）常温下阻值约为零　　（b）加热温控器后阻值为无穷大

图9-9　检测温控器KSD201/88

（3）超温保护开关

超温保护开关的质量检测，在常温下检测阻值应为0Ω；用电烙铁对其加热到98℃以上，再检测其阻值应为∞，再冷却到常温时阻值仍为∞，需按下复位按钮后，阻值才为0Ω，则正常可用。检测方法如图9-10所示。

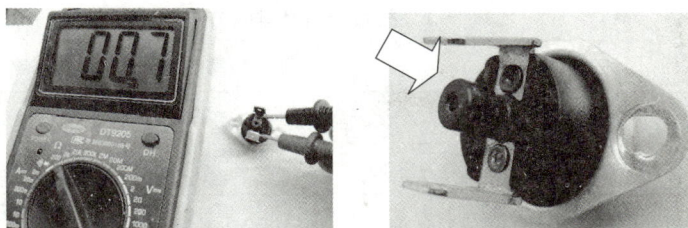

（a）常温下检测超温保护开关阻值约为零　　　　（b）超温保护开关有复位按钮

图9-10　检测超温保护开关KSD201/98

（4）电源开关

电源开关的规格为10A/250V，单刀单掷开关。检测方法如图9-11所示，分别检测开关在"Ⅰ"和"O"两个位置的通断情况，还需手动检查是否灵活、接触良好。

（a）开关在"Ⅰ"位闭合　　　　　　　（b）开关在"0"位断开

图9-11　检测电源开关质量

（5）门控开关

门控开关质量检测如图9-12所示，另外要手动检查是否接触良好。

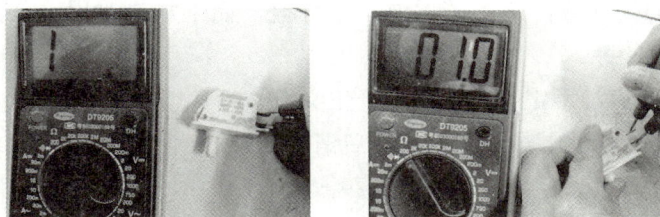

（a）开门状态为不通　　　　　　　（b）关门状态为通

图9-12　门控开关的质量检测

2 电热饮水机常见故障的排除

电热饮水机电路参见相关理论知识，通过典型故障学习，学会排除电热饮水机常见故障。

典型故障一：按下电源开关，不能加热饮用水

　　故障现象　YR-4X型电热饮水机，按下电源开关，不能加热饮用水。

　　故障分析　分析故障可能的原因，见表9-1。

　　故障排除　排除故障的方法见表9-1。

表9-1 故障分析及排除方法

引起故障的可能原因	排除故障的方法
电源插座无电	更换另外的插座或用万用表、试电笔检查插座有无电压输出
电源线路损坏断路	电阻法检查电源线路，修理或更换电源线路
电源开关损坏开路	从后盖上用手直接取出电源开关，用万用表检测其质量，若损坏更换同规格的开关即可，如图9-13所示
超温保护开关保护	拆卸后盖，按下复位按钮，再检测质量；若损坏更换
温控器损坏	如图9-14所示用万用表检测，损坏则更换同规格温控器
电加热管损坏	万用表检测两引出线头，阻值为∞则损坏，更换整体热水罐

图9-13 更换电源开关

图9-14 在路检测温控器好坏

检修过程 接通电源，按下电源开关后观察指示灯是否发光，若都不发光，说明故障原因可能是表9-1中前4种中的一种（或几种）；若加热指示灯亮，而不加热饮用水，说明加热管EH损坏或开路；若保温指示灯亮，而不加热饮用水，说明温控器ST1损坏或开路。

典型故障二：开启消毒定时器，不能产生臭氧

故障现象 YR-4X型电热饮水机，开启消毒定时器，不能产生臭氧。

故障分析 分析故障的可能原因，见表9-2。

故障排除 排除故障的方法，见表9-2。

表9-2 故障分析及排除方法

引起故障的可能原因	排除故障的方法
熔断器熔断	拆卸后盖检查熔断器，更换同规格熔断器
定时器内两触点不能接触	拆卸后盖，检查定时器，用短路法试机；修复或更换
门开关开路	拆卸背板，检查门控开关，短路法试机；修复或更换
臭氧发生器损坏不能工作	直接通电试机，整体更换或检修其中的元器件

操作评价　电热饮水机的维修操作评价表

评分内容	技术要求	配分	评分细则	评分记录
检测元件	能正确检测饮水机电气元件的好坏	20分	操作错误每次扣5分	
排除电热饮水机的故障	1. 能够正确描述故障现象、分析故障，确定故障范围及可能原因	20分	不能，每项扣5分，扣完为止	
	2. 能够正确拆装电热饮水机	20分	操作错误每次扣2分	
	3. 能够由原因逐个排除，确定故障点，并能排除故障点	20分	不能，扣10分；基本能，扣5～10分	
安全使用	安全检查，正确使用电热饮水机	10分	操作错误一次扣5分	
安全文明操作	能按安全规程、规范要求操作	10分	不按安全规程操作酌情扣分，严重者终止操作	
额定时间	每超过5min扣5分			
开始时间		结束时间	实际时间	成绩
综合评议意见				

9.2.2　相关知识：电热饮水机电路的工作原理及其使用与维护

1 YR-4X型电热饮水机电路的工作原理

图9-15所示为ZYR-4X型电热饮水机的电路原理图，臭氧发生器原理图可参见项目4。电热饮水机电路由加热电路、工作状态指示电路和臭氧产生电路3部分组成。

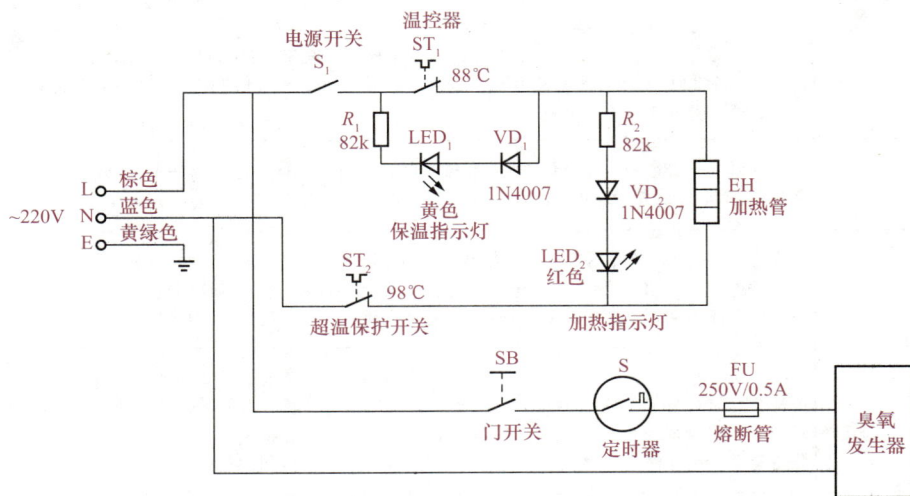

图9-15　ZYR-4X型电热饮水机电路原理图

日用电器产品原理与维修

该饮水机可提供常温水和85～95℃的热水，还能对保鲜柜内食具消毒灭菌。电热饮水机电路中各元件名称及作用如表9-3所示，电路工作原理见表9-4所示。

表9-3 电热饮水机电路中各元件名称及作用

元件名称	电路代号	电路符号	规格/型号	作 用
电阻器	R1、R2		82kΩ×2	限流降压
熔断器	FU		250V 0.5A	臭氧发生器工作电流大于0.5A熔断
电加热管	EH		220V 500W	给饮用水加热
电源开关	S1		单刀单掷	控制加热管电源通断
门开关	SB		常开按钮	消毒控制，门打开时断开，门关闭时闭合
温控器	ST1		KSD201/88℃	饮用水温度低于80℃多时，闭合加热；水温高于88℃时断开，保证水温度在85～95℃范围
超温保护开关	ST2		KSD201/98℃	当水温高于98℃以上时，自动断开，防止干烧，降温后需手动复位
定时器	K		机械式	与机械钟结构相似，控制消毒时间，实质为一个延时断开开关
二极管	VD1 VD2		1N4007×2	将交流电源整流为脉动直流电
发光二极管	LED1 LED2		φ5	通过正向电流发出不同颜色的光，指示饮水机工作状态

表9-4 电热饮水机电路工作原理

饮水机完成功能	工作原理
加热	由于常温下温控器ST$_1$、ST$_2$是闭合的，按下电源开关S$_1$，220V电源电压加在加热管两端，对水加热，同时220V交流电通过R$_2$降压、D$_2$整流，使发光二极管LED$_2$发光，而LED$_1$支路被ST$_1$短路不发光，表示此时工作在加热状态
超温保护	当水温高于98℃时，ST$_2$动作断开加热管电源，防止干烧，防止损坏电器以及火灾的发生；温度降后ST$_2$不会自动复位，需人工排除故障后，手动复位
保温	当水温高于88℃时，ST$_1$断开，220V电压加到R$_1$、D$_1$、LED$_1$和加热管EH这些元件上，只有十几毫安的电流流过EH，加热管端电压极小，故此时LED$_2$不发光，而LED$_1$发光表示处于保温状态。当水温下降到一定温度时，ST$_1$又闭合，又对水加热，如此反复
消毒	关上保鲜柜的门，门控开关S闭合，此时顺时针旋转定时器，定时器开关闭合，220V电压通过门控开关、定时器、熔断器加到臭氧发生器输入端，臭氧发生器开始工作产生臭氧（O3）；设定时间到后，定时器使内部开关断开，臭氧发生器停止工作，或工作期间柜门打开，门控开关断开也会使臭氧发生器停止工作。臭氧发生器内部工作原理参见项目4理论知识介绍

148

2 电热饮水机的选购、使用与维护

（1）选购

1）选品牌。饮水机的质量直接影响到消费者的健康，信誉度好的品牌应是首要选择因素。

2）选健康。看看是否采用了抗菌材料，是否全程抗菌。若采用抗菌材料并全程抗菌，则可有效抑制细菌生长。

3）选功能。家用饮水机的一般功能包括常温水、冷水、热水、消毒等，依据自己的需要来定。

4）选品质。品质因素除看其外观质量、噪声大小、制冷、制热效果外，还应看是否有卫生许可证、中国长城等国家和国际认可的产品认证。

5）选服务。是否有"三包"（包修、包换、包退）承诺，是否有能力实现其服务承诺，有无完善的售后服务系统和网络。

（2）使用与维护

1）安放地点。饮水机应放置在无阳光直射、无有害气体和热源的地方使用，并保持场地干燥、清洁、卫生。

2）用水要求。饮水机应配用桶装矿泉水、蒸馏水、纯净水，便于供应常温饮用水。

3）操作步骤。用手将桶口垂直向下，插入饮水机上部的充瓶座，按下热水龙头，使热水桶里的空气放出，直到出水后再将插头插入电源，接通制冷和制热开关，饮水机即开始工作。

4）清洗方法。清洗冷水桶时，排掉冷水桶内的水，拔掉冷水桶内的隔水盘，用干净抹布擦净，并用清水洗一遍；清洗热水桶时，打开饮水机下面的排水堵管，排净热水桶里的水，然后装上排水堵管。

5）节能。长时间不使用冷水或热水，有制冷和制热两种电源开关的饮水机可断开相应电源开关，电脑自动控制的饮水机可调节相应水温设置关闭制冷或制热功能以节省用电。

6）饮水机长期不使用，请拔掉电源插头，通过排水口清除机内余水。

思考与练习

1. 电热饮水机种类虽多，但一般离不开_____、_____、_____、_____、_____等几部分。

2. 电热饮水机是利用_____完成加热饮用水的。

3. 电热饮水机的电加热管一般使用的材料是_____。

4. 根据图9-15，分析电热饮水机如何完成自动加热。

5. 根据图9-15，若电热饮水机通电两个指示灯都发光应如何排除故障？

项目 *10*

微波炉的拆装与维修

学习目标

知识目标 ☞

    1. 了解微波炉的类型与结构。
    2. 知道微波炉的加热原理。
    3. 理解微波炉电路的工作原理。
    4. 掌握微波炉的技术标准。

技能目标 ☞

    1. 会拆卸与装配机械式微波炉。
    2. 能检测机械式微波炉中的主要元器件。
    3. 能排除微波炉常见故障。

微波炉又称微波灶，它是利用微波辐射烹饪食物和饮料的一种厨房电器。微波是一种波长为1mm～1m的电磁波，相应频率为300MHz～300GHz，属超高频。微波除了具有一般电磁波的特性外，还有较强的穿透性（微波能穿透玻璃、瓷器、陶器、塑料或纸张等绝缘物体）；较好的反射性（遇到铜、铁、铝、不锈钢等导电金属，像光束一样反射到另一方向）；较强的吸收性（微波能被鱼肉、脂肪、蔬菜、水果等含有水分的食物所吸收，并立即转变成热能进行加热和烹饪食物）。使有水分的食物快速被加热，且能杀灭细菌和病毒，是家庭中安全、卫生、便捷的理想厨具。

20世纪40年代后期，第一台微波炉在美国问世。1967年微波炉开始被人们接受，1985年，微波炉就成为发达国家家庭中一种重要的家用电器。1988年，中国开始生产微波炉，但而今中国已成为微波炉生产大国，微波炉逐渐走入中国千家万户。

任务 *10.1* 微波炉的拆卸与组装

任务目标

　　1. 会拆装微波炉。

　　2. 能认识微波炉的关键元器件。

任务分析

　　拆卸与组装微波炉的工作流程如下：

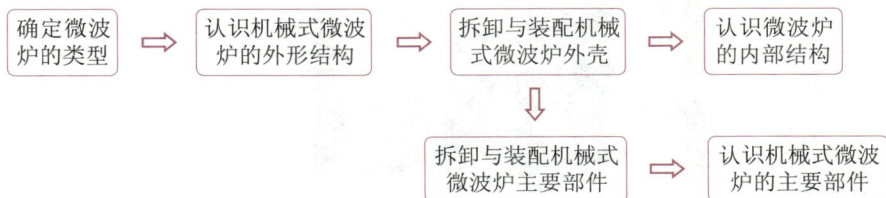

10.1.1　实践操作：拆装机械式微波炉及认识其主要部件

1 确定微波炉的类型

　　随着微波炉技术的发展，出现了多种类型的微波炉。有商用和家用两大类，有机械式（机电式）和电脑控制式，还有光波、变频等种类的微波炉，常见的类型见图10-1。

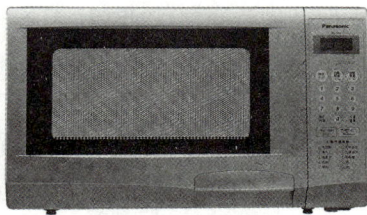

（a）商用微波炉　　　　　　　（b）机械式家用微波炉　　　　　　（c）电脑控制式微波炉

（d）光波微波炉　　　　　　　（e）变频微波炉　　　　　　　（f）蒸汽转波微波炉

图10-1　常见的微波炉

2 认识机械式微波炉的外形结构

图10-2所示为机械式家用型微波炉。从外部看有炉门、观察窗、门安全连锁开关、托盘支架、托盘、炉腔、定时器旋钮、火力选择旋钮和外壳。

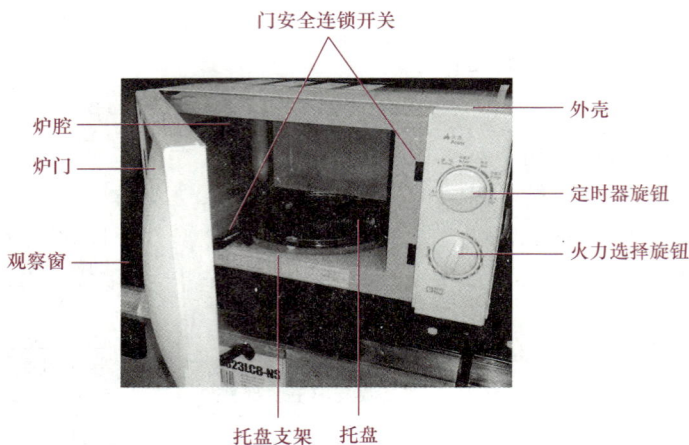

图10-2 机械式微波炉外形结构

3 拆卸和装配机械式微波炉

拆卸之前要将电源线拔掉，将炉腔内的托盘和托盘架取出，关好炉门。

首先打开外壳，再拆卸所要拆卸的部件，拆卸下来的部件，按顺序摆放。安装顺序为反序。注意：拆卸过程中零件之间的联接线最好在纸上画图记录或者用标签标记。

机械式微波炉的具体拆装步骤如下：

第一步 拆装微波炉的外壳。如图10-3所示，用合适的十字螺钉旋具旋下微波炉背面及两侧的螺钉，观察外壳固定方式，慢慢取出外壳。

装配微波炉外壳时，先将外壳按原来位置扣好，观察外壳装配是否到位，再用螺钉紧固外壳。

图10-3 拆卸微波炉的外壳

第二步　观察微波炉内部结构。如图10-4所示，取下微波炉外壳，放在指定位置，防止影响下一步操作。认真观察微波炉内部结构，可见机械式微波炉主要有：炉门联锁门开关、定时器、磁控管、高压变压器、高压熔断器、高压整流二极管、散热风扇、熔断器、超温温控器等元器件。

图10-4　认识微波炉的内部结构

4 拆装微波炉内部的主要部件

维修微波炉时需拆下所需维修或更换的部件，这里介绍部分部件的拆装方法。注意：在拆卸部件时要记录好接线情况，作好标记以便于组装。

第一步　拆装散热风扇，如图10-5所示。

① 把风扇塑料骨架上能拆卸的线路和部件取下。首先拔出散热风扇电源供电插接线和保险管的插接线，做好记录。

② 使用十字螺钉旋具旋下高压整流二极管在外壳的固定螺钉。

③ 使用十字螺钉旋具旋下散热风扇后板的2颗镙钉，取出散热风扇。再拆卸风扇骨架上的其他元器件（如高压电容器、高压二极管）。

④ 认识风扇，再拆卸风扇的扇叶和罩极式电动机，进行质量检查和修复。

⑤ 修复好风扇或更换后，按相反顺序装配散热风扇在原来位置，并检查是否紧固良好，线路是否连接正确。

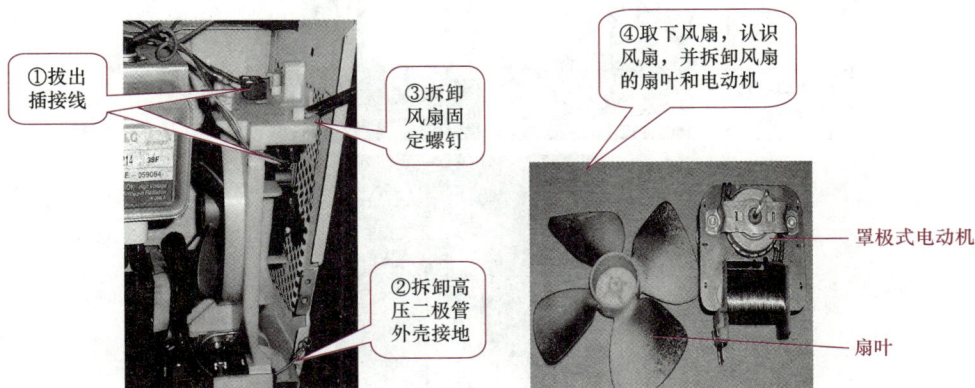

图10-5　拆装微波炉散热风扇

第二步 拆卸高压电容器和高压二极管，如图10-6所示。

① 高压电容器和高压二极管安装在散热风扇支架上，首先必须拆卸散热风扇。

② 使用螺钉旋具拆下固定高压电容器的金属卡箍，取下电容器。

③ 拆掉高压电容器两个引脚上的接线和高压二极管，取出并认识高压电容器和高压二极管。

④ 检查和更换好高压电容器、高压二极管后，按上述相反顺序装配好电容器和二极管。最后安装好风扇组件。须特别注意：高压二极管的接地一定要接好；否则，会引发严重的故障。

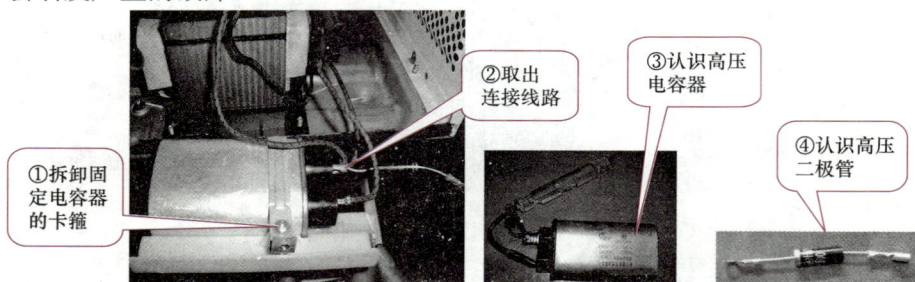

图10-6 拆装微波炉高压电容器和高压二极管

第三步 拆装磁控管，如图10-7所示。

磁控管是微波炉的核心器件，也是易损器件，拆装时要小心谨慎。拆装步骤如下：

① 拔出磁控管顶端温控器的插接线。

② 拔出磁控管的接线。

③ 旋下磁控管左右两边的固定镙钉。

④ 小心取出磁控管，认识磁控管的型号等。

⑤ 修复或更换好磁控管后，重新安装好磁控管，并正确连接好磁控管和温控器的线路。

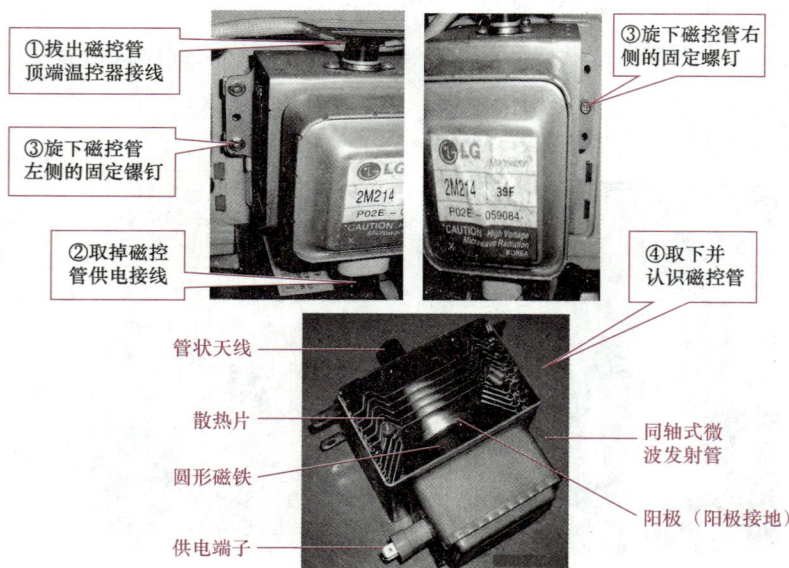

图10-7 拆装微波炉的磁控管

第四步 拆装高压变压器，如图10-8所示。

高压变压器是电磁炉中的储能元件，比较重。拆卸高压变压器之前应先拆卸磁控管。高压变压器的拆装步骤如下：

① 取出连接高压变压器的外接导线。

② 从微波炉底部使用螺钉旋具、扳手等工具旋下固定变压器的螺钉。

③ 取下变压器，认识其外形、规格。

④ 修复或更换好高压变压器后，重新安装好变压器，并正确连接好线路；最后装配好磁控管及线路。

图10-8 拆装微波炉高压变压器

第五步 拆装定时器，如图10-9所示。

定时器周围的接线较多，拆卸时一定要做好标记。固定的螺钉一般有4颗，上面两颗下面两颗。拆装步骤如下：

① 记录线路连接情况，最好做好标记；然后拔掉定时器连接线。

② 使用十字螺钉旋具旋出固定定时器的固定螺钉。

③ 取下定时器，并认识定时器的规格、型号、结构。

④ 修复或更换好定时器后，重新安装好定时器，并正确连接好线路。

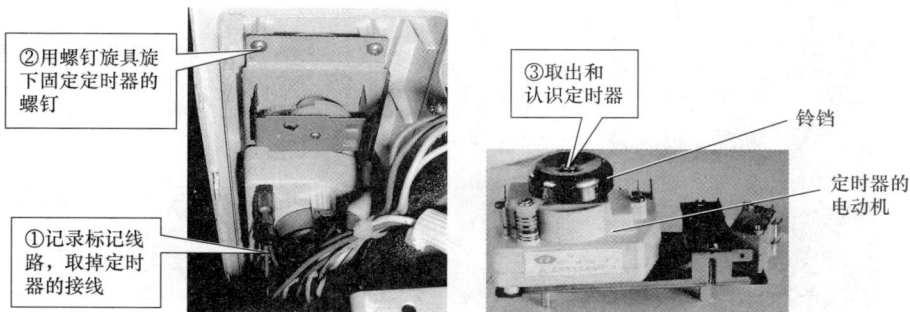

图10-9 拆装微波炉的定时器

第六步 拆装门联锁开关，如图10-10所示。

门联锁开关也称微动开关，体积不大，就在定时器的旁边，其拆装步骤如下：

① 拔出连接门联锁开关的线路，并做好记录或标记。

② 取出固定门联锁开关的塑料卡扣。

③ 取下门开关，认识其结构、型号。

④ 修复或更换门联锁开关后，重新按上述相反顺序装配。

②取下门联锁开关的塑料卡扣

①拔出门联锁开关接线

③取出和认识门联锁开关

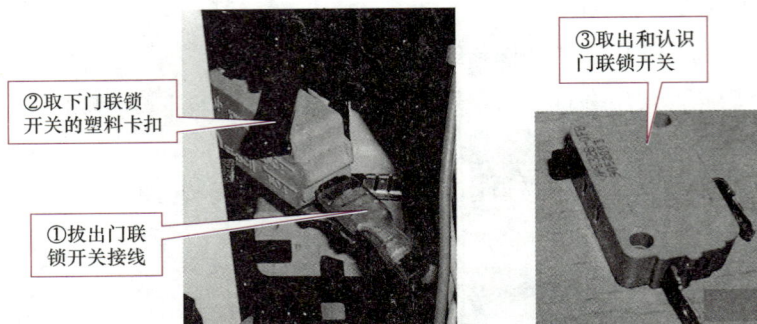

图10-10 拆装微波炉门联锁开关

5 认识机械式微波炉的主要部件

微波炉的主要部件有磁控管、升压变压器、高压电容器、高压二极管、高压熔断器、炉门联锁开关、定时器、散热风扇等，见表10-1所示。

表10-1 微波炉主要部件及特点

部件名称	实物外形	电路符号及参数	作 用
微波炉磁控管		MG	磁控管称为微波发生器，它是微波炉的心脏部件。磁控管的作用是将电能转变成微波能，产生和发射微波
微波炉升压变压器		220V 1 2 / 3 2kV 4 5 3.6V 6	将220V交流电转换为3.6V的交流电提供给磁控管灯丝，还输出2kV左右交流电压，提供磁控管所需高压。功率一般为1kW
微波炉高压电容器		C 1μF 2.1kV	内置10MΩ的电阻，用于对高压电提供放电回路。 作用是：对经过高压二极管整流后的电压滤波，并且与高压整流二极管一起形成倍压整流电路，将高压变压器输出的2kV转换为4kV的直流高压提供给磁控管的阴极
高压二极管		VD 4kV	用于将2kV交流电整流为直流高压，与高压电容器一起实现倍压整流，供给磁控管阴极
高压熔断器		H.V.FU 0.75~1A 5kV	当微波炉高压绕组输出电流过电流时，它会被熔断，实现对高压电路的保护，是专用高压熔断器

部件名称	实物外形	电路符号及参数	作　用
温控器		ST 熔断温度 145℃	实质是双金属温控器，当微波炉内温度高于145℃时，切断电源，从而防止微波炉磁控管的工作因温度太高而损坏
炉门联锁开关		S2 S3	为一组常开、常闭互锁开关，由炉门上的门挂钩触发。通过触点进行通断转换，控制微波的产生，且保证打开炉门时微波炉停止工作
散热风扇		M 220V	散热风扇的电动机一般采用单相罩极式，功率为20～30W，转速约为2500r / min。它的作用是给磁控管和变压器散热
定时器（电动式）		M 220V	定时电动机与钟控开关齿轮构成一体化。采用带铃铛的定时电动机，由220V市电直接供电。用于控制微波电热持续时间。定时结束时上部的铃铛会响一声提醒操作者
托盘电机	转盘电机	M 220V	转盘安装在炉腔底部，由一只微型电动机带动，以5～8r / min的转速旋转，使放在转盘上的食品的各部位周期性地不断处于微波场的不同位置上，使之均匀吸收加热

操作评价　微波炉的拆卸与组装操作评价表

评分项目	技术要求	配分	评分细则	评分记录
认识微波炉外形	能认识机械式微波炉外观部件名称及作用	10	错每次扣1分，扣完为止	
微波炉中重要元器件的识别	1. 能够根据实物说出名称	10	答错每次扣1分	
	2. 能够知道微波炉中元器件的作用	10	答错每次扣2分	
	3. 能够认识元器件在电路中的电路符号	10	答错每次扣1分	
	4. 能认识各元器件的型号和明白其参数	10	答错每次扣1分	

评分项目	技术要求	配分	评分细则	评分记录
微波炉的拆卸与组装	按照步骤和方法，顺利拆卸部件	40	操作错误每次扣2分	
	拆卸相应部件完好无损		操作错误每次扣5分	
	组装还原整机，方法与步骤正确		操作错误每次扣2分	
	组装还原整机，不遗漏配件		操作错误每次扣2分	
安全文明操作	能按安全、文明生产的技术要求进行操作	10	操作严重失误终止实习，轻微者酌情扣分	
额定时间	每超过5min扣5分			
开始时间		结束时间	实际时间	成绩
综合评议意见				

10.1.2 相关知识：微波炉的加热原理及其结构与类型

1 微波炉的加热原理

微波炉通电工作，由变压器把220V的交流电升压为2kV,再通过倍压整流为4kV左右的直流电压,该电压加到磁控管的阴极后,磁控管产生2450MHz的微波。微波传入炉腔内,在炉内反复反射（因为微波遇到金属会像光一样反射）,这些微波束不断穿透炉腔内含有水分的食物,使食物被快速加热或煮熟。

因为微波能穿透陶瓷、玻璃、木器、竹器、纸盒、塑料等绝缘材料。因此,盛装食物的器皿不能为金属,只能是陶瓷或塑料,就是这个原因。

微波最重要的特点就是吸收性。微波能被鱼肉、脂肪、蔬菜、水果等含有水分的食物所吸收,食物中的水分子作为电介质,在2450MHz的微波电场力下,水分子极性反复改变,水分子间不断振动、撞击、摩擦,在短时内会产生足够热量,使食物熟透。微波炉就是利用这一原理实现加热食物的。

可见,微波炉加热食物时微波穿透食物深层,内外同时加热,因此加热速度快、受热均匀、热效率高。微波炉的加热原理如图10-11所示。

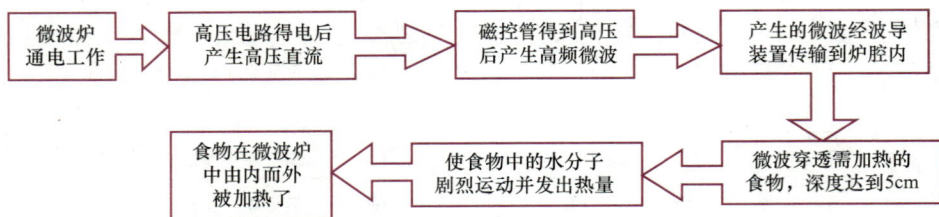

图10-11 微波炉的加热原理

② 微波炉的类型

国际上规定的微波炉加热专用（常用的）频率为915MHz和2450MHz。微波炉使用专用频率是为了避免对雷达系统和微波通信系统产生干扰，并使微波器件标准化。

随着微波炉制造技术的不断提高，出现了各种微波炉，其常见的类型如表10-2所示。

表10-2　微波炉的类型

分类方法	类型	特　　点
容量和用途	商用型	商用的多为柜式，容量大，微波频率为915MHz，输出微波功率在1kW以上，大多用于烘烤、干燥、消毒、杀菌等工业商业部门
	家用型	家用的为轻便式，容量较小，微波频率为2450MHz，微波输出功率在1kW以下，主要用于家庭菜肴烹调，饮料、熟食的再热或解冻等
控制方式	机械式	机械式微波炉设有定时装置和功率调节器，使用时可根据不同食物，选定烹调时间和合适的加热功率，到时铃声提示，烹调终止。分5挡的功率调节器：高挡为100%、中高挡为70%~80%、中挡为50%、解冻挡为30%~40%、低挡为15%~20%
	电脑式	电脑控制式微波炉带有一个微电脑，除具有基本的定时功能（常为0~99min或0~99s）、功率调节功能（9或10挡）外，还有时钟、定时启动、自动控温等功能，可按预先设定的程序完成食物的解冻、全功率加热、半功率加热和保温。预定程序通过按键开关或接触感应开关输入。具有操作方便、功能齐全、自动化程度高等优点
安装方式	台式	功率小，体积小，置于工作台使用，多为家用型微波炉
	柜式	功率大，体积大，落地使用，多为商用型微波炉
结构与功能	普通型	多为机械控制式微波炉，主要具有利用微波加热食物的功能
	烧烤复合型	在普通型基础上，增加利用石英加热管实现烧烤的功能，有机械式和电脑式
	光波多功能型	一种带有光波的多功能微波炉，加热方式有光波、微波、光波加微波，以及烧烤组合加热等，光波以30万km/s的时速作用于食物，实现高速加热，加热均匀，杀灭细菌、病毒快速彻底。有机械式和电脑式之分
	紫外线光波多功能型	具有紫外线、微波、光波三合一强力消毒多功能微波炉
	变频多功能型	是一种采用变频技术的多功能微波炉，主要是省电25%，电源范围宽
	转波多功能型	炉腔内无托盘的多功能微波炉。采用微波散射技术，波导设与炉腔底部，加热更均匀、高效，使炉腔内容积利用率提高25%，门上拉设计等
	蒸汽多功能型	利用微波使水汽化，用蒸汽内循环料理食物的多功能微波炉。不用微波直接加热食物，养分不流失，减少电磁波对食物的影响，加热效率和安全性提高

③ 微波炉的结构

家用普通型微波炉的结构如图10-12所示。主要由金属外壳、炉腔和炉门、定时器、温控器、磁控管（微波发生器）、波导管（微波传输通道）、搅拌器、高压变压器、整流器、搁板和控制器等组成。

图10-12 普通型微波炉的内部结构图

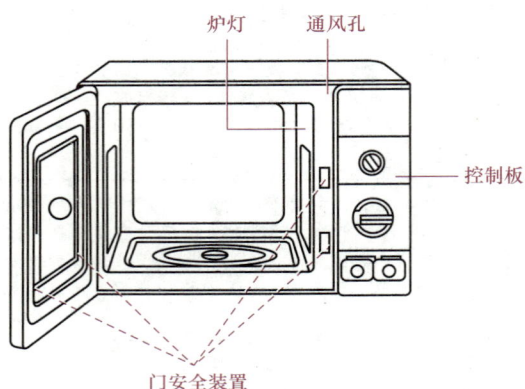

图10-14 炉门联锁开关位置示意图

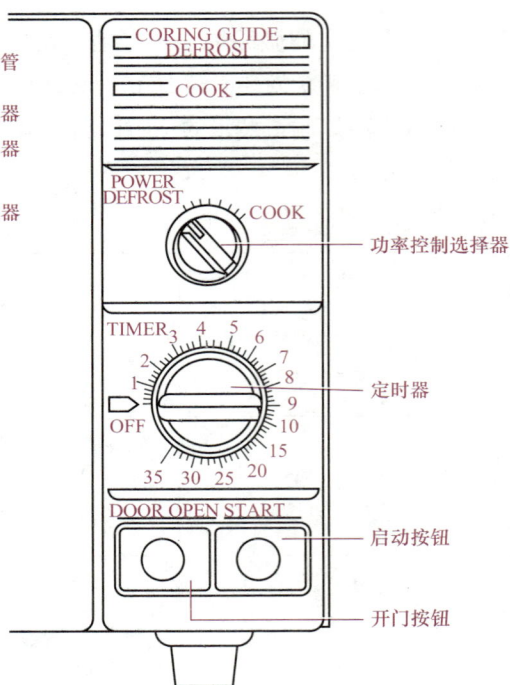

图10-13 普通型微波炉控制面板

（1）炉腔

炉腔是食物加热的场所，是微波谐振腔，也称加热室，一般用铝板或不锈钢板制成。框架右边1/3区域外部设置操作控制面板，如图10-13所示，面板上有功率调节、定时器旋钮等；内置定时器、磁控管、变压器、整流器和散热风扇等部件。

（2）炉门

炉门由金属框架和玻璃观察窗两部分组成，采用扼流结构以防微波泄漏，玻璃上的金属网也是为抑制微波外泄而设置的，保证微波泄漏不会超过允许值。炉门上装有两道微动开关，如图10-14所示，通过炉门的把手控制，以便开门、关门联锁保护。炉门打开或关闭不严时，门上联锁开关就断开电源，磁控管不工作，微波停止辐射。若联锁开关出现问题，还有监控开关来保险，如图10-15所示。

（3）磁控管

磁控管也称为微波发生器，是一种产生微波能量的真空管。其作用是将电能转换为磁

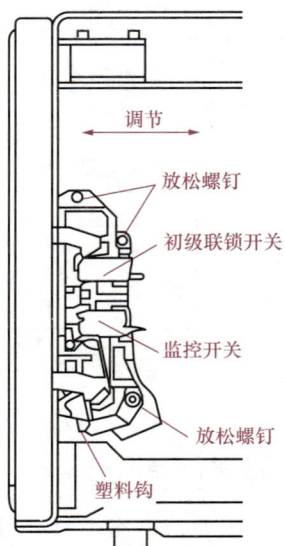

图10-15 普通型微波炉控制面板

能，产生并发射微波。其结构如图10-16所示。磁控管由管芯、磁铁和散热片组成，管芯由阴极、灯丝、阳极、天线等构成。其中，磁铁在阳极与阴极间形成恒定的竖直方向的强磁场；阴极在灯丝加热时反射电子，阳极接收阴极发射的电子，并在阳极的谐振腔内

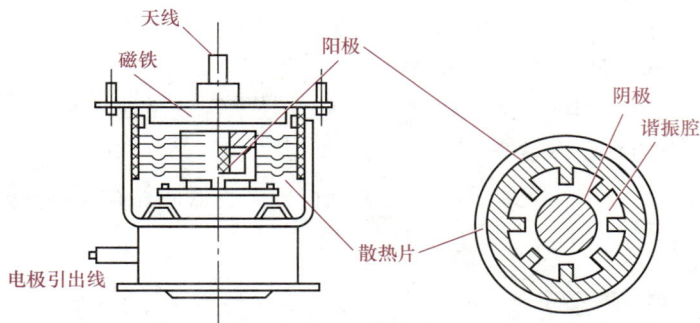

图10-16　磁控管结构图

谐振，同时阴极反射电子还受磁场作用围绕阴极的中轴线高速旋转，向阳极流动，并在谐振腔内振荡，使频率不断提高，当频率到达2450MHz时，便形成微波由天线耦合至射频输出口，通过波导管传输到炉腔，加热有水分的食物。

（4）波导管

波导管是用来传输微波的，一般为矩形截面的金属导管。

（5）搅拌器

搅拌器是用来改善腔体中负载与微波发生器之间耦合关系的一种装置，这种装置可以是旋转搁架（托盘）或可移动的附加天线或金属螺旋桨，使微波场均匀。

（6）托盘

托盘以微型电动机带动，食物转动使受热均匀。

（7）外壳

外壳一般用镀锌薄钢板或镍铬薄钢板冲压而成，屏蔽微波和装饰作用。

（8）控制系统

控制系统由电源、定时器、温控器、高压变压器、整流器、风扇电动机等组成。

4　微波炉的质量要求

按GB/T 18800—2002《家用和类似用途的微波烹饪器具》、GB 4706.21—2002《家用和类似用途电器的安全　微波炉的特殊要求》和GB 19606—2004《家用和类似用途电器微波炉的噪声限值》的规定，微波炉是用微波能加热腔体中的食物和饮料；组合微波炉除用微波能加热外，兼有传统炉灶的某些或全部加热功能。

质量要求主要是安全、性能及外观3方面。微波炉属于I类防触保护器具，主要指标如下：

1）泄漏电流。不大于0.75mA。

2）电气强度。能承受交流1250V电压试验，历时1min无击穿或闪络。

3）微波频率。必须在2450±50 MHz内。

4）电源。额定频率为50Hz，交流单相电压220V。

5）电压波动。应在额定值的80%～125%以内。

6）炉门系统。能经受总数为10万次开闭试验。

7）效率。输入与输出功率之比应不低于50%。

8）加热均匀性。按规定方法试验不小于70%。

9）防泄措施。采取严密的防泄技术，使微波泄漏在1mW/cm^{2}以下。

10）噪声限值。不大于68dB。

此外，还应通过高、低温负荷，高、低温储存，湿热及耐扫频振动等项目的试验。

任务10.2 微波炉的维修

任务目标

　　1. 学会检测微波炉的主要元器件。

　　2. 学会排除微波炉的常见故障。

任务分析

　　微波炉出现故障时，需要检测、维修微波炉，因此必须学会检测微波炉的主要元器件，学会维修微波炉的方法，从而排除微波炉的常见故障，使之正常工作。

10.2.1 实践操作：微波炉的主要元器件检测及其常见故障排除

1 检测机械式微波炉的主要元器件

（1）检测磁控管

用数字万用表测量磁控管任一灯丝引脚与磁控管外壳间的阻值应为"无穷大"，磁控管灯丝就不漏电，检测方法如图10-17（a）所示。如果灯丝引脚与外壳间有一定阻值或为0Ω，则磁控管漏电，必须更换同规格的磁控管，也可使用指针万用表的R×10k挡来检测。

如图10-17（b）所示，用数字万用表200Ω挡检测灯丝两脚，阻值应接近0Ω。如果两灯丝间阻值为"无穷大"，则灯丝断开，需修复灯丝引脚或更换同规格的磁控管。也可使用指针式万用表R×1挡来检测。

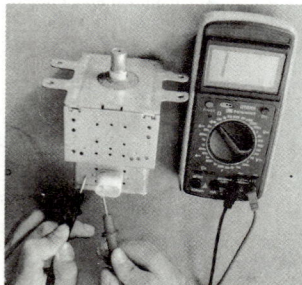

（a）测量灯丝与外壳间阻值　　（b）测量灯丝阻值

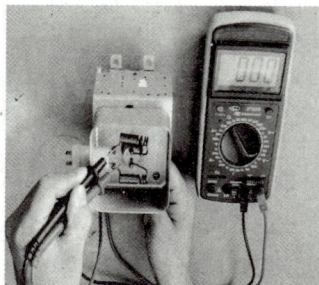

图10-17　磁控管的检测

（2）检测高压二极管

高压二极管的导通压降较高，使用数字万用表200k测量，正常的高压二极管，其正向电阻为20~300kΩ，反向电阻则为无穷大，如图10-18所示。也可使用指针式万用表的R×10k挡来检测，其正向电阻为150kΩ左右，反向电阻应为∞。

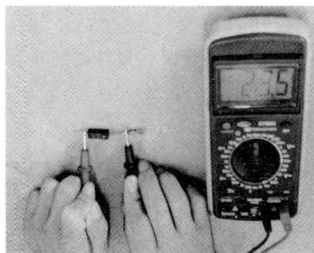

（a）测量高压二极管的正向阻值　　　　（b）测量高压二极管的反向阻值

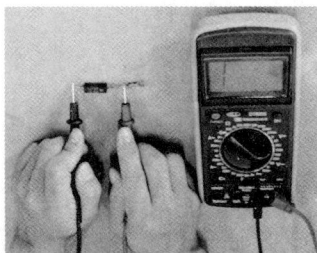

图10-18　检测高压整流二极管

如果使用绝缘电阻表测量，正向电阻应小于2kΩ；反向电阻为无穷大。对于有些微波炉采用的非对称保护二极管，可用10k挡测量，其正常的正反向电阻都应为无穷大。

当高压二极管损坏后，就无法产生4kV高压直流电，由于电压较高，可采用更换法进行维修。

（3）检测高压电容器

高压电容器的检测方法与常用电容器的检测方法相同，主要检测电容量和绝缘性能。使用万用表的R×10k挡测量高压电容器时，表针应摆动一定角度后逐渐回到∞。若指针不返回∞表明电容器漏电；若测量的瞬间表针不摆动，说明电容器无电容量或内部开路损坏。高压电容器开路或容量下降或漏电都必须更换同规格的高压电容器。

微波炉中其他元器件的质量检测方法如表10-3所示。

表10-3　机械式微波炉主要元器件的质量检测

元器件名称	质量检测
高压变压器	使用数字万用表的欧姆挡分别测量高压变压器的初级绕组、高压绕组、灯丝绕组的阻值，应分别为2Ω、130Ω、0.08Ω左右；再用200M挡分别检测3个绕组间绝缘阻值都为无穷大。也可使用绝缘电阻表检测其绝缘电阻。当高压变压器绕组短路、开路或绝缘性能下降时需修复或更换
高压熔断器	用数字万用表的200Ω挡测量阻值应为0Ω，熔断开路需更换同规格熔断器
定时器（电动式）	直接通电220V，观察定时器走到情况，触点接触与断开情况 观察定时器触点是否锈蚀、有杂质或氧化；接触不好需修复触点 手动旋钮，感受转动是否灵活
托盘电动机	用数字万用表欧姆挡测量电动机两端阻值约为7kΩ，若为0或无穷大需更换同规格的电动机。也可直接通电220V观察电动机转动性能
散热风扇	检查扇叶是否变形，变形后会增加电动机负载，增大噪声 手动电动机，检查电动机转动是否灵活，检查轴承情况 万用表检测电动机绕组阻值应为170Ω左右，若绕组阻值为较小或∞，说明电动机绕组短路或开路，需修复或更换电动机

续表

元器件名称	质量检测
超温温控器	用万用表测量其阻值在常温下应为0Ω；使用电烙铁等加热方法使温控器温度升高到145℃以上，此时测量其阻值应为∞。损坏后需更换
炉内照明灯	直接观察灯泡灯丝好坏；也可用万用表测量灯丝阻值，220V 15W灯泡的阻值约为3kΩ，损坏后更换新灯泡
门联锁开关	两个联锁开关均为复位开关，使用万用表检查其通断情况，即可判断其质量好坏；接触不良时，更换同规格开关即可

② 排除微波炉常见故障

下面就机械式普通型微波炉，分析常见的故障现象，初步学会检修微波炉的常见故障。

常见故障一：接通电源并开机，炉灯不亮，托盘不动，也不加热

故障现象　接通电源，微波炉开机，炉灯不亮，托盘不动，也不加热。

故障分析　通电开机，微波炉没有任何反应，说明整机不通电，原因可能是：电源插头与插座接触不良或断线；熔丝熔断，一般由于某元件短路造成；炉门没关好、主联锁开关接触不良或损坏，引起双重开关未闭合。

故障排除

第一步　先检查电源插头与插座间是否接触不良。若不良，则清洁电源插头的金属部分，检修或更换插座；若是电源线中间有接触不良或断线，则一定要更换整根电源线，不能剪接，以防意外。

第二步　再检查熔丝是否熔断。若熔丝熔断，则更换熔丝并断开变压器二次电路后，接通电源观察，结果仍烧熔丝，这说明变压器二次电路基本正常，故障可能出现在变压器本身或一次电路中。应重点检查变压器和一次电路，查明原因后再更换同型号的熔丝。

第三步　上述均正常，再检查门联锁开关。观察是否有异物阻碍门的关闭，用细砂纸磨擦主联锁开关触点使其接触良好。若严重损坏，则予以更换。

常见故障二：炉灯亮，托盘转动，但不加热

故障现象　炉灯亮，托盘转动，但微波炉不能加热。

故障分析　炉灯亮、托盘转动正常，说明整机供电正常，不加热说明加热部分出现故障。由微波炉的工作原理得知：微波炉的加热主要是由高压变压器产生高压，经过高压二极管、高压电容器组成的倍压整流升压后输给磁控管，同时变压器的另一组输出3.6V的低压电输给磁控管的灯丝。磁控管得到这两个电压后才能产生微波，对食物进行加热。

故障排除　在对元器件检查之前，首先要检查相关连接导线或连接点是否出现断线或接触点氧化等现象。在保证连接线路完好的情况下再对以下元器件进行检测，具体检测方

法如下。

第一步 高压变压器是否损坏。可以用万用表测量各绕组是否出现断路。

第二步 磁控管的灯丝是否熔断。磁控管的灯丝电阻为零点零几欧姆，若电阻为无穷大，说明灯丝断路，同时测量灯丝与外壳间的电阻应该为∞，否则击穿损坏。

第三步 高压电容器是否失效或开路。放电后用电容表测量其容量，和标称值比较；也可以用万用表的电阻挡通过指针的偏转来判断电容的容量。

第四步 高压二极管是否损坏。用万用表R×10k挡测量，正向电阻值约为150k，反向电阻值无穷大为正常，不符合上述电阻值的则为损坏，需更换同型号的高压二极管。

常见故障三：微波炉屡烧保险管

故障现象 微波炉屡烧保险管。

故障分析 微波炉屡烧保险管，说明微波炉电路存在短路性故障。由原理图分析可知，造成短路烧保险的原因可能有：门监控开关短路、变压器初、次级出现短路、高压二极管或高压电容器击穿。

故障排除

第一步 对连接电路进行检查。

第二步 检测门监控开关和门开关。在炉门关闭的情况下，由万用表检测门开关的两触点的电阻，为了避免外电路的干扰，去掉开关与外电路连接端子。电阻值应为无穷大。

第三步 检测高压变压器的输入输出电阻是否正常，如果小于正常值说明变压器内部出现短路故障，需更换同规格的高压变压器。

第四步 检测高压二极管或高压电容器是否出现短路、击穿现象，击穿后更换同规格的二极管或电容器。

常见故障四：不能烧烤

故障现象 具有烧烤功能的微波炉微波烹饪正常，但不能烧烤。

故障分析 微波炉微波烹调正常，说明微波炉低压控制电路和高压电路均正常，故障只在烧烤部分，原因可能有：火力选择开关中烧烤开关触点不能闭合；继电器的常闭触点不能闭合，引起石英发热器不通电；石英发热管损坏引起不发热。

故障排除

第一步 断开电源，将火力选择开关选择在仅烧烤功能，用万用表欧姆挡测量烧烤开关引出接点的电阻，正常值应该为0或很小；若电阻值很大，说明开关触点已被氧化或开关损害，此类故障一般要更换同型号火力选择开关。

第二步 断开电源，用万用表欧姆挡检修继电器的常闭触点是否闭合，若电阻值很大，说明触点已不能闭合。

第三步 用万用表欧姆挡检测石英管的电阻值，正常时冷态电阻值一般为几十欧姆。若电阻值为无穷大，说明该石英发热管内部电阻丝烧断。应更换石英发热管。

操作评价　微波炉的维修操作评价表

评分项目	技术要求	配分	评分细则	评分记录
微波炉重要元件的检测	1. 能正确检测磁控管的好坏	30	操作错误每次扣5分	
	2. 能正确检测高压二极管、高压电容器的好坏		操作错误每次扣5分	
	3. 能正确检测微波炉其他元器件的好坏		操作错误每次扣1分	
微波炉典型基本故障的维修	1. 按照步骤和方法，顺利拆卸	50	操作错误每次扣2分	
	2. 能说明故障现象，并能分析故障原因		操作错误每次扣2分	
	3. 能找到故障点，修复或更换元器件		操作错误每次扣5分	
	4. 组装还原整机，不遗漏配件		操作错误每次扣2分	
微波炉的安全使用	1. 安全检查，正确启动微波炉	10	操作错误每次扣2分	
	2. 观察微波炉运行状态，并能判断运行状态		操作错误每次扣2分 答错每次扣2分	
安全文明生产	能安全实习、文明实习；遵守操作规程；能按企业的"6S"现场管理要求执行	10	重大安全事故出现，终止实习，轻微者酌情扣分	
额定时间	每超过5min扣5分			
开始时间		结束时间	实际时间	成绩
综合评议意见				

10.2.2 相关知识：微波炉的工作原理及其使用与维护

1 机械式普通微波炉的工作原理

图10-19是机械式普通型微波炉的电路图。

机械式普通型微波炉的工作原理如表10-4所示。

表10-4　机械式普通型微波炉的工作原理

	工作过程	工作原理
1	打开炉门，放入食物	打开炉门时，S_1、S_3自动弹起处于断开状态；监控开关S_3处于闭合状态。同时因为没有定时，没有选择火力开关，S_4、S_5也处于断开状态，即使接通电源，整机也无法工作
2	插上电源，关上炉门	关上炉门时，联锁机构随之动作，联锁监控开关S_2处于断开状态，而联锁开关S_1、S_3处于闭合状态；因为没有定时，没有选择火力开关，S_4、S_5均处于断开状态，整机没工作，处于准备工作状态
3	定时，选择火力大小	整机电路中的开关S_1、S_3、S_4、S_5均处于闭合状态，S_2断开微波炉开始工作，炉灯亮，MD、MT、MF均运转，即定时器在定时、托盘在转动、散热风扇在转动。220V市电经高压变压器T变换后，一组输出交流3.6V供给磁控管的灯丝；另一组输出交流2kV高压经C、VD倍压整流后得到直流4kV负高压供给磁控管MG的阴极，磁控管阳极接地，这样磁控管便产生2450 MHz的微波，对食品进行辐射加热

续表

工作过程		工作原理
4	定时时间到，停止工作并响铃	定时时间到，S_4、S_5自动断开切断电源，炉灯熄灭，MD、MT、MF均停止工作，高压变压器T断电，磁控管MG失电停止传送微波，食品加热结束
5	保护	① 在微波炉正常工作时，若突然打开炉门，S_1、S_3自动弹起处于断开状态，使整机断电，无法产生微波，有效防止微波的外泄 ② 当高压电容器或高压二极管短路时，电流超过1A后，高压熔断器熔断，保护变压器损坏 ③ 当电路中门联锁开关出现故障短路时，或电路中其他元器件短路时，熔断器FU熔断，保护故障扩大

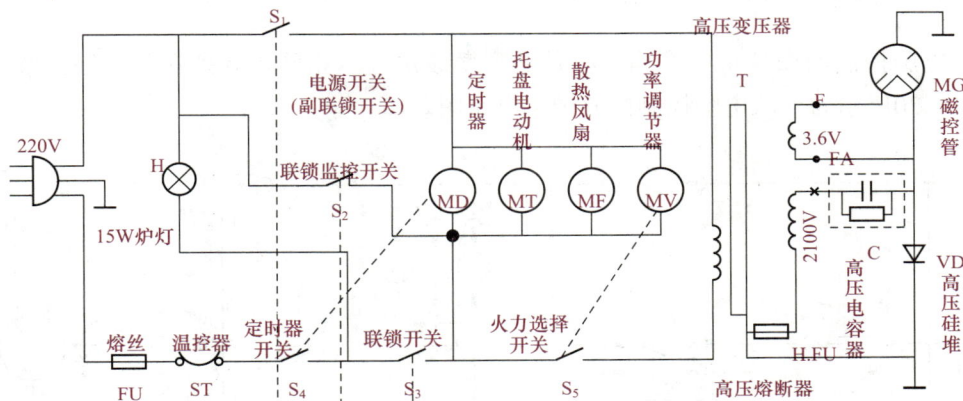

图10-19 机械式普通型微波炉电路图

2 微波炉的选购、使用与日常维护

（1）选购要点

首先认准通过3C认证产品、能效级高的产品，如经济条件允许，最好选购名优品牌和自动化程度较高的产品；规格大小和功能多少可根据家庭人口多少和对利用微波烹调菜肴的喜爱程度来定；其他方面的选择要注意外形美观大方，镀、涂层光滑平整，无划痕、碰伤；炉门开启自如，密封良好；各种开关旋钮标志清楚，操作方便，有详细使用说明书，附件、备件齐全。

（2）使用注意事项

使用前应仔细阅读使用说明书，弄清各部分的功能和开关的作用，严格按规定操作。为防止触电，微波炉必须可靠接地。连接线路和插头、插座应保证良好接触。微波炉使用时不能空烧，否则，由于微波无处吸收，会损坏磁控管。炉腔内存放食物的器皿，不可使用金属、搪瓷或带金属边的碗、碟，否则会因微波的反射而干扰炉腔正常工作，甚至产生高频短路，损坏微波炉。磁性材料不要靠近微波炉，以免干扰微波磁场。烹调食品时间宁可不足，不要过度，不足可再增加时间，过度则无法挽回。使用中应警惕由于沸腾液体延迟喷溅而可能导致的危险。如发现炉内烟雾或食品起火，切勿打开炉门，应将微波炉电源断开，使之自然熄灭。微波炉必须放置平稳、可靠，与墙壁等物体之间应留有10cm空隙，以保持空气流通。为使微波炉经久耐用，不可放在高温高湿的地方使用。微波炉不能与电视机、收音机接近，以免造成干扰。

（3）维护须知

在清洁微波炉前应先将电源插头拔掉。可使用中性洗涤液去污，用软布揩干，不要让水从通风孔处渗入炉内，以防损坏零件。玻璃托盘转轴应经常保持干净，以免转动时带来过大噪声。为了确保使用安全，接通电源后切勿打开炉外壳，因为炉内有高压，极其危险。

知识拓展：电脑多功能微波炉

电脑控制的微波炉在结构上与普通型微波炉基本相同，区别在于控制系统。图10-20所示为一款电脑控制微波炉主电路图。

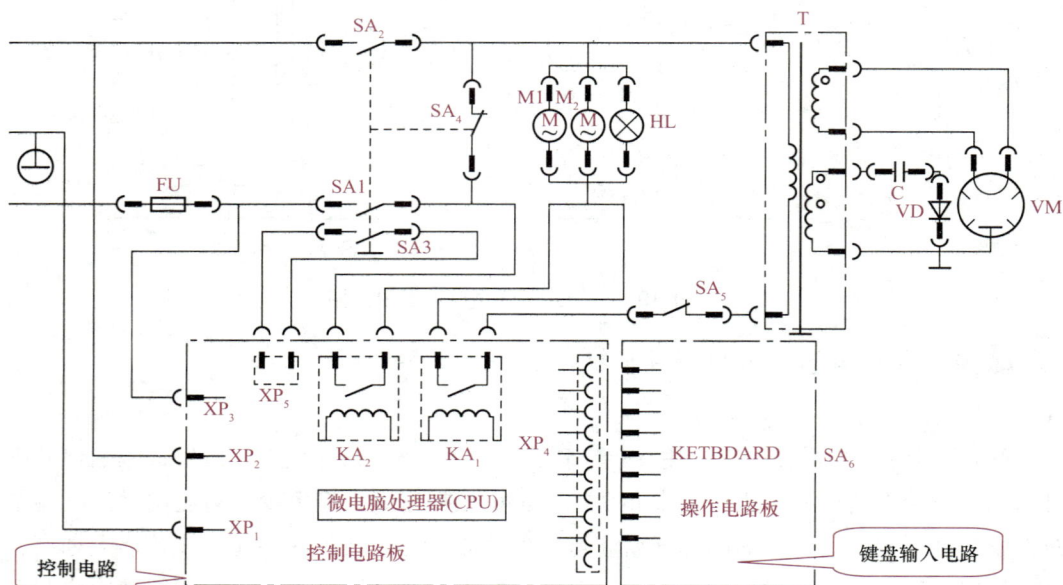

图10-20　电脑型微波炉主电路图

主电路由下列元器件组成。

SA_1、SA_2：门安全联锁开关；SA_3：门检测开关；SA_4：门监控开关；KA_1：功率控制继电器；KA_2：定时控制继电器；SA_6：轻触开关组；T：变压器，提供磁控管所需的电压；VD和C：倍压整流电路；M_1、M_2：转盘和风扇电动机。

其工作原理是：关上炉门，SA_1、SA_2、SA_3闭合，SA_4断开。选择烹调程序，按下启动键，继电器KA_2、KA_1吸合，动合触点闭合。磁控管通电开始产生微波，经波导管输入炉腔，对食物加热。同时M_1、M_2、HL 也通电工作。定时器、显示器开始倒计时。

　　程序终了时，单片微电脑使继电器KA$_2$、KA$_1$断电释放，切断微波炉的电源。在程序未结束时，如需中断，可按暂停键，则单片微电脑立即使KA$_2$、KA$_1$释放；也可直接打开炉门，通过SA$_1$～SA$_4$来中断加热。

　　图10-20中的控制电路如图10-21所示，其核心为CPU（IC1），包括低电压电源电路、输出驱动电路、显示电路和其他电路。

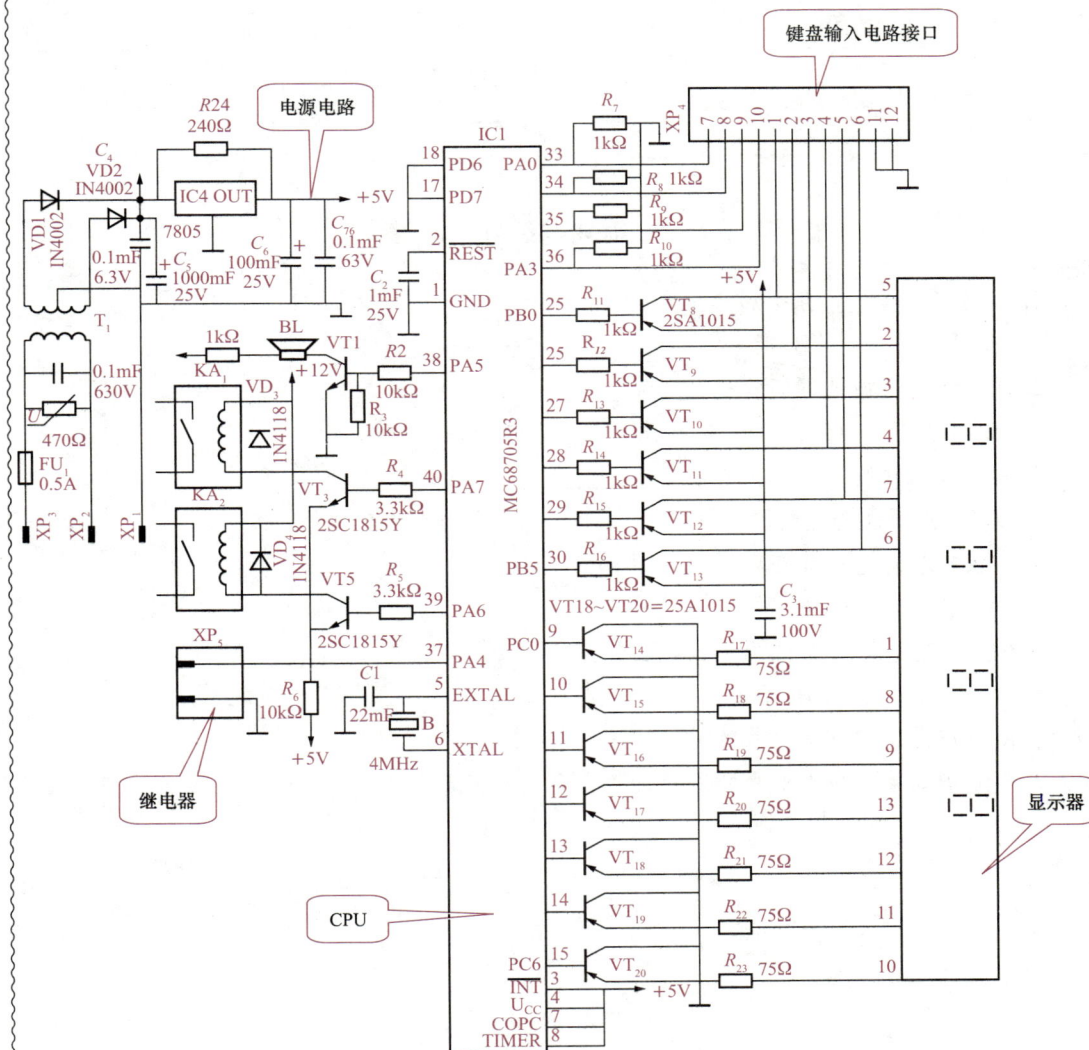

图10-21　电脑型微波炉的控制电路图

控制电路的组成及各部分功能如表10-5所示。

表10-5 电脑型微波炉的控制电路组成

电路名称	组　成	功　能	备　注
低电压电源电路	T_1、VD_1、VD_2、C_5，三端集成稳压电路7850	为CPU和继电器等提供电源	RV_1、FU_1构成的保护单元
输出驱动电路	PA6、PA7、VT_5、VT_3、KA_2、KA_1	功率放大来驱动继电器	
键盘输入电路	XP_4、薄膜开关组成的4×6矩阵	控制信号的输入	电路如图10-20所示
显示电路	发光二极管数码管显示器	显示时间、火力大小等	共阳极接法，动态显示
其他	晶振B	为CPU提供振荡频率	4MHz
	C_2	为CPU复位电路	通电时，该脚低电平
	压电陶瓷BL	发出声响，提示或报警	发声声响3kHz

思考与练习

1. 微波炉_____直接加热生鸡蛋。

　　A. 不能　　　　B. 能

2. 微波炉产生微波的装置是_____。

　　A. 磁控管　　　B. 高压电容器　　　　C. 高压二极管

3. 微波加热食物的时候，食物是_____。

　　A. 由内而外变热的　　　　　　　B. 由外而内变热的

4. 微波炉_____放在电视机旁边。

　　A. 可以　　　　B. 不可以

5. 微波炉_____加热用不锈钢器皿盛装的冷饭。

　　A. 可以　　　　B. 不可以

6. 微波炉是怎样加热食物的?

7. 微波炉如果不能够对食物进行加热，主要有哪些原因?

项目 11
电磁炉的拆装与维修

学习目标

知识目标 ☞

1. 了解电磁炉类型和高频电磁炉的结构特点。
2. 理解高频电磁炉的基本工作原理。
3. 掌握选择电磁炉的技术标准。
4. 了解电磁炉的选购、使用与维护。

技能目标 ☞

1. 会拆卸与组装电脑型电磁炉。
2. 能认识电脑型电磁炉的主要部件。
3. 会电检测电脑型磁炉主要元器件。
4. 初步学会排除电脑型电磁炉常见故障。

电磁炉又称电磁灶，是现代厨房革命的产物，它无需明火或传导式加热而让热量直接在锅底产生，热效率很高。它是一种利用电磁感应加热原理烹饪食物的厨房器具。

1972年美国西屋公司将世界上第一台电磁灶投放市场。中国的电磁炉于20世纪80年代初开始生产，但发展速度最快，一跃成为电磁炉生产大国。电磁炉凭借外表美观、热效率高、体积小、重量轻、安全环保、操作简便、清洁卫生、价格便宜等优点，被人们称为"烹饪之神"和"绿色灶具"。它可以对食品进行炒、炸、蒸、煮、炖等加工，且智能，因此必然会进入每家每户的厨房。

任务 11.1 电磁炉的拆卸与组装

任务目标

1. 会拆卸与装配电磁炉。
2. 能认识电磁炉电路的主要元器件。

任务分析

不同厂家、不同型号的电磁炉固定方式有所不同，但几乎都是通过螺钉固定的，因此只需按照拆卸固定螺钉的方法即可拆卸电磁炉。

拆卸与组装电磁炉的工作流程如下所示。

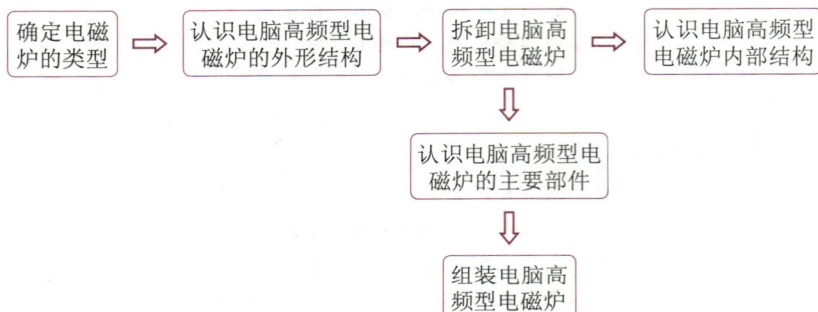

确定电磁炉的类型 → 认识电脑高频型电磁炉的外形结构 → 拆卸电脑高频型电磁炉 → 认识电脑高频型电磁炉内部结构

认识电脑高频型电磁炉的主要部件

组装电脑高频型电磁炉

11.1.1 实践操作：拆装电磁炉及认识其内部结构与主要部件

1 确定电磁炉的类型

电磁炉有商用型电磁炉和家用型电磁炉；还有工频和高频电磁炉之分。常见的电磁炉如图11-1所示。

（a）商用型电磁炉　　　　　　（b）家用型电磁炉

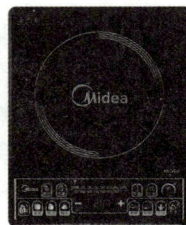

图11-1　常见电磁炉

2 认识电脑高频型电磁炉的外形结构

比较普及的是高频家用型电磁炉。图11-2是型号为九阳JYC-21ES10的电磁炉，规格为额定电压220V～50Hz，额定功率120～2100W，温度调节范围60～240℃。热效率为86%，能效等级为3级，待机功率为2W。具有多种智能烹饪功能。可见外观主要有电源线、灶台面板、上盖、下盖、操作显示面板、进排风口等。它的生产执行标准是GB 4706.1—2005和GB 4706.29—2008。

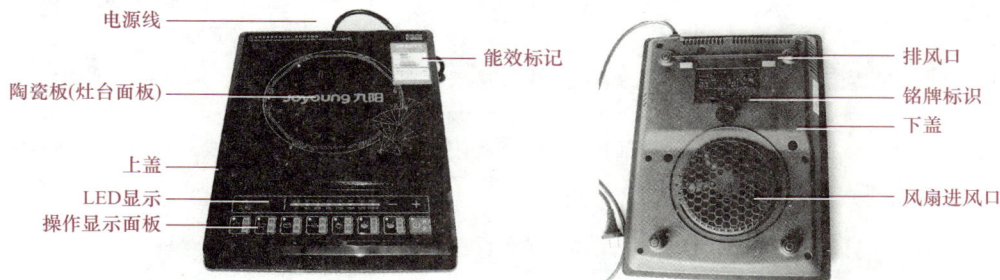

图11-2 高频家用型电磁炉的外形

3 拆卸电磁炉及认识电磁炉内部结构

拆卸之前断开电磁炉的电源线，准备相应电工工具、电烙铁等。九阳JYC-21ES1电磁炉的拆装十分简单，只要将下盖打开即可，其拆卸步骤如下。

第一步 拆卸电磁炉的上下盖。

① 倒放电磁炉，使用"Y"型螺钉旋具旋下下盖与上盖固定的6颗螺钉。	② 再正放电磁炉，打开上盖，用手取下操作显示电路板与下盖上电路板的连接线插头，分离上盖和下盖。

③ 认识电磁炉内部结构。

第二步 拆卸炉盘线圈和热敏电阻。

① 使用螺钉旋具旋下固定炉盘线圈的3颗螺钉。	② 拔出连接在主电路板上的两个插接头。	③ 用螺钉旋具拆卸炉盘线圈的两个接线头。

④ 取出炉盘线圈，拆下两个温度传感器。	⑤ 取出灶台面温度传感器。	⑥ 认识炉盘线圈和两个传感器中的热敏电阻。
 灶面温度传感器 / 线圈温度传感器		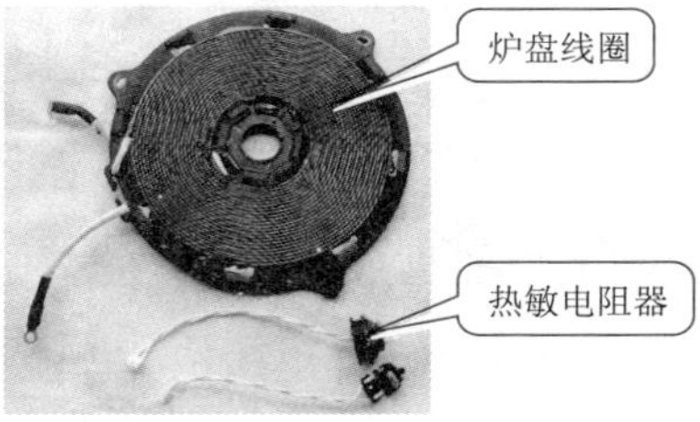 炉盘线圈 / 热敏电阻器

第三步 拆卸电风扇。

① 用手拔出插接在主电路板上的风扇接线头。	② 旋下两颗固定螺钉。	③ 取出散热风扇

第四步 拆卸主电路板，认识电子元器件。

① 旋出固定电源线颗的螺钉。	② 旋下固定电路板的四颗螺钉。

③取出电路板及认识主电路板上的元器件。

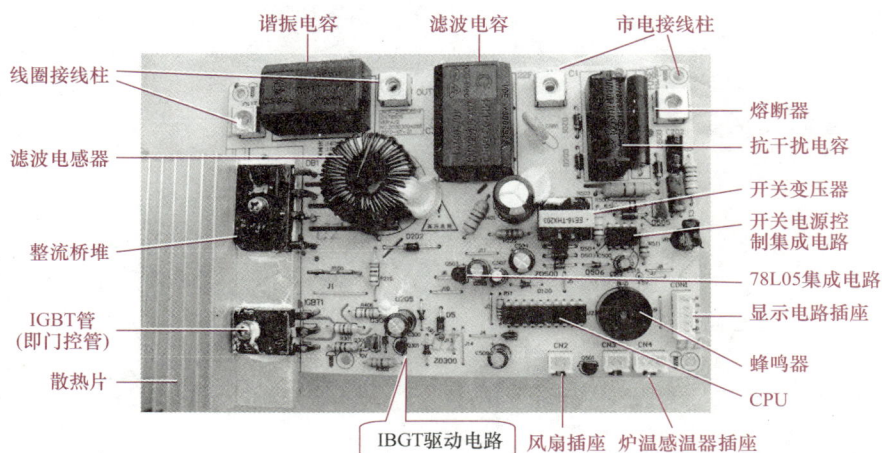

- 谐振电容
- 滤波电容
- 市电接线柱
- 线圈接线柱
- 熔断器
- 抗干扰电容
- 滤波电感器
- 开关变压器
- 开关电源控制集成电路
- 整流桥堆
- 78L05集成电路
- 显示电路插座
- IGBT管（即门控管）
- 蜂鸣器
- 散热片
- CPU
- IBGT驱动电路
- 风扇插座
- 炉温感温器插座

④认识主电路板焊接面线路及元器件。

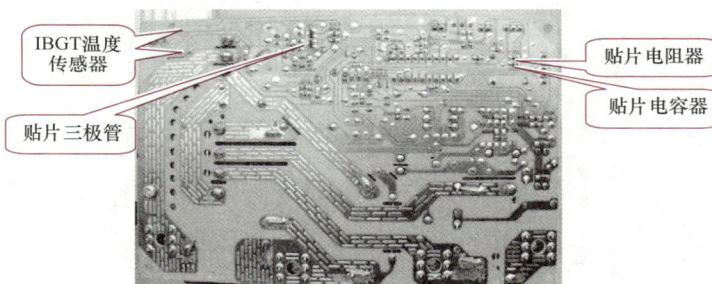

- IBGT温度传感器
- 贴片电阻器
- 贴片电容器
- 贴片三极管

第五步　拆卸操作显示电路板。

①旋出固定操作显示电路板的6颗螺钉。

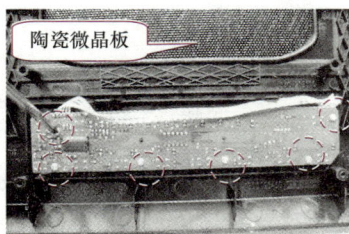

- 陶瓷微晶板

②认识电路板上的原器件。

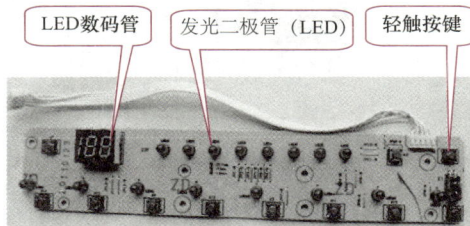

- LED数码管
- 发光二极管（LED）
- 轻触按键

③ 认识操作显示印制电路板上的集成电路和部分贴片元器件。

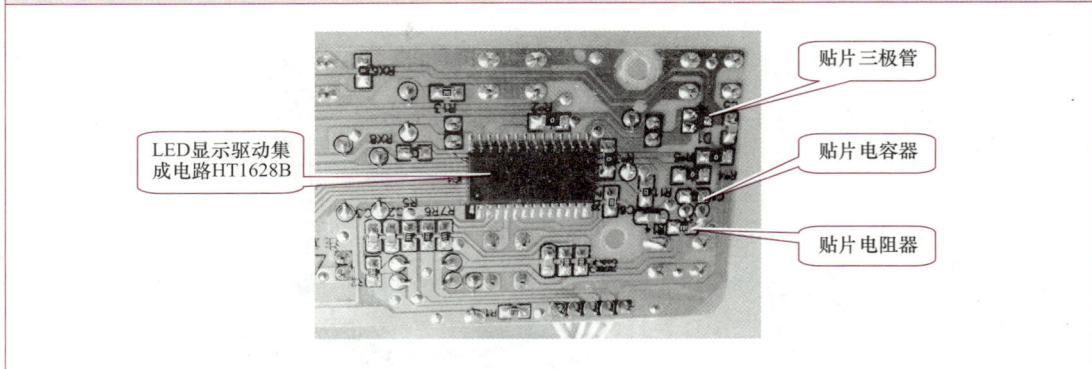

贴片三极管

贴片电容器

贴片电阻器

LED显示驱动集成电路HT1628B

4 认识电脑高频型电磁炉的主要部件

JYC－21ES10型高频电磁炉（电脑型）主要部件及特点见表11－1。

表11－1　电脑型电磁炉主要部件

部件名称	实物外形	电路符号	参　　数	作　　用
电磁线圈		L	炉盘直径为180mm，多股漆包线绕24圈。是一个大电感线圈	是电磁炉唯一的功率输出元件，作用是将高频电流转换成高频磁场，再通过锅底将磁能转换成热能
门控管		IGBT C G E C G E	型号为H20R1203，参数是工作电流为20A，耐压1200V。内有二极管	将20～40kHz的高频电流进行功率放大，控制加热线圈工作。工作在高速开关状态，通过栅极控制其通断
整流桥堆		桥堆 － ～ ～ ＋	型号为D20XB 80，参数是工作电流为20A，耐压800V	将220V交流电源转换为300V直流电源
抗干扰电容器		C	MKP-X2 3.3μFJ 275VAC的含义是：MKP→金属化聚丙烯膜电容器；容量3.3μF，耐压交流电275V，误差±5%	吸收来自电源的高频谐波，防止影响电磁炉的正常工作

续表

部件名称	实物外形	电路符号	参　数	作　用
滤波电感器		$\overset{L}{\underset{\frown\frown\frown}{}}$	参数为400μH，为一电感线圈	对整流后的300V左右的直流电压进行滤波
滤波电容器		$\overset{C}{\dashv\vdash}$	MKP-X2 4μFJ 275VAC的含义是：MKP→金属化聚丙烯膜；容量4μF,耐压275V，误差±5%	
谐振电容器		$\overset{C}{\dashv\vdash}$	MKPH 0.3μFJ 1200V DC的含义是：MKP→金属化聚丙烯膜；容量0.3μF,耐压直流电压1200V，误差±5%	与炉盘线圈一起组成LC谐振回路，实现加热
热敏电阻器		$\overset{\theta}{\dashv\!\!\!\!\!\nearrow\!\!\!\!\!\vdash}$	电磁炉中一般有门控管温度检测传感器和灶台温度检测传感器，为NTC热敏电阻，一般在20℃时为100kΩ	检测门控管的工作温度、检灶台温度，当温度过高时，CPU发出停机指令，电磁炉停止工作，并报警和显示故障代码
蜂鸣器		$\overset{}{\underset{}{\exists B}}$	有正、负之分，规格为5V，直径15mm	完成电磁炉工作状态、报警等方面的声音提示
风扇		Ⓜ	规格为18V，DC,0.18A	将电磁炉工作时门控管、整流堆产生热量及时排除，使电磁炉正常工作

⑤ 装配电磁炉

排除电磁炉故障后，需重组装电磁炉。按拆卸电磁炉相反步骤组装电磁炉，步骤如下：

第一步　将修复好的操作显示电路板用螺钉固定在上盖内相应位置。

第二步　安装并固定电风扇。

第三步　固定电磁炉主电路板，并将风扇连接线插在电路主板对应位置。

第四步　把炉面温度传感器安装在电磁线圈中央，涂上传热硅脂，再把连接线路插在主板对应位置。

第五步　固定电磁线圈在底座上，盖上上盖，并把操作显示电路板的连接线插在主板上。

第六步　螺钉固定上盖在底座上。

第七步　通电试机，观察是否正常。

操作评价 电磁炉的拆卸与组装操作评价表

评分项目	技术要求	配分	评分细则	评分记录
认识外形	能认识电磁炉外观部件的名称	10	错每次扣1分，扣完为止	
拆卸电磁炉	1. 能正确顺利拆卸	20	操作错误每次扣2分	
	2. 拆卸相应配件完好无损，并做好记录	10	配件损坏每处扣2分	
认识部件	能够认识电磁炉主要元器件名称、作用	10	错误每次扣1分	
组装电磁炉	1. 能正确组装，还原整机	20	操作错误每次扣2分	
	2. 螺钉正确，配件不错装、不遗漏配件	20	错装、漏装每处扣2分	
安全文明生产	能按安全规程、规范要求操作	10	不按安全规程操作酌情扣分，严重者终止操作	
额定时间	每超过5min扣5分			
开始时间		结束时间		实际时间		成绩	
综合评议意见				

相关知识：电磁炉的类型、结构及其质量要求

1 电磁炉的类型

电磁炉是利用电磁感应原理，在铁锅中形成涡流加热食物的一种电热器具，它主要由励磁线圈（感应线圈）、铁磁性锅底的灶具和电路控制系统构成，类型如表11-2所示。目前广泛使用的是高频、电脑型、单头、台式电磁炉。

表11-2 电磁炉的类型

分法	类型	特　点	应用
励磁线圈中工作频率	工频电磁灶	直接使用工频（50Hz）的交流电，通过有铁心的励磁线圈建立交变磁场，对烹饪锅加热，电路简单可靠，但体积与重量大、振动大、效率低，家庭使用极少	较少
	高频电磁灶	高频电磁炉采用电子电路将工频交流电转换为直流电，再经控制电路变换为15kHz以上的高频交流电，经感应线圈建立交变磁场，实现对锅底加热，体积小、振动噪声小、效率高，但电路复杂	最广
控制方式	普通型	功率可调，有超温保护，但功能少	较少
	电脑型	功能多且智能，操作简单方便	最广
功率大小	家用型	电源电压220V 50Hz,功率一般在3kW以下，能煎、炒、炸、煮、蒸等烹饪	家庭
	商用型	多为380V电压，3～35kW为主，能煎、炒、炸、煮、蒸、炖、煲等烹饪	公用

续表

分法	类型	特　　　点	应用
工作灶头	单头炉	只有一个加热线圈，功率小	最广
	双头炉	有两个炉头，每个2100W，两个同时使用为4200W	较少
	多头炉	两个电磁炉炉头外加一个远红外炉头，只有美的引进了国外技术在做	较少
	一电一气炉	电磁炉和煤气灶的产物，一个炉头可使用传统煤气，另一个炉头使用电磁炉，是近两年的新产品	较少
样式	台式	摆放方便，移动性强	最广
	嵌入式	安装在橱柜里，与橱柜同平面，使厨房美观	不多

2　电磁炉的结构

（1）工频电磁炉的结构如图11-3所示，由励磁线圈、励磁铁心、灶台台面、烹饪容器和控制电路等构成。

（2）高频电磁炉

高频电磁炉一般为台式塑壳形式，其结构如图11-4所示，主要由上下盖、灶台面板、炉盘线圈、主路板、操作显示电路板、门控管、散热器、散热风扇等构成。

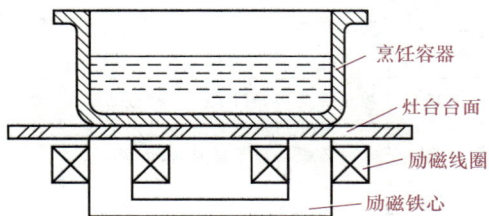

图11-3　工频电磁炉结构图

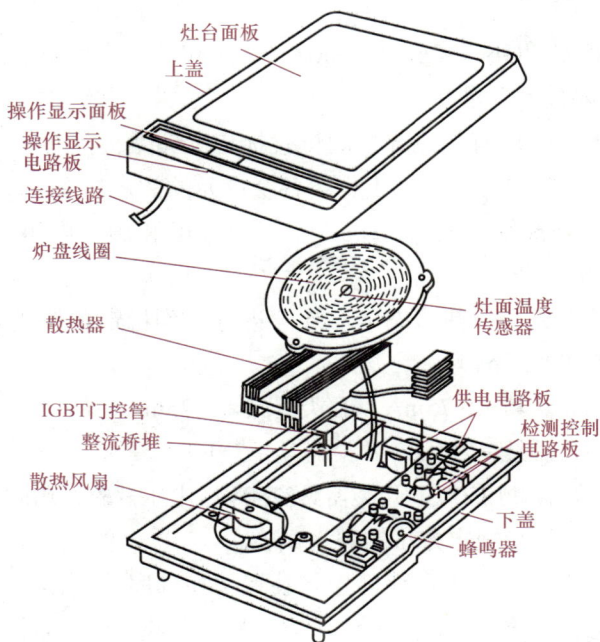

图11-4　高频电磁炉结构图

高频电磁炉主要部件的特点如表11-3所示。

表11-3　电脑型高频电磁炉主要部件的特点

部件名称	特　点
灶台面板	采用4mm厚的结晶陶瓷玻璃（微晶玻璃）。其作用是支撑烹饪锅。微晶玻璃具有绝缘性能好、机械硬度强、耐温耐腐蚀耐冲击，有良好的导热性能。主要有印花板、白板和黑板
加热线圈	通常为直径180mm的平板状碟形线圈，固定在塑料架上。线圈采用16～20股φ0.5mm的多股漆包线绕制而成，其功率大、电感大、电阻小。在其底部粘有4～6个铁氧体扁磁棒，以减小加热线圈产生的磁场对电路的影响
门控管	全称为绝缘栅双极晶体管（IGBT），是一种集BJT的大电流密度和MOSFET电压驱动场控型器件优点于一体的高压、高速、大功率半导体器件。目前有用不同材料及工艺制作的IGBT，但它们均可被看成是一个MOSFET输入跟随一个双极性晶体管放大的复合结构。它有三个电极，分别为栅极（也称控制极，用G表示）、漏极（也称集电极，用C表示）、源极（也称发射极，用E表示）
供电电路板	220V市电经整流桥堆变换成300V的直流电压，为加热线圈和谐振电容器提供电源；同时经电压变换为低直流电压，为检测控制电路、CPU、操作显示电路等提供工作电压（5V、18V）
检测控制电路板	电磁炉是靠磁场的能量转换给灶具加热的，其工作状态必须由专门的器件进行检测，然后进行自动控制。炉盘和门控管集电极均设有温度检测，当其温度过高时，控制脉冲信号产生电路停止工作，进行自我保护
操作显示电路板	由操作按键、键控指令电路、CPU、输入输出接口电路和显示电路等组成。它接收人工操作指令并送给CPU，CPU根据内部程序输出控制信号，通过接口电路分别控制脉冲信号产生电路，进行脉宽调制信号的设置（即功率设置）、风扇驱动等；同时，还驱动显示电路显示工作状态、定时时间及火力等
风扇散热组件	电磁炉内设有风扇及驱动电路，由CPU控制。开机后风扇立即旋转；当停机后，CPU使风扇电路再延迟工作一段时间，以保证良好的散热

3 电磁炉的质量要求

按GB 4706.1—2005和GB 4706.29—2008《家用和类似用途电器的安全　电磁灶的特殊要求》的规定，主要技术要求如下。

1）标志。灶面板上应标有加热部位的位置标记或图案。具有一个以上的单独加热单元，应在每个加热单元或铭牌上标明各个单元的额定功率值。

2）功率允差。电磁灶输入功率，在正常工作温度和额定电压下的功率偏差应不超出−10%～5%。

3）发热。电磁灶在充分散热状态下，连续进行直到稳定条件建立为止，水温至少在95℃以上，工作90min。

4）泄漏电流。Ⅰ类器具≤0.75mA，Ⅱ类器具≤0.25mA。

5）绝缘电阻。Ⅰ类器具≥2MΩ，Ⅱ类器具≥7MΩ。

6）电气强度。Ⅰ类器具1250V，Ⅱ类器具3750V。电压试验，历时1min无击穿或闪络。

7）防水。电磁灶应经受规定方法的溢水试验。

8）非正常工作。电磁灶必须在任何控制装置（如程序控制器、定时器及保护系统元件）发生误动作或故障时，不发生火灾、机械危险或触电危险等。

9）电磁辐射。应满足国家对电磁辐射的最低要求，保证对人体无影响。

任务 *11.2* 电磁炉的维修

任务目标

    1. 会检测电磁炉电路中的主要元器件。

    2. 初步学会维修电磁炉的常见故障。

任务分析

    学会检测电磁炉的主要元器件，能判断元器件的质量；会分析故障原因，初步排除电磁炉的常见故障。

11.2.1　实践操作：电脑型变频电磁炉的主要元器件检测及其常见故障排除

1 检测电脑型高频电磁炉中的主要元器件

（1）炉盘线圈

如图11-5所示，使用万用表200Ω挡，检测炉盘线圈的阻值应接近0Ω；另外还需直观检查：无烧焦、无变色、无破损、不脱漆即为良好。损坏时只能整体更换。

（2）门控管（IGBT）

如图11-6所示，使用万用表的二极管挡分别测量G极与C极、G极与E极间正反向导通情况，正常时均为"1"；测量C极与E极的导通情况，带阻尼二极管的V_{EC}为0.354V，V_{CE}为"1"。不带阻尼二极管的均为"1"。当它损坏时，一般各脚间阻值为0，需更换同规格。

图11-5　检测炉盘线圈的阻值　　　　图11-6　检测门控管EC间的阻值

（3）整流桥堆

用万用表二极管挡，分别测量～与～端之间正反均不通；+端与-端的正向测试为1，反向压降为"0.975V"；+端与～端的正向电阻、～端与-端的正向电阻均为∞，反向压降均为"0.438V"，如图11-7所示。当它损坏时，一般各脚间均为0或不通，需整体更换。

（a）检测整流桥堆+端与-端的反向压降　　（b）检测整流桥堆+端与~端的反向压降

图11-7　检测整流桥堆的质量

（4）抗干扰电容器、滤波电容器、谐振电容器

检测方法与一般电容器的检测方法相同，使用指针万用表检测其漏电情况；使用数字表测量其电容量。图11-8所示为电容量检测方法，测量值需与额定容量相接近，否则需更换同规格的电容器。

（a）测量抗干扰电容器　　（b）测量滤波电容器　　（c）测量谐振电容器

图11-8　测量电容器的电容量

（5）散热风扇

可直接在风扇引线输入端加上9～18V直流电压，观察其运转情况，注意有正负之分。如图11-9所示，观察是否转动、噪声大小、运转是否有摆动等。损坏后整体更换。

（6）熔断器

如图11-10所示，电磁炉中使用的熔断器规格一般为10A或15A,是易损元件，直接使用万用表检测通断情况。

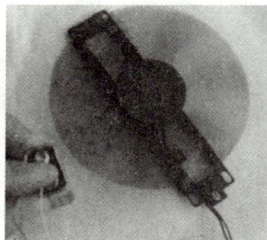

图11-9　给风扇通电会转动　　　　图11-10　检测熔断器

（7）热敏电阻器

电磁炉中使用的两个温度检测传感器都为NTC热敏电阻器，检测方法就是使用万用

表的欧姆挡，检测常温下的阻值和加热状态下阻值的变化情况。检测方法如图11-11和图11-12所示。

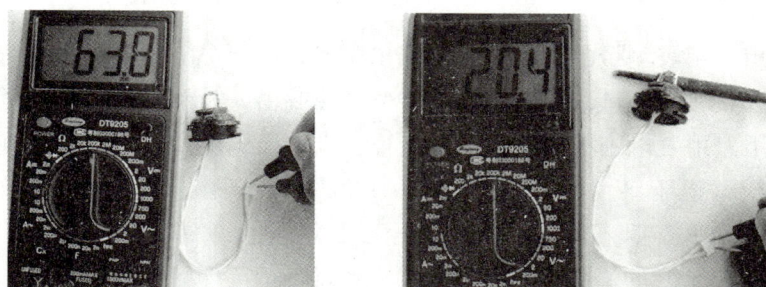

（a）常温35℃左右时热敏电阻器的阻值　　　（b）电烙铁加热一会儿后的阻值

图11-11　灶台温度检测热敏电阻器的阻值变化

（a）常温35℃左右时热敏电阻器的阻值　　　（b）电烙铁加热一会后的阻值

图11-12　门控管温度检测热敏电阻器的阻值变化

2 排除电脑型高频电磁炉的常见故障

电脑型电磁炉的电路比较复杂，因此排除部分故障有些难度。下面例举几种典型故障现象，通过分析排除故障，初步学会维修电磁炉。

典型故障一：通电开机没反应"全无"

故障现象　通电开机没反应"全无"。

故障分析　出现该故障所涉及的电路比较多，主要有电源电路、晶振电路、复位电路。

故障检修

第一步　首先检查熔断器的熔丝是否熔断。如果熔断器已烧断，先检查压敏电阻器、整流桥堆、IGBT管是否击穿。如果IGBT管损坏不要马上通电试机，应断开电磁线圈后再上电试机，整流桥堆输出电压应该是300V。

继续检测低压直流形成电路（一般为开关稳压电源）。检查其输入输出端电压是否正常，重点是开关模块和限流电阻器。

第二步　检查CPU的晶振电路和复位电路。更换一支晶振试机，同时检查谐振电容器是否漏电。复位电路主要检查复位电容器是否漏电或失容，否则更换CPU。

典型故障二：蜂鸣器不响

故障现象 蜂鸣器不响。

故障分析 引起蜂鸣器不响的原因主要是蜂鸣器损坏或驱动电路不良。

故障检测

第一步 用万用表测量CPU的提示音输出引脚，会有5V的电压，按动显示板上的开关，如果有电压的变化，就表示CPU有信号驱动蜂鸣器，是蜂鸣器及驱动电路故障。

第二步 用万用表电压挡检测驱动三极管的集电极电压，应当有5V电压，否则是5V供电故障或蜂鸣器损坏。

第三步 将蜂鸣器拆下来，用万用表电阻挡检测时，蜂鸣器应当发声，否则已经损坏，也可以换上一个好的蜂鸣器开机，蜂鸣声正常，故障即可排除。

典型故障三：烧熔断器，烧 IGBT 管

故障现象 烧熔断器，烧IGBT管。

故障分析 熔断器的损坏主要是电流过大引起的，而IGBT管是其主要负载。IGBT管工作于大电流，高电压的状态下，很容易击穿短路，引起熔断器熔丝熔断。

故障检测

第一步 检查IGBT、整流桥堆是否击穿，把损坏元器件拆下来，换上同型号的元器件。

第二步 检查IGBT管 G极的钳位二极管和电阻器是否损坏。测量这两个元器件时必须拆下来才能进行准确的测量，把已损坏的元器件更换。

第三步 检查电路板上的几个大功率的同步信号取样电阻是否变值，并加以更换。

第四步 检查谐振电容器的容量是否变小，该电容器的变值会引起逆程电压的升高，使IGBT管承受的电压升高，而引起击穿。必要时加以更换，注意必须采用MPK电容器。

第五步 不装电磁线圈，将一支100W的灯泡接到线圈的接线柱处代替线圈作为IGBT管的负载。通电后观察灯泡的明暗情况。如果灯泡不亮故障已排除（有些机器此时灯泡会断续点亮，并有报警声）；否则，继续排查故障，直到灯泡不亮为止。

第六步 检查驱动电路的对管是否损坏，以及LM339是否损坏，必要时可以更换。

典型故障四：工作一段时间后，停止发热

故障现象 工作一段时间后，停止发热。

故障分析 能工作说明整机电路基本正常，一段时间后停止加热，说明电路保护或不稳定。

故障检测

第一步 首先观察显示屏是否有故障代码显示，通过故障代码查出故障原因。

第二步 停机后，检查锅底温度和门控管温度，观察是否为温度过高引起电路保护。

故障原因 可能是电源电压过高，此时会出现故障代码；可能是散热风扇不良或控制电路有故障或工作电流过大等。

操作评价　电磁炉的维修操作评价表

评分内容	技术要求	配分	评分细则	评分记录
检测电路中元器件	1. 能正确检测电源部分元器件的好坏	40	操作错误每次扣2分	
	2. 能正确检测功率转换部分元器件的好坏		操作错误每次扣2分	
排除电磁炉的故障	1. 能够正确描述故障现象，分析故障，确定故障范围及可能原因	20	不能，每项扣5分，扣完为止	
	2. 能够正确拆装电磁炉	10	操作错误每次扣2分	
	3. 能够由原因逐个排除，确定故障点，并能排除故障点	10	不能，扣10分；基本能，扣5～10分	
电磁炉的安全使用	安全检查，正确使用电磁炉	10	操作错误每次扣5分	
安全文明操作	能按安全规程、规范要求操作	10	不按安全规程操作酌情扣分，严重者终止操作	
额定时间	每超过5min扣5分			
开始时间	结束时间	实际时间	成绩	
综合评议意见				

11.2.2　相关知识：电磁炉的工作原理及其使用与维护

1 高频电磁炉的基本工作原理

高频电磁炉的工作原理如图11-13所示，220V市电经整流桥堆变换成300V的直流电压，再由电感、电容组成的滤波器滤波后，通过门控管的控制使加热线圈和谐振电容产生高频谐振（20～40kHz），当控制门控管输入电压的频率和谐振频率相同时，整个电路就形成了振荡，加热线圈内就形成了高频振荡电流，所产生的磁力线就是高频磁力线。如图11-14所示，这些磁力线穿过台面板上的铁磁性锅或磁感应材料锅底，就会产生很大的涡流，涡流克服锅体内阻力而作功→电磁能将转换为热能，实现对食品的加热。

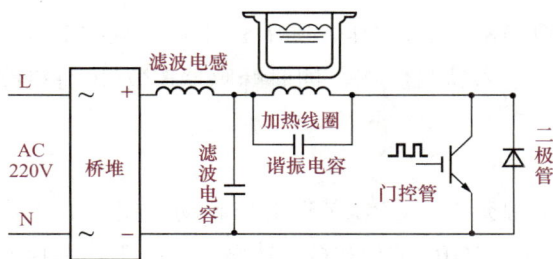

图11-13　高频电磁炉的工作原理示意图

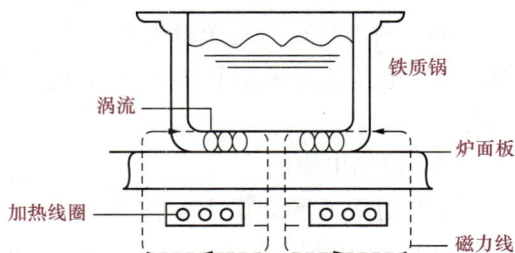

图11-14　高频电磁炉的加热原理示意图

2 电脑型电磁炉电路的工作原理

电脑型电磁炉的电路比较复杂，主要使用了单片机技术，实现智能控制。电路主要由300VAC－DC变换电路（主电源）、主回路（LC谐振回路）、IGBT功率控制电路、低压形成电路（辅助电源）、CPU系统控制电路、功率控制驱动电路、同步控制与振荡电路、各种保护电路、检测电路、操作显示电路等。典型电脑型电磁炉电路组成框图如图11-15所示。

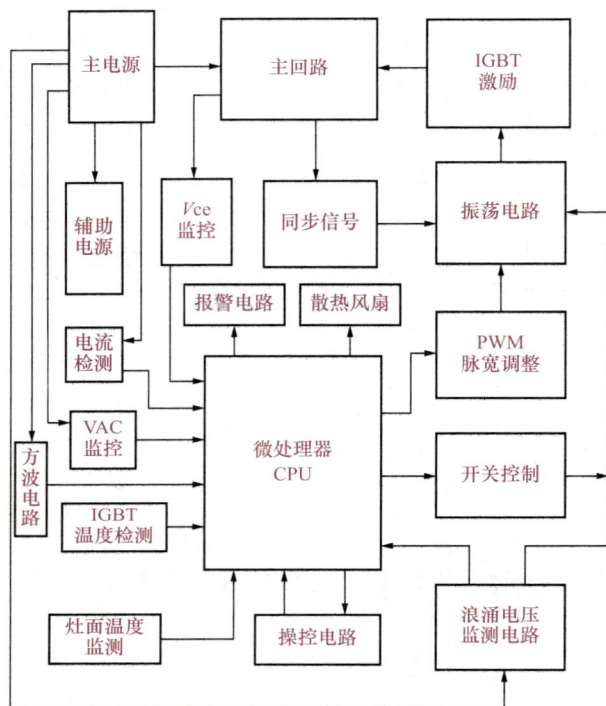

图11-15 电脑型电磁炉典型电路组成框图

电脑型电磁炉典型电路简图如图11-16所示。

电磁炉电路的工作原理如下。

（1）主电路

插上电源后，市电整流为300V的直流电，加至IGBT功率管的集电极。

（2）辅助电源电路

300V直流电压经送至辅助电源输出端生成18V、5V电压，其中5V电压送至CPU等电路，18V电压送至风扇和IGBT管激励电路，进入待机状态，同时蜂鸣器BZ发出待机蜂鸣提示音。

（3）启动电磁炉

将专用锅放到灶面上，按动面板上的电源开关，CPU立刻工作起动风扇，并形成20k～40kHz激励振荡脉冲，经驱动电路至功率管IGBT的栅极G，功率管开始工作并控制励磁线圈中的脉冲电流，功率管C极形成约700～1200V高压，励磁线圈中的高频励磁电流

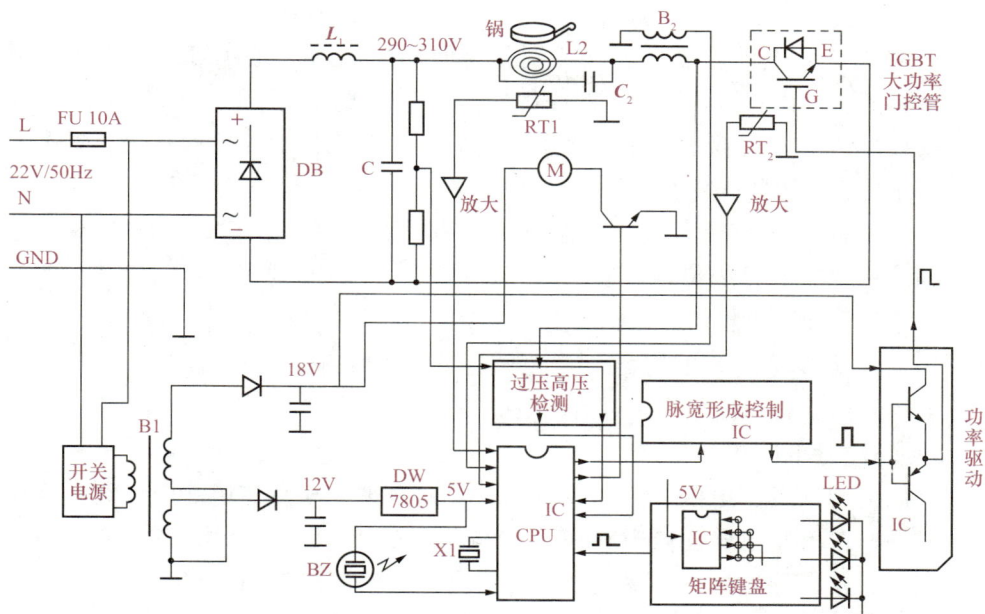

图11-16　电脑型电磁炉典型电路简图

产生高频磁场，在锅底上立刻形成强大的涡流，在电流的热效应作用下，锅底很快发热完成烹饪过程。

（4）火力调节

通过矩阵键盘电路控制CPU，CPU输出相应的比较调制脉冲，改变励磁线圈工作电流大小而实现控制锅底涡流大小，改变烹饪温度火力。

（5）空载保护

当电磁炉启动后而灶面没有锅底放置时，功率管IGBT的工作电流极小，检测保护脉冲送至CPU并立刻停止基准时钟输出，功率门控管停止工作保护。

（6）锅底超温保护

当锅出现干烧时，锅底温度传给励磁线圈盘芯中央处的热敏电阻器引起电压降低，经CPU输出关机保护指令，脉宽调制、功率驱动及IGBT管停止工作。

（7）IGBT 管温度保护

当功率管IGBT散热片温度升高时，其热敏电阻器的阻值变小，信号放大后送至CPU。CPU输出脉冲信号去改变驱动脉宽与频率，使IGBT管的平均导通电流减小，降低温升。当IGBT管散热片温度超过警戒值时，CPU输出关机指令进行自动关机与保护。

3　电磁炉的选购、使用与维护

（1）选购要点

1）规格选择。电磁炉的规格按额定功率表示，可按人数来确定。

2）品牌选择。要选择通过国际ISO 9001质量体系认证和中国、美国、英国等国家的产品质量认证的企业产品。

3）外观检查。电磁炉的外表，特别是灶面，应光洁，无任何机械损伤；标志清晰；塑料件无起泡、开裂、凹缩等缺陷；电源线和电源插头应完好无损。

4）安装可靠性。用双手捧起电磁炉，前后、左右、上下各摇动几次，凭手感和听觉来检查灶内紧固件有无松动或脱落。

5）试通电。在灶面板上放一个盛有水的锅具，接通电源，分别将功率调至微、弱、中、强等各挡位，发光二极管应清晰、准确地显示在相应位置。然后不放锅或放上导磁小物体，通电后报警装置应准确发声报警。

6）售后服务。选购好的电磁灶，包装完好，合格证、说明书、保修卡等完整无缺，维修服务单位名称、电话、地址齐全。

（2）使用注意事项

1）正确配用锅具。电磁炉的加热方法与普通电炉不同，使用前应仔细阅读使用说明书。正确配用直径12～26cm、能与灶面板贴合的平底锅，其材料应为铁、铸铁、搪瓷、导磁性不锈钢或铁磁性复合锅。锅的形状和材料对能否产生热量及热效率高低关系极大。非导磁体（如陶瓷、玻璃、铜或非导磁不锈钢等）材料制成的锅都不能使用。

2）正确操作。在接通电源前要先确认功率调节开关处在"关"的位置，然后才能插上电源。把合适的锅具放到加热范围圈内，若偏离中心，热效率将降低。锅内一定要有水。电磁炉用毕，要将功率调节开关置于"关"的位置，同时拔下电源插头，以防发生事故。

3）散热防潮。电磁炉工作时应注意散热通风和防潮防尘。距离墙壁或其他物体至少10cm以上。不要靠近暖气、水龙头等易受热、受潮或灰尘过多，易受振动、冲击的地方。

4）防止锅内空烧。加热空锅会使温度过高而烧坏锅具、灶面板，甚至产生其他故障。

5）防灶面板开裂。要防止重物掉落在灶面板上或用力敲击灶面，以防龟裂。

6）防烫伤。当被加热的锅体移开后，灶面板尚留有余热，勿立即触摸，以防烫伤。

7）防磁。电磁灶不用时，也不要将手表、磁带等易受磁场影响的物品放在灶面板上。

（3）维护须知

1）先断电后维护清洁。清洁灶面时要先拔去电源插头，然后用湿抹布揩擦；切忌用水直接冲洗，以防受潮而损坏内部机件。

2）忌用洗涤剂。清除污垢时，切忌使用强洗涤剂、汽油、香蕉水及金属刷等。

3）清除尘埃。及时清除进、排气口的灰尘，可用软刷或布揩擦，保持空气畅通无阻。

4）不要自行拆卸。若发现电磁灶有故障，应送特约修理部检修，切勿自行拆卸，以免产生新的故障而增加修理难度。

知识拓展：电磁炉的故障代码

　　故障代码可让使用者初步明确电磁炉的故障原因，及时维护，减小电磁炉的损坏几率。但不同品牌的电磁炉其故障代码不同，一般在购买产品时，使用说明书上会明确。这里只列举九阳电磁炉的故障代码，其他企业的可上网查找。九阳电磁炉故障代码如表11-6所示。

表11-4　九阳电磁炉的故障代码

故障代码	故障可能原因
E0	内部电路故障
E1	无锅或锅具（材质、大小、形状、位置）不合适
E2	机器内部散热不畅或机内温度传感器故障
E3	电网电压过高
E4	电网电压过低
E5	陶瓷板温度传感器断裂、开路
E6	锅具发生干烧、锅具温度过高
E8	机器内部潮湿或有脏物造成按键闭合

思考与练习

　　1. 你家里的电磁炉是什么品牌的？哪种类型？你使用了电磁炉的哪些功能？有生产标准吗？

　　2. 请大家讨论电磁炉加热食物的原理是什么？

　　3. 请大家思考一下，电磁炉中易损的元器件是哪些？分别会出现什么故障现象？

　　4. 电磁炉能不能使用铝锅，为什么？

　　5. 如何检测门控管H20R1202？

项目 12
台扇的拆装与维修

学习目标

知识目标 ☞

1. 了解单相电容运转式电动机的结构及工作原理。
2. 了解抽头调速装置的结构及工作原理。
3. 理解台扇机械控制和微电脑控制电路的工作原理。
4. 掌握台扇技术标准。
5. 了解台扇的选购、使用与维护。

技能目标 ☞

1. 会拆卸与组装台扇。
2. 能认识台扇的主要部件。
3. 会检测台扇的相关元器件。
4. 能排除台扇的常见故障。

电风扇又称电扇、风扇。它通过电动机把电能转换为机械能，带动扇叶旋转来加速空气流动而生风，用做降温消暑、调节局部范围空气流动速度的一类空气调节电器。

19世纪90年代，美国制造了世界上最早的电风扇，1915年，我国也试制成功第一台台式电风扇（台扇），就是现在大家熟悉的"华生"商标。1925年，"华生"开始生产吊式电风扇。由于电风扇具有结构简单、使用方便、风量相对较大、易于维修、价格便宜、经久耐用等特点，从而成为中国发展最快、普及面最广的一类电气器具。随着电子技术、集成电路、微电脑控制、模糊控制等新技术和新材料的应用，电风扇向着造型更具装饰性，更多应用智能控制，实现睡眠风、电子定时控制以及调温、调湿等多功能方向发展。

电风扇的种类很多，分类方法也不同，有普通电风扇与高档电风扇；有交流电风扇、直流电风扇、交直流电风扇；有单相交流罩极式、单相交流电容式和串激式。有台扇类、排气扇、转页扇（也称鸿运扇）等多种形式。台扇类包括台扇、落地扇、壁扇和顶扇，是电风扇中应用最多的一类。

任务 *12.1* 台扇的拆卸与组装

任务目标

1. 会拆卸与组装台扇。

2. 能认识台扇的主要部件。

任务分析

拆卸与组装台扇的工作流程如下：

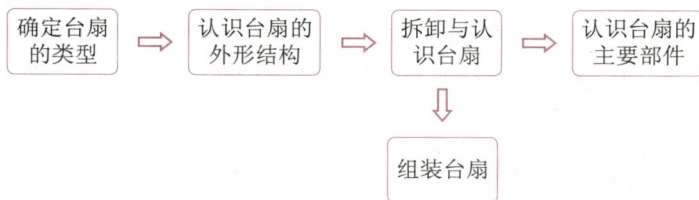

12.1.1 实践操作：拆装台扇与认识台扇的主要部件

1 确定台扇类型

在电风扇中，台扇是一种基本的结构形式。台扇类从放置方式上讲有台式、台地式、落地式、壁挂式和顶式等；从控制方式上有机械控制、遥控控制。台扇的常见外形如图12-1所示，它们只是支撑机构不同而已。

（a）顶式 （b）挂壁式（机械） （c）台式

图12-1 台扇类常见的电风扇外形

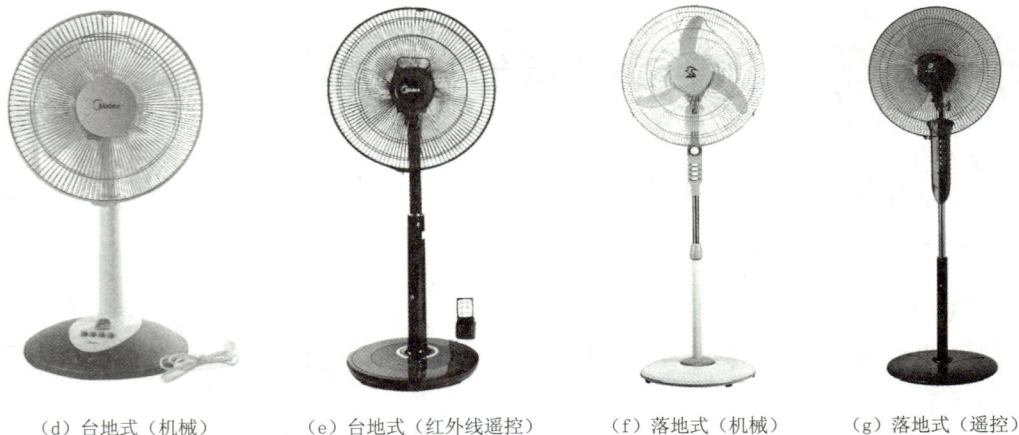

（d）台地式（机械）　　（e）台地式（红外线遥控）　　（f）落地式（机械）　　（g）落地式（遥控）

图12-1　台扇类常见的电风扇外形（续）

2 认识台扇的外形结构

这里拆卸的是格力FS－3002型台地扇，它的主要技术参数为：220V/50Hz，额定功率为40W，有5片扇叶，噪声不大于60dB，能效值为0.98m²/(min W)，能效等级为1级，执行能效标准是GB 12021.9—2008。它具有如下特点：

1）风扇风速有强、中、弱3挡可调，属机械控制方式。

2）0～120min随意设置定时功能，属手动机械调节。

3）升降高度自由调节，俯仰角度可调节，可实现水平大角度摇头。

4）操作简单，台、地两用，适用于多种场合。

FS－3002型台地扇的外形结构如图12－2所示。

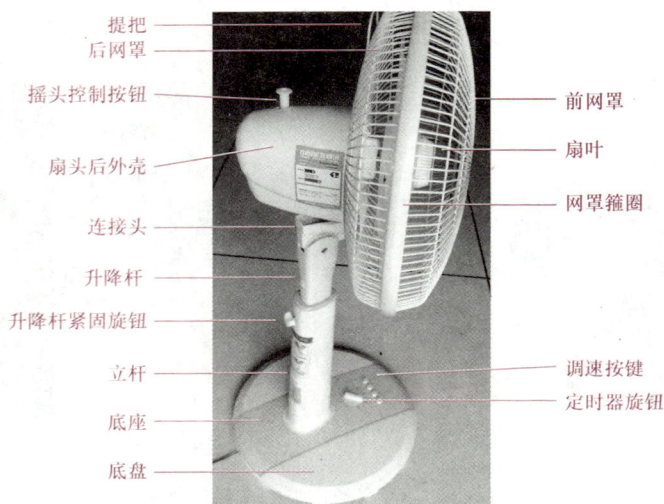

提把
后网罩
摇头控制按钮
扇头后外壳
连接头
升降杆
升降杆紧固旋钮
立杆
底座
底盘

前网罩
扇叶
网罩箍圈

调速按键
定时器旋钮

图12-2　FS-3002型台地扇外形结构

3 拆卸与认识台扇

拆卸台扇的步骤如下。

第一步　拆卸FS-3002型台扇的扇叶和网罩。

① 用十字螺钉旋具旋松紧固网罩箍圈的螺钉，取出网罩箍圈，再取下前网罩。	② 顺时针拧下紧固扇叶的塑料旋钮，取下该旋钮。
	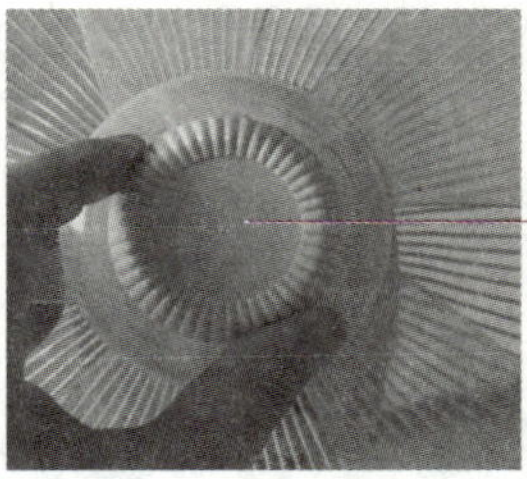 扇叶紧固旋钮
③ 取下扇叶，并放置好，防止变形。	④ 逆时针拧下紧固后网罩的塑料旋钮，取出该旋钮，用手取下后网罩。
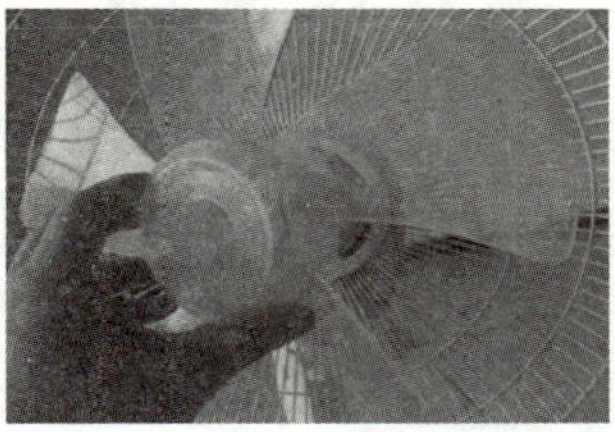	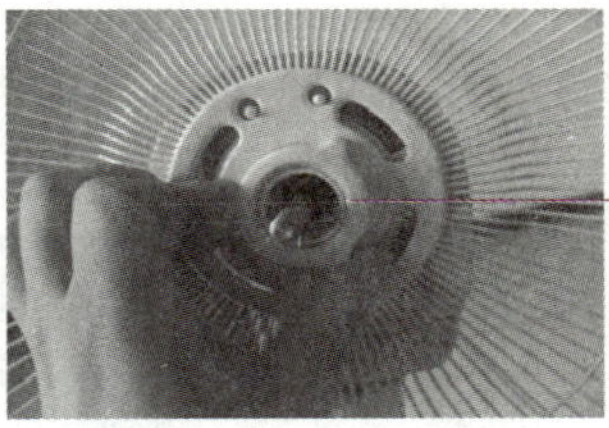 后网罩 紧固旋钮

第二步　拆卸台扇的扇头。

① 用十字螺钉旋具旋下紧固摇头控制按钮的螺钉，取下按钮，记录螺钉规格。	② 用一字螺钉旋具撬起固定前、后外壳的6个塑料卡扣，取出扇头后外壳。
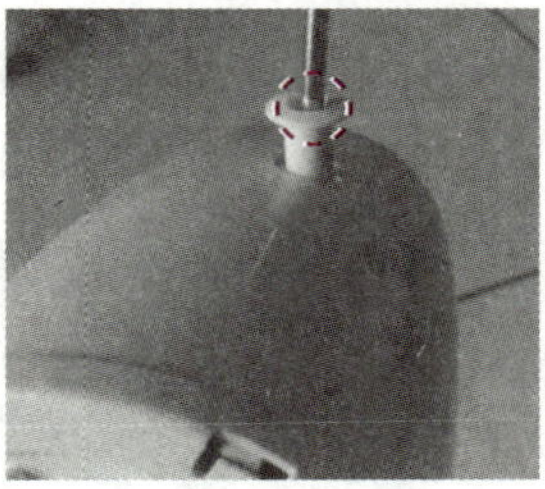	

③用十字螺钉旋具旋下紧固扇头前外壳的4颗细纹螺钉，取下前外壳，记录螺钉规格。	④认识电动机和摇头机构等部件。
摇头机构　电动机　电容器　电动机摇摆轴　摇摆连杆　连接头紧固螺钉 |

⑤旋转电动机转轴，以便旋下摇摆连杆。	⑥用十字螺钉旋具旋下固定连杆的特殊螺钉，取出垫圈并放置好。	⑦用十字螺钉旋具旋下固定电容器的螺钉，取下电容器。

⑧用十字螺钉旋具旋下固定摇头机构的4颗螺钉，取下撬拔式摇头机构。

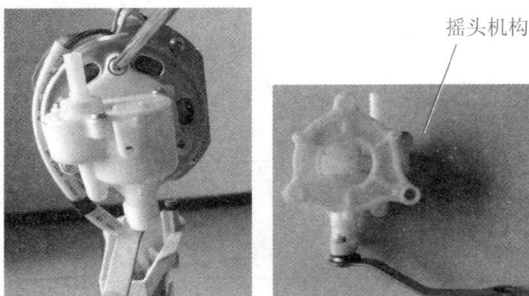

摇头机构

第三步　拆卸台扇的调速开关和定时器。

①将电扇平放于工作台，逆时针旋下紧固底座的螺母。	②用手按下底座与底盘间的4个卡扣，并向上提，取出底座。	③分离底座与底盘。
底座　底盘 |

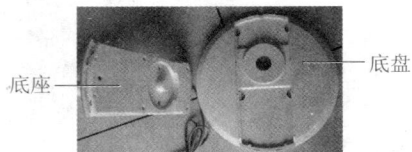

④ 用螺钉旋具旋下底座上的7颗自攻螺钉，记录螺钉规格。取下底座上的底盖。 	⑤ 旋下固定定时器和调速开关的固定螺钉，记录其规格。 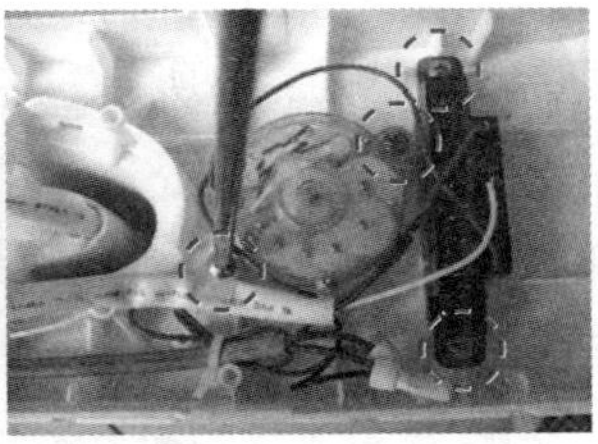	⑥ 取下定时器和调速开关，记录线路连接关系。 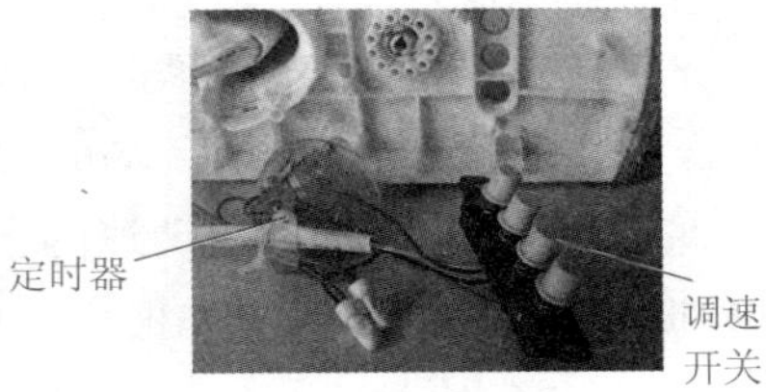
		 定时器　　调速开关

⑦ 拆下元件后，把导线从立杆筒向上送。	⑧ 旋下紧固摇摆轴的螺钉，取出电动机，记录电动机线路、方位。
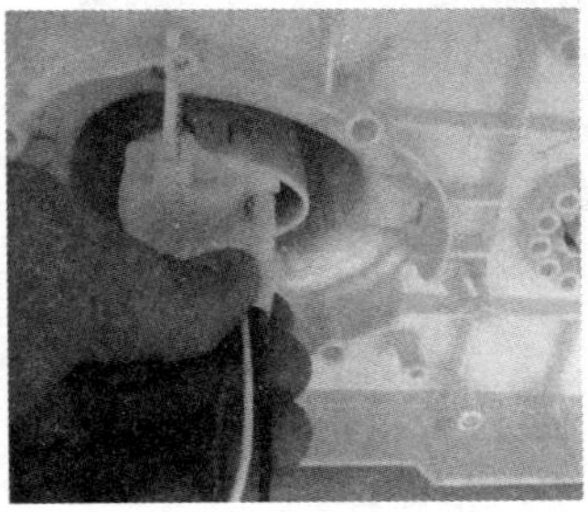	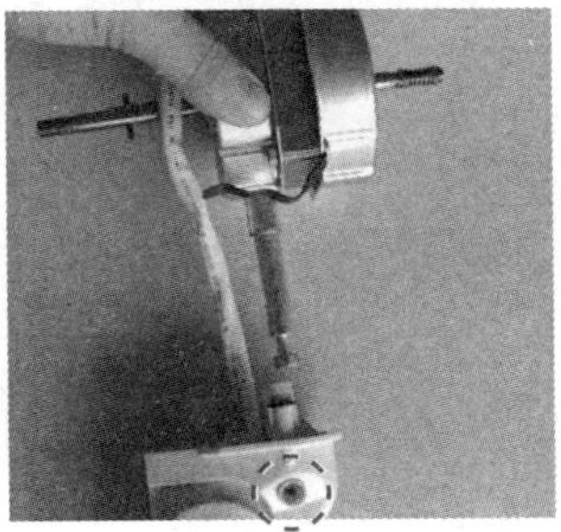

第四步　拆卸台扇的电动机。

① 用7号扳手旋松紧固电动机的4颗螺母。	② 用螺钉旋具旋下4颗螺钉，注意有弹簧垫圈。	③ 打开电容运转式电动机外壳，取出定子和转子。
	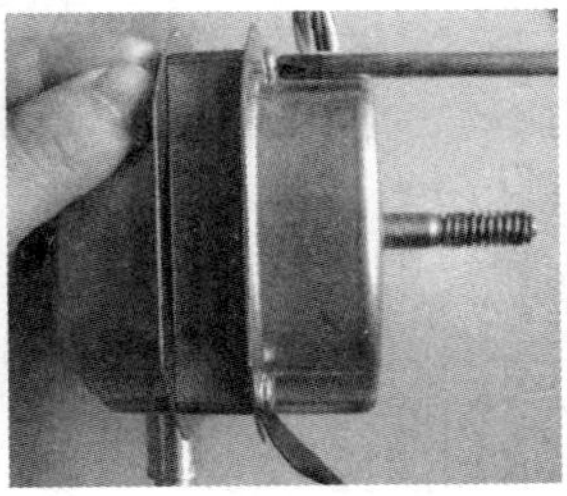	

④ 先记录电动机方位后，再完全取出。认识电动机结构，主要由定子、转子、端盖构成。定子有定子铁心和定子绕组，定子绕组有主、副、调速3个绕组。另外，定子绕组上还有过热熔断器等。

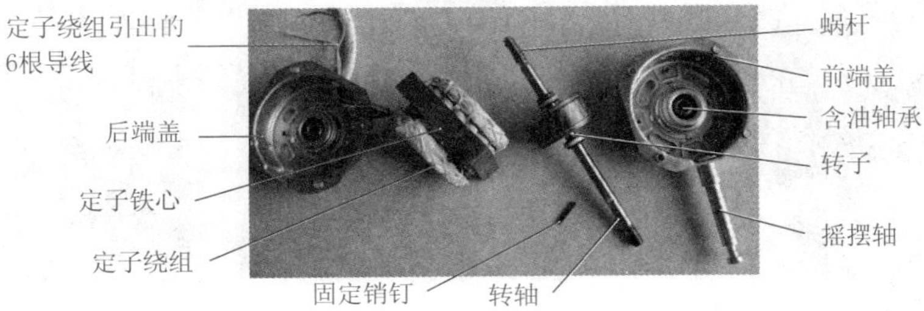

定子绕组引出的6根导线　　蜗杆　　前端盖　　含油轴承　　转子　　摇摆轴　　后端盖　　定子铁心　　定子绕组　　固定销钉　　转轴

4 认识台扇的主要部件

FS‐3002台扇的主要部件有电动机、定时器、调速开关、启动与运行电容器。

（1）电动机

台扇用电动机外形及参数、接线图等如图12‐3所示。它属于电容运转式交流异步电动机，功率为11W,是风扇转动的动力源。

它采用L2型绕组抽头调速的电动机，定子绕组上共有3个绕组，分别是主绕组，副绕组和调速绕组。引出线有6根，灰色与黑色都是主绕组端头，分别接市电的一端和电容器的一端；黄色线是副绕组端头接电容器的另一端；红色、白色、蓝色3根导线分别是快、中、慢的调速线端，分别连接调速开关的3、2、1挡位。

（a）台扇电动机的外形　　　　（b）台扇电动机的铭牌标示

图12-3　台扇用电动机的外形及参数

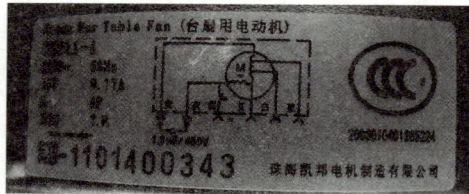

（2）定时器

电扇用的定时器就是钟控开关，其外形见图12-4所示。其型号为FB120，规格是AC220V 2.5A。可手动使其长期闭合和长期断开，也可手动闭合后在0～120min任意时间内延时断开，实现定时控制。

（3）调速开关

台扇用的调速开关外形如图12‐5所示，型号为KQ34，规格AC250V 1A。有4个按键，其中3个为自锁按键，作为不同转速挡位开关，1个为复位按钮，作为停止按键，属于琴键开关。

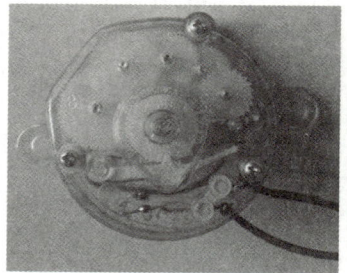

（4）运行电容器

台扇使用的起动、运行电容器外形如图12‐6所示，型号

图12-4　台扇用定时器

为CBB61，规格是电容量为1.2μF，误差±5%，耐压450V,工作频率50Hz或60Hz。

图12-5　台扇的调速开关

图12-6　台扇用电容器

5 组装台扇

组装台扇的操作过程与拆卸过程相反，注意不同规格的螺钉、紧固件要牢固，转动件要灵活。

具体的组装步骤如下。

第一步 组装电动机。定子绕组引出线穿过后端盖出线孔，定子定位在后端盖上；转子小心放入定子内，转轴穿过端盖；再将前端盖装入，注意方位不能错误，与拆卸前要相同，最后固定螺钉即可。

第二步 安装调速开关和定时器。把电动机的引线穿过升降管内，放到底座位置；将导线按原来连接关系插入调速开关、定时器的接线孔内，注意要连接牢固、正确，绝缘要良好；使用螺钉固定定时器和特殊开关；整理好线路，将底座盖使用7颗螺钉固定在底座上；再把底座卡在底盘上，用底座旋钮固定底盘。

第三步 安装扇头。将摇头机构固定在电动机后端盖上，并固定连杆在连接头上；电容器固定在摇头机构上；连接好线路；使用4颗短的细纹螺钉固定扇头前外壳；把后外壳卡在前外壳上；安装上摇头控制按钮。

第四步 安装扇叶和网罩。把后网罩的法兰盘上的孔对准扇头前外壳的3个定位柱上，使用网罩旋钮顺时针固定；将扇叶插入电动机转轴上，将扇叶凹形半圆槽对准轴上的销，卡到位，再用扇叶旋钮逆时针紧固；最后将前网罩使用网罩箍圈扣在一起，并将网罩箍圈的紧固螺钉拧紧。

第五步 检查试机。整机装配完成后，使用万用表在插头处检测阻值。分别检测完全断开，定时器闭合时在断开、1挡（870Ω）、2挡（780Ω）、3挡（650Ω）的阻值情况；均正常后通电试机，观察电动机转动、摇头情况。

操作评价 电扇的拆卸与组装操作评价表

评分项目	技术要求	配分	评分细则	评分记录
认识台扇外形	能正确描述台扇外观部件的名称	10	错每次扣1分，扣完为止	
拆卸台扇	1. 能正确顺利拆卸	20	操作错误每次扣2分	
	2. 拆卸相应配件完好无损，并做好记录	10	配件损坏每处扣2分	
认识台扇部件	能够认识台扇组成部件的名称	10	错误每次扣1分	
组装台扇	1. 能正确组装，还原整机	20	操作错误每次扣2分	
	2. 螺钉正确，配件不错装、不遗漏配件	20	错装、漏装每处扣2分	
安全文明操作	能按安全规程、规范要求操作	10	不按安全规程操作酌情扣分，严重者终止操作	
额定时间	每超过5min扣5分			
开始时间		结束时间	实际时间	成绩
综合评议意见				

相关知识：台扇的结构、特点及其技术标准

1 台扇的结构及特点

台扇与落地扇、台地扇（又称沙发扇）、壁扇、顶扇等都属于同一类电扇，它们在结构上的主要区别是其支承机构不同。这类电扇都由网罩、扇叶、扇头（包括电动机、前后外壳、摇头机构）、支承机构、调速开关、电容器和定时器等部分组成。台扇的基本结构如图12-7所示。

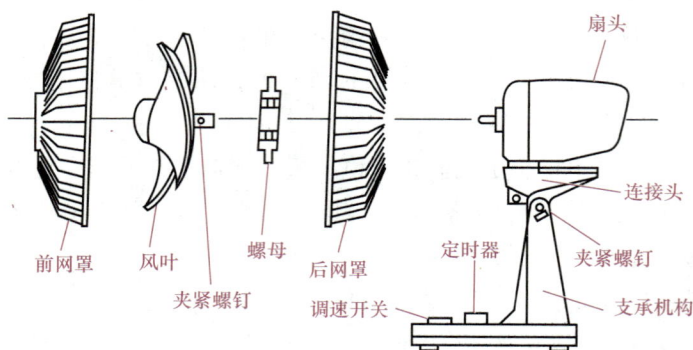

图12-7　台扇的基本结构

（1）扇叶

扇叶（也称风叶），包括叶片与叶片套筒两部分。扇叶是电风扇推动空气流动，达到送风降温目的的主要部件。它的大小和形状对电风扇的风速、风量、风压、噪声、效率及运转平稳等都有很大影响。使用中不允许改变扇叶原来的形状，也不允许摔打磕碰以免扇叶变形。扇叶的数量越多，虽具有风量大、风速快且缓和的优点，但噪声增大、电动机的功率要求增大。为了节省能源和材料，台扇大都采用三片扇叶，形状如图12-8所示。

（a）芒果形扇叶　　　（b）火炬形扇叶　　　（c）芭蕉叶形扇叶

图12-8　台扇常用的扇叶形状

扇叶所用的材料主要有金属和塑料两种。

（2）网罩

网罩包括前网罩与后网罩。网罩的作用是防止人体触及高速旋转的扇叶后发生伤害事故，因此网罩要有足够的机械强度，通常用钢丝焊接成型。

（3）扇头

扇头是电风扇的主要动力源和传动机构部件，由电动机、前后端盖、摇头机构组成。

1）电动机。台扇用电动机多数采用电容运转式交流单相异步电动机，其典型结构如图12-9所示。

它的定子槽内嵌放两个绕组，分别称为主绕组和副绕组。副绕组与一电容器串联后与主绕组并联，电路如图12-10所示。

电容式电动机分为两极、四极、六极等几种，而400mm的台扇普遍采用四极电动机，其同步转速为1500r/min，功率为40～50W。定子槽数一般为8槽或16槽。8槽电动机在定子铁心的一个槽内嵌放两个线圈边，即为双层绕组。16槽的电动机在定子铁心的每个槽内嵌放一个线圈边，即为单层绕组。定子绕组展开图见图12-11所示。

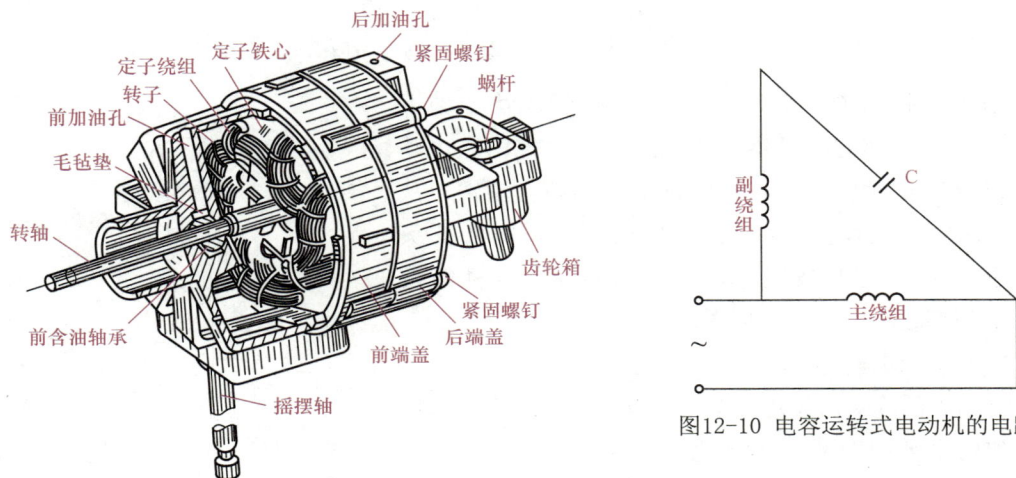

图12-9 电容运转式电动机结构

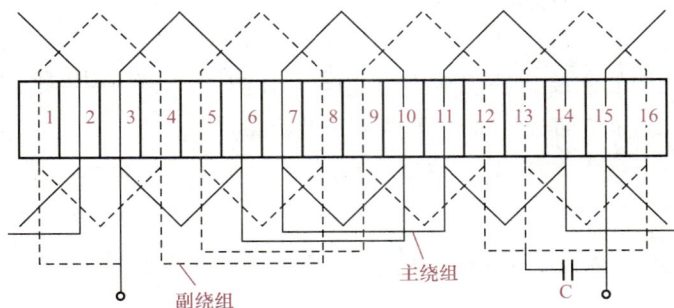

图12-10 电容运转式电动机的电路

图12-11 16槽单层定子绕组展开图

采用绕组抽头调速的电动机与普通电动机相同，只是在定子绕组中增加了调速绕组。

2）摇头机构。台扇的摇头机构一般由电扇电动机驱动，摇头机构有离合式与揿拔式两种。也有使用同步电动机控制摇头的，多用在遥控电扇中。

　　①杠杆离合式摇头机构如图12-12所示，控制类似自行车刹把控制，目前少用。

　　②揿拔式摇头机构如图12-13所示。

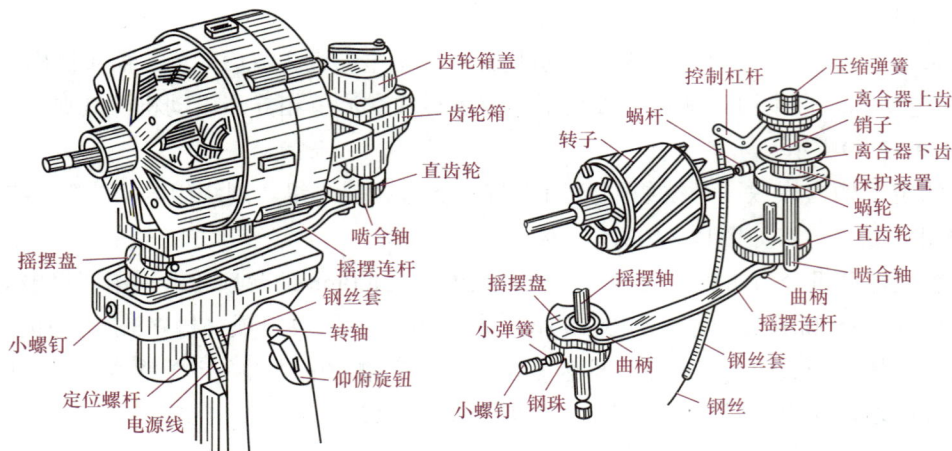

图12-12 杠杆离合式摇头机构的结构图

当需要摇头时，按下摇头控制按钮，啮合轴下移，啮合轴中部的两颗钢珠落入蜗轮槽内定位，电动机转动带动蜗轮转，蜗轮通过钢珠带动啮合轴转，从而带动摇头直齿轮转动，台扇摇头。当不需要摇头时，拉起摇头控制按钮即可。因结构简单，性能可靠，故障率较小，很多电扇采用。

（4）支承机构

台扇上的扇头通过连接头与底座连接，整个支承机构的作用除支承扇头外，还用来安装各种电器元件。

1）连接头。连接头的外形如图12－14所示。连接头是连接电动机、摇头机构及立柱架的部件。可以调节电风扇的俯仰角。

2）台扇支承机构的主要部件通常称为底座，由立柱、面板、底板3部分组成。落地扇的支承机构主要由控制盒、立杆和底盘3部分组成。

（5）控制元件

机械控制型台扇一般有定时器、电容器、电抗器和调速开关等控制元件。

1）定时器。定时器用于控制电动机的工作时间，机械发条式定时器利用钟表原理来控制触点的通、断，实现定时控制的。因其电路连接简单、性能可靠等优点而被广泛用于电扇中。

2）电容器。台扇电动机采用电容运转式单相交流异步电动机，在电动机启动和运行时电容器都

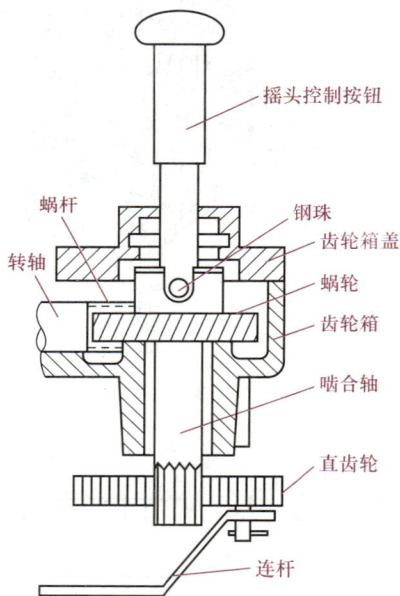

图12-13 撳拔式摇头机构的结构图

图12-14 连接头

要参与工作，故该电容器称为运行电容器。为无极性电容器，参数有两个：电容量和额定工作电压。其电容量的规格有1μF、1.2μF、1.5μF、2μF、2.5μF，工作电压为350V、400V、450V、500V。同一规格的电风扇，如果其电动机的设计不同，其电容器的电容量和工作电压也不一定相同。

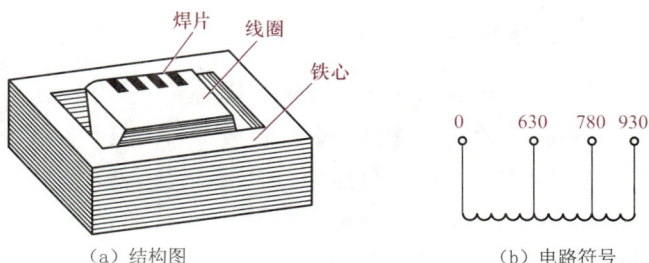

（a）结构图

（b）电路符号

图12-15　电抗器

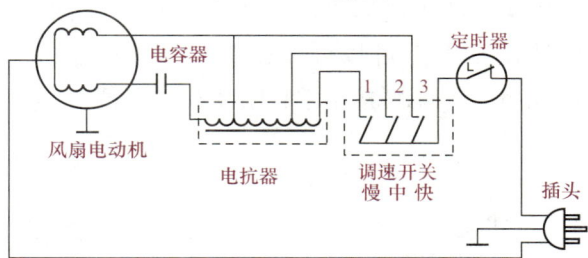

图12-16　台扇的电抗器调速典型电路

3）电抗器。台扇用电抗器一般放在底座内，电抗器的结构图与电路符号如图12-15所示，它由焊片、线圈、铁心3部分组成，因线圈对交流有降压作用，线圈抽头分别与琴键开关各挡连接，使电动机得到不同转速，实现调速。其电路图见图12-16所示。

4）调速开关。调速开关的作用是不同转速的开关控制，调速开关与电抗器或具有调速绕组的抽头配合完成台扇的调速。机械调速的台扇使用的调速开关有按键式和转换时两种，大多使用按键式（即琴键式）开关。按键开关有四挡和五挡两种，主要由键架、键杆、键功能滑块与键触点开关等构成，按键的自锁、互锁、复位功能通过键杆与不同功能滑块间的相互作用而完成，结构示意图如图12-17所示。

也有使用旋转开关的，结构示意图如图12-18所示，当开关处于图中位置时，电路处于断开状态。当顺时针方向旋转开关时，旋转开关的旋钮带动固定在旋钮轴上的动触片旋转一个角度后，通过动触片使上下静触片接通。其结构简单，成本低，易加工，但控制功能较差。

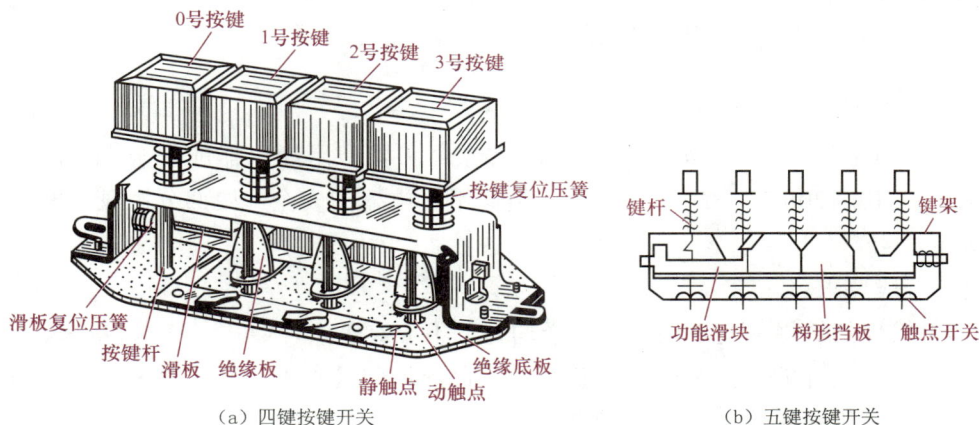

（a）四键按键开关

（b）五键按键开关

图12-17　按键式调速开关结构示意图

2 调速绕组抽头方法

调速绕组抽头方法节约能耗、降低产品成本。它是在原电动机磁极上嵌放一个调速绕组（又称中间绕组），与原电动机绕组进行连接后引出几个头。引出线较多，嵌线、接线时的工艺要比电抗法复杂。

电容运转式电动机的绕组抽头调速方法有多种接法，基本上可以分成L型和T型两大类，如图12-19所示。L型接法常有L1型和L2型两种。

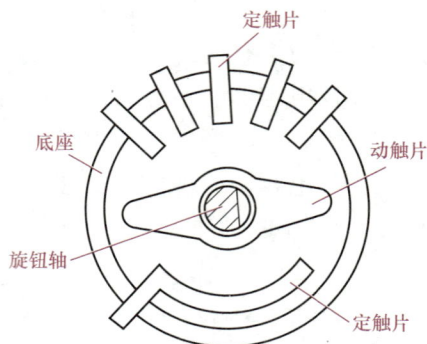

图12-18　转换开关结构

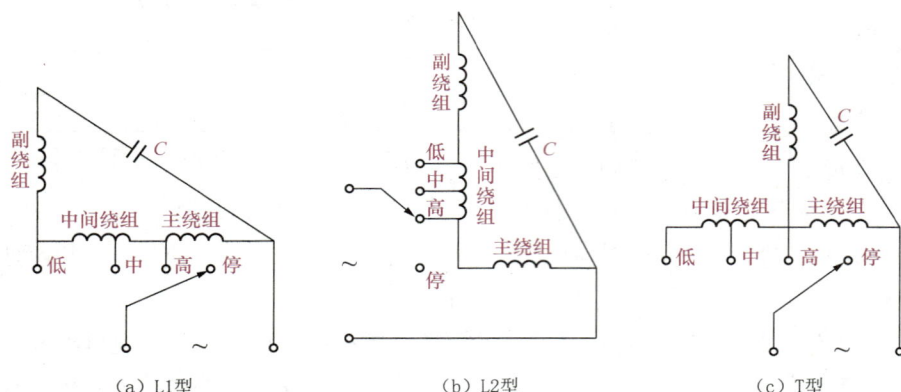

| (a) L1型 | (b) L2型 | (c) T型 |

图12-19　电动机的调速绕轴抽头方法

L1型接法的特点是中间绕组与主绕组嵌放在同一槽中，两者在空间同相位。低速运转时，中间绕组与主绕组串联。它的槽满率较高，用于110V以下电扇上。

L2型接法的特点是中间绕组与副绕组同槽，两者在空间同相位。高速运转时，中间绕组与副绕组串联。槽满率较低，且制造较方便，是采用得较多的一种方法。

T型接法的特点是中间绕组接在主、副绕组回路之外，它与主绕组空间同相位。调速时流过中间绕组的始终是总电流，因此，它应具有较粗的线径。

3 台扇技术标准

台扇的质量标准按GB 4706.1—2005《家用和类似用途电器的安全 第1部分：通用要求》和GB 4706.27—2008《家用和类似用途电器的安全 第2部分：风扇的特殊要求》规定。

（1）一般要求

1）电镀件的镀层应光滑细密、色泽均匀，不应有斑点、针孔、气泡和脱落。

2）有机涂敷件的表面涂膜应平整光滑、色泽均匀且牢固，其主要表面应无明显流漆、皱纹和脱落等影响外观的缺陷。

3）塑料件的主要表面应光滑、色泽均匀，不应有明显的斑痕、划痕和凹缩。

（2）性能要求

1）调速器。带有调速器的电风扇应符合：

　　① 各调速挡位应能使电风扇连续可靠运转。

　　② 相邻两个转速挡位的转速差尽可能接近。

　　③ 调速开关应满足电风扇型式试验的要求。

　　④ 操作灵活，不得发生两个挡位同时接通。

　　⑤ 有电源断开挡位。

　　⑥ 功率在2W以上的照明灯，应有单独的电源开关。

2）摇头机构。电风扇的摇头机构应符合：

　　① 应能使电风扇的风向自动和连续变动，要求动作平稳，不应有阻滞和振颤现象。

　　② 不管其摇头角度是否可调，其摇头角度不小于60°。

　　③ 电风扇在最高挡位运转时，每分钟摇头次数不小于4次。

　　④ 电风扇应有控制摇头机构工作状态的转换装置。

3）仰俯角调节。台扇、壁扇、台地扇应有仰俯角装置，落地扇应有俯角调节装置。当电风扇的俯角处于最大角度，在机头轴线定向装置的任一位置上做摇头运转时，其网罩均不应与任何部件相碰。

4）器件、易损件。电风扇使用的机械式定时器、电容器、琴键开关及电源线插头，均应符合有关标准的规定。其易损件应便于更换。

5）悬挂装置。顶扇、壁扇应有易于安装的悬挂装置，其结构应能防止因反复冲击而引起的松动和磨损。

6）提手装置台扇、壁扇应有便于搬运的提手。

7）扇叶叶片组装应牢固可靠、平衡良好，在各速度挡位运转时，电风扇不应有明显的振动。

8）寿命应符合表12-1所列规定。

表12-1　台扇类电风扇寿命规定

名　称	工作条件	达到要求
调速开关	5000次操作后	仍能正常使用
摇头机构	2000次操作后	无零件损坏及调节失灵
机头轴线定向装置	250次操作后	无零件损坏及调节失灵
仰俯角调节装置	500次操作后	无零件损坏、无电源线和电气连接损伤
高度调节	500次操作后	无零件损坏、无电源线和电气连接损伤
仰俯角及高度调节装置中的螺旋夹紧件	500次夹紧试验后	不得失灵

（3）安全要求

1）绝缘电阻。不小于2MΩ。

2）电气强度。能承受交流试验电压Ⅰ类1250V、Ⅱ类3750V，历时1min无击穿或闪络。

任务12.2 台扇的维修

任务目标

1. 会检测台扇中的主要元器件。

2. 学会排除台扇的常见故障。

任务分析

学会检测台扇的主要元器件，学会排除台扇的常见故障。

12.2.1 实践操作：台扇的主要元器件检测及其常见故障排除

1 检测台扇的主要元器件

（1）电动机

电动机的质量判定可使用万用表检测定子绕组的各绕组直流电阻，判断是否断线。图12-20（a）为检测电动机主、副绕组两端头的电阻为1.24kΩ，说明定子绕组整个绕组是通的；图12-20（b）为判断快挡时主绕组的阻值为649Ω。

还要有绝缘电阻表检测绕组与外壳之间的绝缘电阻要到达电动机生产质量标准要求；用手动转动转轴，感觉转子转动是否灵活；最后就是通电试机，观察运转情况、发热情况、噪声情况、是否漏电、带载情况。

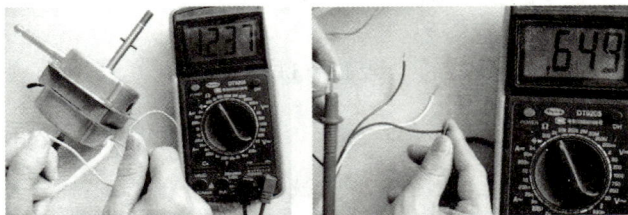

（a）测量主、副的总阻值　　　（b）测量快挡时主绕组阻值

图12-20　台扇的电动机绕组质量检测

（2）调速开关

琴键调速开关的质量检测可使用直观检查法，手动按键试验其性能；也可在按键时使用万用表测量其各挡闭合、断开的情况。图12-21所示为检测按下"1"挡时为0Ω。

（3）电容器

电容器的质量检测使用万用表电容挡检测电容量为1.2μF，如图12-22所示。它是比较关键的一个元件，其容量降低会使电动机运转无力，起动困难；失效时会不能起动，属易损元件。

图12-21 检测调速开关

图12-22 测量电容器容量

2 排除台扇常见故障

台扇的常见故障现象、可能原因和解决办法如表12-2所示。

表12-2 台扇的常见故障现象、可能原因和解决办法

故障现象	故障原因	检修方法和故障措施
通电后扇叶不转，但电动机有嗡嗡声	电源电压过低	用万用电表测量电源电压，提高电源电压
	电容器击穿或失效	通电后用工具拨一下扇叶，如电扇能连续运转，则更换电容器
	电动机绕组内部短路	手摸电动机外壳是否烫手，用钳形电流表测电流是否明显偏大。偏大则说明绕组内部存在短路现象，只能更换电动机或重绕绕组
	电动机主绕组或副绕组开路	用万用电表测量电动机绕组，如阻值为∞，说明绕组断路，只能更换电动机或重绕绕组
	电动机的前后端盖不同心	拆下扇叶，手捻转轴，看转动是否灵活。如不灵活或有死点，则应进行调整
风扇不转也无嗡嗡声	异物或机械故障使电动机转动受阻	检查电动机内部有无异物，或者网罩与扇叶有没有相碰，摇头机构是否被卡死等。如有则清除或作调整
	接点脱焊或连接线守引缘断路	拆卸开关盒或台扇底座后，仔细检查各焊点和连接点，如有脱落则重新接好
	定时器触点接触不良	检查定时器触点是否存在接触不良现象。如有，则修理或更换定时器
	按键开关触点接触不良	检查按键开关触点，如按键开关簧片变形不太严重，可予以校正；如簧片失去弹性或触点损坏严重，应更换
	有电抗器，则可能电抗器绕组内部断路	用万用电表检查，如无法找到断头，只能更换
电扇起动困难	电动机定子绕组匝间短路	手摸电动机外壳是否烫手，测电流偏大，只能更换电动机或重绕绕组
	电容器失效	用万用电表电阻挡检查电容器，如电容器损坏，只能更换
	转子铝条断裂	拆开电动机，取出转子进行仔细检查，如有断裂，便应更换同一种规格的转子

续表

故障现象	故障原因	检修方法和故障措施
电扇起动困难	转子与定子或轴承不同心	拆下扇叶后，手捻转轴，检查转动是否灵活。如有明显的阻滞现象，则应对电动机进行同心度调整
	转轴与轴承间润滑不良	检查转轴转动是否灵活。如属润滑不良造成阻滞，则可用汽油仔细清洗装在前后端盖上的球形含油轴承以及转子轴，擦干净后，在含油轴承上加一些轻质机油（如缝纫机油）即可
电扇金属外壳带电	电动机绕组绝缘失效	用绝缘电阻表测量绕组和外壳间的绝缘电阻。如阻值为0或明显变小，则表明绝缘物失效，只能更换电动机或重绕组
	连（焊）接处绝缘脱落	打开开关盒或台扇底座检查，重新焊（连）接好，并套上松紧适宜的绝缘套
电扇不能调速	有电抗器的，可能电抗器断路	用万用表测电抗器线圈的直流电阻。如为∞，则更换电抗器或者是重绕电抗器线圈
	调速开关故障	检查调速开关。如已损坏，则予以更换
	电动机调速绕组断路	用万用表测电动机绕组。如断路则更换电动机或重绕组
电扇不能摇头	蜗轮（斜齿轮）严重磨损	更换蜗轮
	过载保护装置的弹簧片断裂或钢珠脱落	检查过载保护装置后修理
电扇不能摇头	杠杆离合式摇头机构压簧断裂或失效	检查摇头控制机构，更换压簧
	连杆脱落	检查后重新装好
	连接头内的定位钢珠脱落	检查后重新装好
电扇噪声过大	电抗器铁心松动	更换电抗器
	含油轴承润滑不良	清洗轴承和转轴，然后加一些缝纫机油
	转子与前后轴承间的间隙过大	拆开电动机，在转轴前或后端套上垫片，但应保证转子能灵活转动
	扇叶变形	如果扇叶变形，应该更换新的

操作评价　台扇的维修操作评价表

评分内容	技术要求	配分	评分细则	评分记录
检测元器件	能正确检测台扇电气元器件的好坏	20	操作错误每次扣5分	
排除台扇的故障	1. 能够正确描述故障现象、分析故障，确定故障范围及可能原因	20	不能描述，每项扣5分，扣完为止	
	2. 能够正确拆装台扇	20	操作错误每次扣2分	
排除台扇的故障	3. 能够由原因逐个排除，确定故障点，并能排除故障点	20	不能，扣10分；基本能，扣5~10分	
安全使用	安全检查，正确使用台扇	10	操作错误每次扣5分	

续表

评分内容	技术要求	配分	评分细则	评分记录
安全文明操作	能按安全规程、规范要求操作	10	不按安全规程操作酌情扣分，严重者终止操作	
额定时间	每超过5min扣5分			
开始时间		结束时间	实际时间	成绩
综合评议意见				

12.2.2 相关知识：台扇的工作原理及其使用与维护

1 台扇电路的工作原理

台扇的调速多用电动机绕组抽头调速，其开关、定时控制有机械控制和红外遥控控制两种方式。

（1）机械控制

机械控制的台扇典型电路图如图12-23所示，采用电容运转式电动机，电动机的主绕组、副绕组和调速绕组为L2型接法。电路由定时器、调速开关、电容器、电动机等组成，定时器（带开关功能）和调速开关串接在电路中，只有当两者同时接通时，电风扇才能起动。

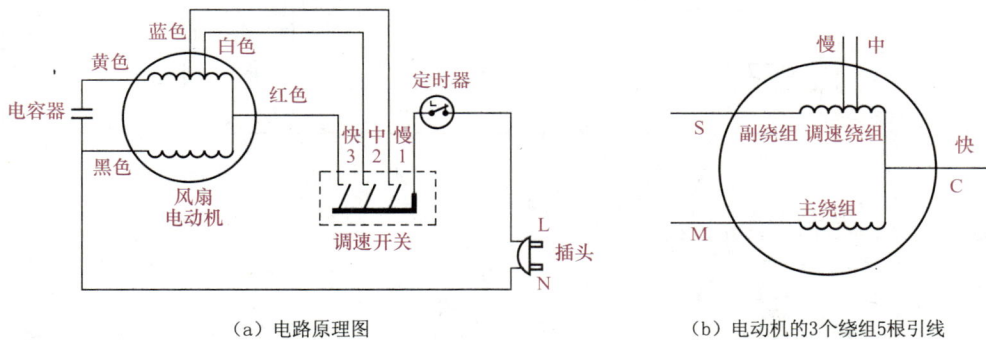

（a）电路原理图　　　　　　（b）电动机的3个绕组5根引线

图12-23　机械控制的台扇电路图

在定时器触点接通时，按下开关3号键，电源直接给主绕组供电，同时通过电容器给调速绕组、副绕组供电，这时转速最高。当按下调速开关2号键的时候，电源通过大部分调速绕组后给主绕组供电，同时通过电容器和小部分调速绕组给副绕组供电，这时候转速中等。当按下调速开关1号键时，电源通过全部调速绕组后给主绕组供电，同时通过电容器给副绕组供电，这时转速最低。台扇的摇头是通过电动机转轴蜗杆转动传动摇头机构实现。

（2）红外遥控控制（电脑控制）

红外遥控控制多用于台地扇、落地扇、挂壁扇中，它是使用单片机完成开关、风类型、调速、定时、摇头控制的。不同企业采用的单片机不同，这里以单片机BA82068A4L为例进行介绍，电路图如图12-24所示。其工作原理见配套资料。

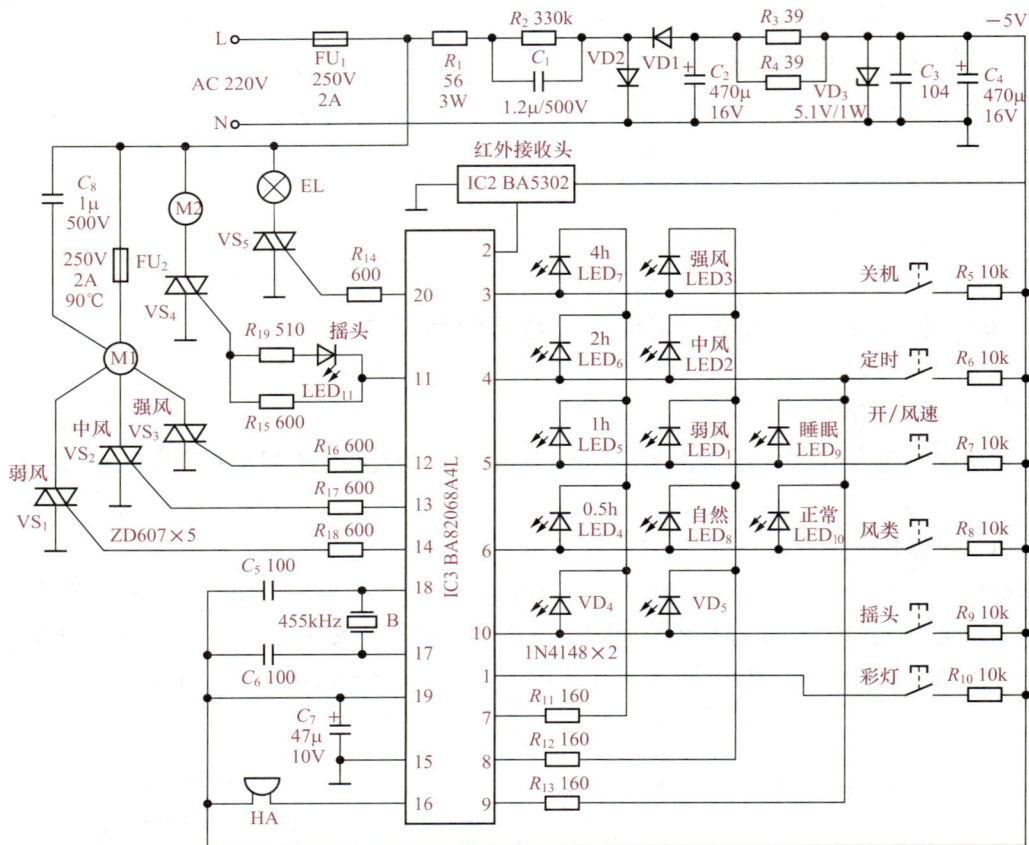

图12-24　红外遥控电扇主控制电路图

2 台扇的选购、使用与维护

（1）选购要点

1）安全选择。电风扇既是一种送风清凉器具，也是家庭中的一种陈设品，首要考虑安全问题，选择大品牌产品，产品要有生产执行标准、安全认证等。

2）按使用面积选规格。一般说来，面积小于12m²的房间，选用300mm摇头台扇较为经济合理；面积大于12m²的，则选用400mm为宜；如房间面积在15～23m²，也可选用400或500mm落地扇或台地扇。

3）对于品种的选择。房间较小可选用壁扇或顶扇；如果专为老人、儿童和体弱者消暑度夏，则可选用送风柔和遥控台地扇；儿童可挑选150mm迷你型台扇或无风叶电扇等。

（2）使用注意事项

1）安全用电。使用电风扇时一定要注意用电安全，随时检查线路、外壳是否漏电。

2）控制件操作。

　　①调速：按键时不可用力过猛，也不要同时按下两个按键。

　　②摇头：按下或提起揿拔式摇头按钮应到位，以防止打坏离合器齿轮使摇头无法控制。

　　③定时：定时旋钮允许正反向转动，但做反向运转时不可强行扭转，以免损坏定时开关。

3）仰俯角与高度调节。调节时，只要用手轻推或轻拉网罩或扇头，即可达到所需角度。至于台地扇、落地扇的升降调节，应在电扇停转时旋松紧固螺钉，进行调节。

4）用扇卫生。使用时应经常变换风速挡位和吹风方向，使全身均匀地散热。睡眠时·除设睡眠风调速外，要防止睡后着凉，最后选用遥控多功能电扇。

（3）维护须知

台扇的日常维护，乃是延长电扇使用寿命、保持功能完好的重要保证。主要措施是加油、保洁、防变形和防日晒。

1）加油。应按使用说明书的规定加油或更换润滑油。

2）保洁。外壳、扇叶、网罩等要用软布擦拭。清洁前，要先断开电源。然后可蘸些肥皂水或中性洗净剂擦拭，然后再用干布揩干。

3）防变形。要防止扇叶、网罩受压变形，否则会影响正常使用。

4）使用过程中发生异常情况，如声音异常、扇头（电动机）过热甚至冒烟等，应立即停止使用。

广角镜：转页扇

转页扇也称箱式风扇、鸿运扇（意在好运像转动的风叶滚滚而来）。这种电风扇与台扇类电风扇不同，扇叶一般为塑料多片转叶，扇叶在电动机后（台扇风叶在电动机前）；扇叶运转时产生的风通过旋转的百叶窗式塑料导风轮吹出，通过导风轮的转动改变送风方向，而台扇是通过扇头的摆动。导风轮的转动有使用同步电机控制和风力控制两种，因其风力柔和，舒适宜人，摆放灵活，特别适合睡眠时连续吹风使用。转页扇常见的外形如图12-25所示。

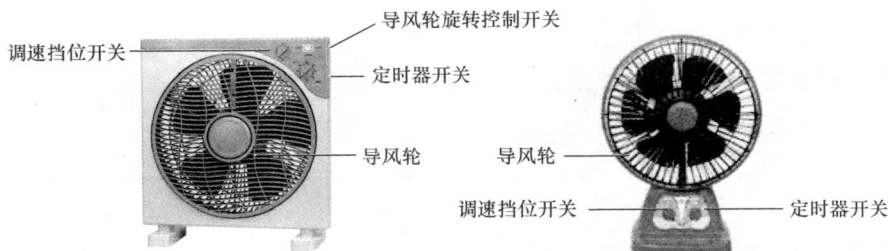

（a）同步电动机控制导风轮的转页扇　　（b）风力控制导风轮的转页扇

图12-25　常见转页扇的外形

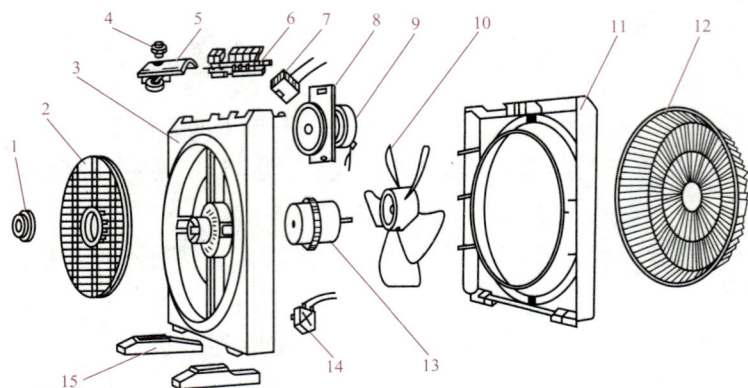

1—紧固环；2—导风轮；3—前壳；4—旋钮；5—定时器；6—琴键开关；7—电容器；8—磨擦传动总成；
9—同步电动机；10—风叶；11—后壳；12—尾罩；13—风扇电动机；14—安全开关；15—底座

图12-26 转页扇的结构

无论转页扇的外形如何，其内部结构大致相同，典型结构如图12-26所示。转页扇主要由外壳、导风轮、风扇电机、扇叶（即风叶）、定时器、调速器等构成。

转页扇的电动机多为电容运转式，采用电动机绕组抽头法调速，一般有5根引出导线。其典型电路原理图如图12-27所示。由图可见，转页扇与台扇电路工作原理相同，只是外加一个导风轮电动机，接通导风轮开关，导风轮电动机转动，带动导风轮旋转，断开导风轮开关，导风轮停转。另外，还设置有跌倒开关，转页扇跌倒后控制电动机断电停止转动。

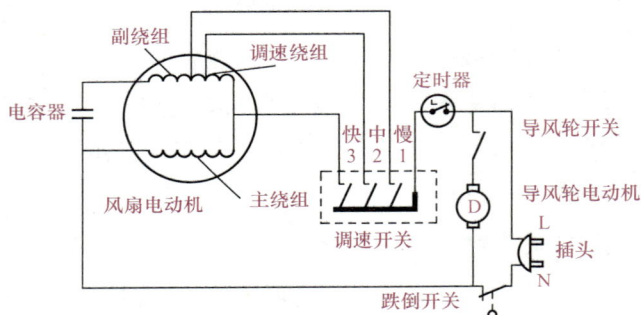

图12-27 转页扇的典型电路原理图

思考与练习

1. 台扇的扇头拆卸要点是＿＿＿＿＿＿＿＿＿＿＿＿＿＿＿＿＿＿＿＿＿＿＿＿＿＿＿＿。

2. 台扇的基本结构有＿＿＿＿＿＿＿、＿＿＿＿＿＿＿、＿＿＿＿＿＿＿、＿＿＿＿＿＿＿、
＿＿＿＿＿＿＿、＿＿＿＿＿＿＿、＿＿＿＿＿＿＿等几部分。

3. 台扇是利用＿＿＿＿＿＿＿＿＿＿＿＿＿＿＿＿＿＿＿＿＿＿＿＿＿＿＿＿＿＿＿实现降
温消暑的。

4. 普通台扇抽头调速是如何工作的？

5. 台扇运转时无力，应如何检修？

项目 13
吊扇的拆装与维修

学习目标

知识目标 ☞

1. 了解吊扇的外转式电动机结构和工作原理。
2. 了解电抗调速装置结构及工作原理。
3. 理解吊扇电路原理。
4. 掌握吊扇的技术标准。
5. 了解吊扇的选购、使用与维护。

技能目标 ☞

1. 会拆卸与组装吊扇。
2. 能认识吊扇的主要部件。
3. 会检测吊扇的相关元器件。
4. 能排除吊扇的常见故障。

吊式电风扇简称吊扇，是以悬吊装置安装在室内房顶或天花板上使用的电风扇。1925年我国第一台内转式吊扇在上海华生电器厂问世。1930年改产为外转式。1950年起生产电容运转式吊扇。吊扇因具有风力柔和，送风范围大，不占房间面积等优点，适用于家庭和商场、餐馆、候车室、会场、办公场所、影剧院等公共场所。

任务 13.1 吊扇的拆卸与组装

任务目标

1. 会拆卸与组装吊扇。
2. 能认识吊扇的主要部件。

任务分析

拆卸与组装吊扇的工作流程如下所示。

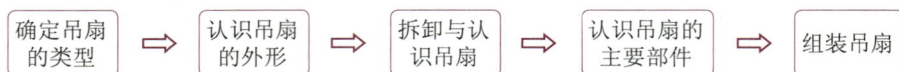

确定吊扇的类型 ⇒ 认识吊扇的外形 ⇒ 拆卸与认识吊扇 ⇒ 认识吊扇的主要部件 ⇒ 组装吊扇

13.1.1 实践操作：拆装吊扇与认识吊扇的主要部件

1 确定吊扇的类型与认识吊扇外形

吊扇按结构形式不同可分为通用吊扇、装饰型吊扇和微型吊扇等。吊扇主要由扇头（即电动机）、扇叶、吊杆、吊钩及独立安装的调速器组成。常见吊扇外形如图13-1所示。

（a）通用吊扇　　　　　　　　（b）装饰型吊扇　　　　　　　　（c）微型吊扇

图13-1　常见的吊扇实物外形

这里拆卸的是FC11-140J型通用吊扇，它的主要技术参数为：220V/50Hz，规格为1400mm，额定输入功率为80W，噪声值不大于70dB，有3片扇叶，它具有以下主要特点。

1）悬吊在天花板或房顶下使用。

2）送风面广，风力柔和，调速范围宽，不占用场地。

3）型号为FC，规格用扇叶直径（mm）表示。

4）驱动电动机为电容式，使用专用调速器（电抗器或电子调速器）调速。

5）为保证使用安全，住房安装高度应在2.5m以上；与楼顶、天花板间距应不小于0.5m，以保证进风畅通，安装应牢固。

FC11-140J型吊扇的外形结构如图13-2所示。

图13-2　FC11-140J型吊扇的外形结构

2 拆卸与认识吊扇

第一步　拆卸与认识吊扇的悬吊装置。拆卸FC11-140J型吊扇的悬吊装置，并认识悬吊装置的零件。

① 用小十字螺钉旋具旋松固定上、下罩的螺钉，用钢丝钳取下固定吊环螺钉的开口销。	② 用活络扳手旋下固定吊环螺钉的螺母，取出螺钉。	③ 取下吊环和胶轮，再取下上、下罩。
④ 用钢丝钳、扳手取下连接吊杆与固定支架的开口销和螺母。	⑤ 取下螺母后，取出螺钉，即可取下吊杆。	⑥ 取下螺杆，整理拆卸下面螺钉、部件；记录吊扇的电气线路连接情况。

第二步 分离吊扇的扇头和扇叶。

① 记录吊扇线路后，在接线板用一字螺钉旋具旋松压接导线线头的螺钉，取出导线。	② 用钢丝钳夹松接绝缘线夹，取出电容器的一根导线；然后取下电容器；用扳手取下固定架。
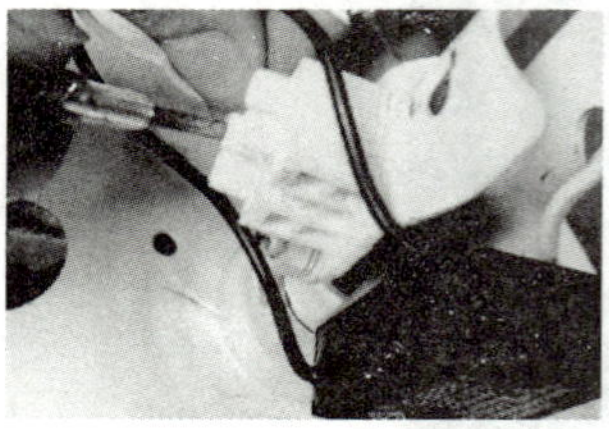 接线板	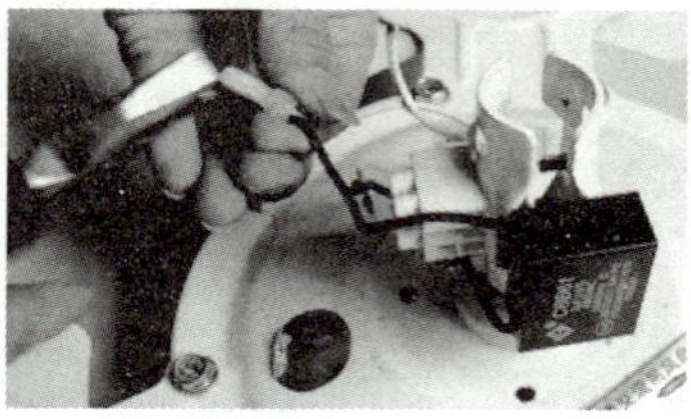
③ 用扳手、十字螺钉旋具旋下固定扇叶的螺钉，共8颗，取下3片扇叶。	④ 整理、记录吊扇各部件，螺钉、弹簧垫圈等。
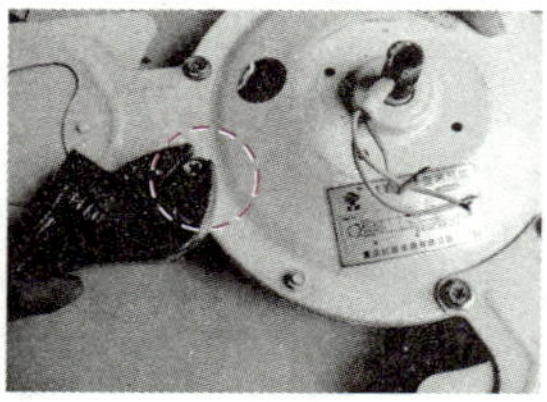	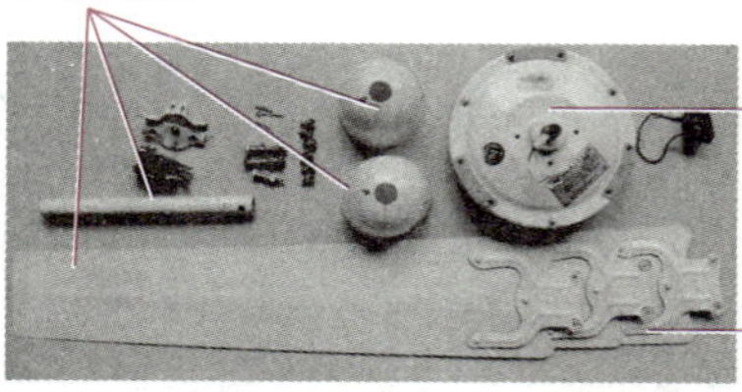 悬吊装置配件　扇头（机头）　扇叶（3片）

第三步 拆卸与认识吊扇的扇头（外转式电动机）。

① 先用扳手旋下紧固扇头上、下盖的3颗螺母，再用爪钩拆卸电动机上盖。	② 或直接在钢板上用力顶出扇头的上盖。
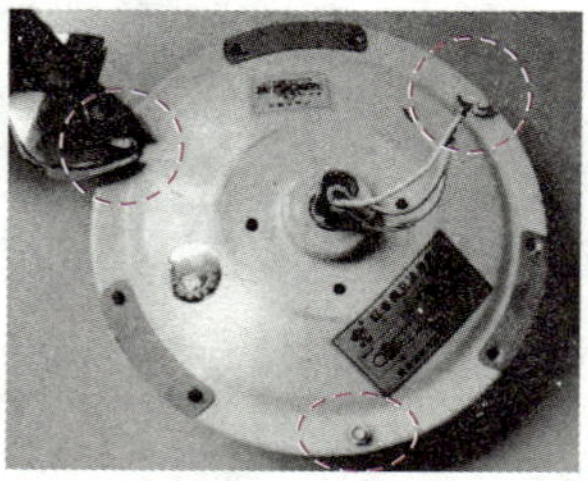	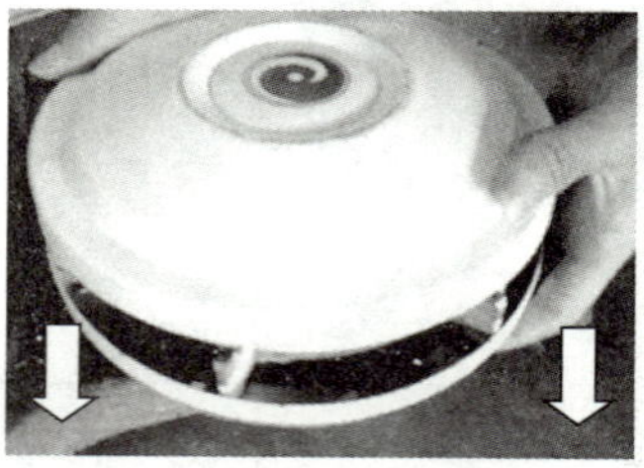

③ 取出扇头的上盖，认识内部结构，记录定子槽数及绕组连接情况。

下盖　定子　上滚珠轴承　转子座圈　上盖　上轴承座　转子

④取出定子和转子，认识吊扇电动机的转子与定子的结构。

主副绕组引出线
吊轴
定子绕组
定子铁心
定位卡
转子铁心
短路环

第四步　拆卸与认识吊扇的电抗调速器。

①用螺钉旋具旋下螺钉。	②取下电抗调速器的上盖。

③认识带开关功能的调速器。	④打开开关认识5个挡位。
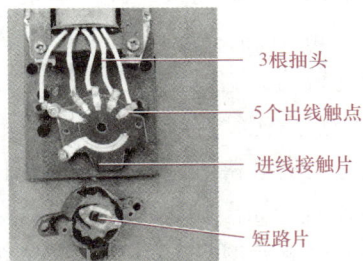 降压电感线圈 铁心 出线 进线 电抗器 转换开关	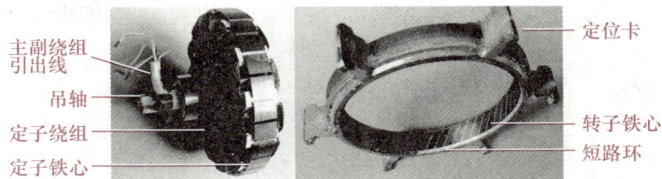 3根抽头 5个出线触点 进线接触片 短路片

3 认识吊扇的主要部件

FC11-140J型吊扇的部件分为机械系统和电气系统。机械系统主要有悬吊装置、固定支架、扇头、扇叶；电气系统主要有电动机（即扇头）、电容器、电抗调速器。

（1）认识机械系统的部件

机械系统部件的作用与特点如表13-1所示。

表13-1　吊扇机械系统部件的作用与特点

部件名称	外形	作用及要求	特点
悬吊装置	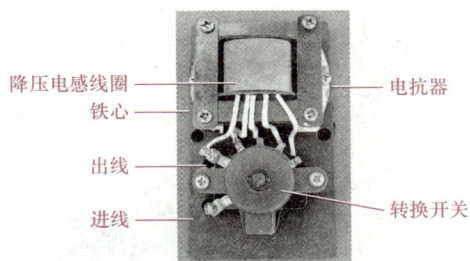	悬吊装置主要包括吊杆、吊环和上、下罩、螺钉、销子、垫圈等。吊杆、吊环是悬挂吊扇的重要部件，上、下罩主要起防尘和外表装饰作用。要求不能变形	上、下罩通常由塑料制成，吊杆通常用无缝钢管制成，电源输入引线通过管内，吊环连接吊杆，一般用冷轧钢板弯曲成一定的几何形状，挂于安装在房顶或天花板的挂钩上

部件名称	外形	作用及要求	特 点
固定支架		固定接线板和运行电容器；连接扇头的吊轴和吊杆，固定定子	一般用冷轧钢板冲压成一定的几何形状，便于连接扇头和吊杆，有2块
扇头		连接扇叶；固定定子，使外转式转子高速旋转，驱动扇叶高速旋转，推动空气流动。要求紧固良好，转动灵活	扇头又称电动机，是吊扇的主要部件，它由内定子、外转子、滚珠轴承、上端盖及下端盖组成。吊扇扇头广泛采用全封闭外转子单相电容运转式电动机，定子固定在电动机中间，外转子绕定子旋转，从而带动与之连接的扇叶和外壳一起转动
扇叶	扇叶支架	通过高速连续旋转，加速空气的流动，使局部环境的空气对流，起到降温和加速换气速度的作用。它是吊扇的重要组成部分，其变形后将影响吊扇的正常工作，并增大噪声	扇叶安装在扇头外壳上，随着扇头外壳的旋转送风。吊扇扇叶多为长条形的三叶片，可分为宽型和窄型两种，多采用1.5~2mm厚的铝板冲压成型。然后用螺钉固定在扇叶支架上。扇叶支架常用3~3.5mm的冷轧钢板冲制，用螺钉固定在扇头上

（2）认识电气系统的部件

1）电动机（也称扇头）。吊扇采用的电动机是外转子式，定子在中间，转速通常约400r/min，有14极，属于单相交流电容运转式电动机，通过电容器完成分相，实现旋转的。它的定子由硅钢片冲压重叠铆合而成，中间压入定子轴，形成定子铁芯，然后把绕组线圈依次嵌入定子外圆的槽内，14极电动机有28个槽，定子槽内嵌有主绕组和副绕组，有3个引出线头。

2）电容器。如图13-3所示，FC11-140J吊扇采用的电容器型号为CBB61。其规格为：电容量2μF，误差±5%，耐压450V，工作频率50Hz或60Hz均可，符合CQC认证。副绕组与电容器串联后再与主绕组并联，利用电容器对交流电的移相起分相作用，为电动机副绕组提供移相90°的电流，形成旋转磁场，使转子转动。

图13-3 电容器

3）电抗调速器。电抗式调速器有4~5个挡位，它由一个电抗器和一个转换开关组合而成，起降压调速的作用。其中，电抗器是一组线圈绕在铁芯上。图13-4所示为调速开关电路图。

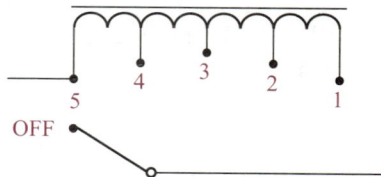

图13-4 调速开关电路图

4 组装吊扇

吊扇的组装过程与拆卸过程相反，组装时注意不同规格的螺钉，紧固件要牢固，转动件要灵活。具体组装步骤如下。

第一步 组装扇头。

① 转子铁芯放入下盖转子座圈内；再将定子慢慢放入转子中，并使下滚珠轴承嵌入下盖的轴承座内。

② 用手转动定子看是否转动灵活，再将上盖盖上，并使上轴承嵌入上盖轴承座内。

③ 轮换旋紧上、下盖之间的3颗紧固螺钉。

④ 提起吊轴，转动电动机检查转动是否灵活，安装是否到位。

第二步 安装扇叶。

将3片扇叶用螺钉固定在扇头上。

第三步 安装固定架及接线板、电容器。

① 将固定架用螺钉、螺母固定在定子吊轴上。

② 电容器固定在固定架上。

③ 将电动机的3根导线分别连接在接线板和电容器上，注意要连接正确，扇头上有接线图。

第四步 安装悬吊装置。

① 将吊杆固定在固定架上。

② 下罩杯口朝下穿过吊杆，上罩杯口朝上穿过吊杆。

③ 将吊环用螺钉固定在吊杆的上端。

④ 将吊扇挂在挂钩上，并将电源进线连接好后，再固定上、下罩。

操作评价 吊扇的拆卸与组装操作评价表

评分项目	技术要求	配分	评分细则	评分记录
认识吊扇外形	能正确描述吊扇外观部件的名称	10	错每次扣1分，扣完为止	
拆卸吊扇	1.能正确顺利拆卸	20	操作错误每次扣2分	
	2.拆卸相应配件完好无损，并做好记录	10	配件损坏每处扣2分	
认识吊扇部件	能够认识吊扇组成部件的名称	10	错误每次扣1分	
组装吊扇	1.能正确组装，还原整机	20	操作错误每次扣2分	
	2.螺钉正确，配件不错装、不遗漏配件	20	错装、漏装每处扣2分	
安全文明操作	能按安全规程、规范要求操作	10	不按安全规程操作酌情扣分，严重者终止操作	
额定时间	每超过5min扣5分			
开始时间		结束时间	实际时间	成绩
综合评议意见				

13.1.2 相关知识：吊扇的基本结构与质量标准

1 吊扇的基本结构

吊扇的工作原理与台扇一样，通电后由电动机绕组产生旋转磁场，使转子带动扇叶旋转，加速空气流动，实现通风降温。吊扇的外形结构如图13-5所示。它主要由悬吊装置、扇头、扇叶和调速器4部分组成。

（1）悬吊装置

悬吊装置由胶轮、吊环和吊杆等组成。吊杆上端连接吊环，下端连接电动机定子；吊环上端用销钉套以胶轮；胶轮悬挂于固定在房顶或天花板下的挂钩上。

（2）扇头（也称为机头或电动机）

吊扇的电动机就是扇头，扇头结构图如图13-6所示，它由上、下端盖、外转子、内定子及轴承组成。与台扇电动机相比有以下两点主要区别。

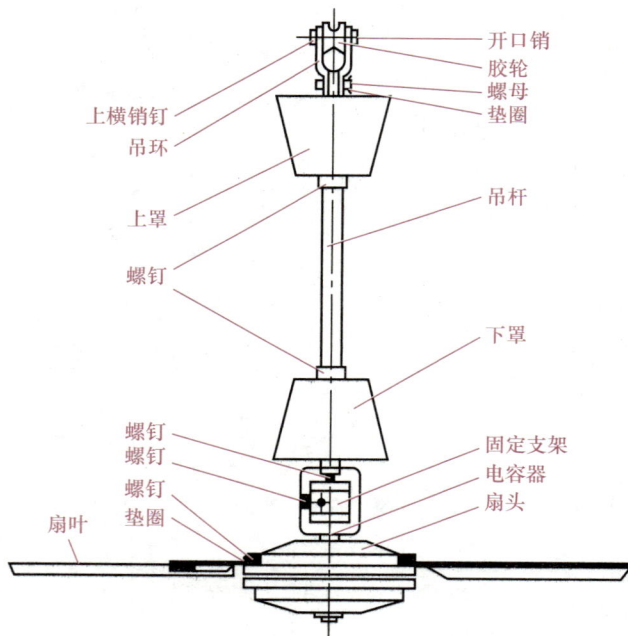

图13-5 吊扇的外形结构图

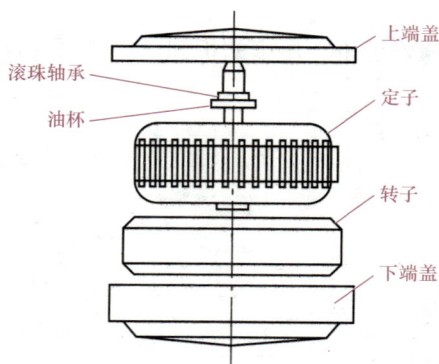

图13-6 吊扇的扇头分解图

1）极数多，转速慢。由于吊扇的扇叶直径大，电动机的转速不能太高，否则扇叶边缘的线速度太大，容易发生危险。通常，吊扇电动机的极数有12、14、16、18、20极。普通吊扇扇叶直径有900mm、1050mm、1200mm、1400mm等，不同直径的吊扇采用的磁极数也不同。电动机的转速通常为300～400r/min。

2）采用外转子结构。吊扇的定子装在里面与吊杆连接固定，而转子套在定子外面，扇叶直接固定在机头上端盖上。通电后，扇叶、上盖、下盖、转子一起运转。

吊扇的扇头内部结构展开图如图13-7所示。

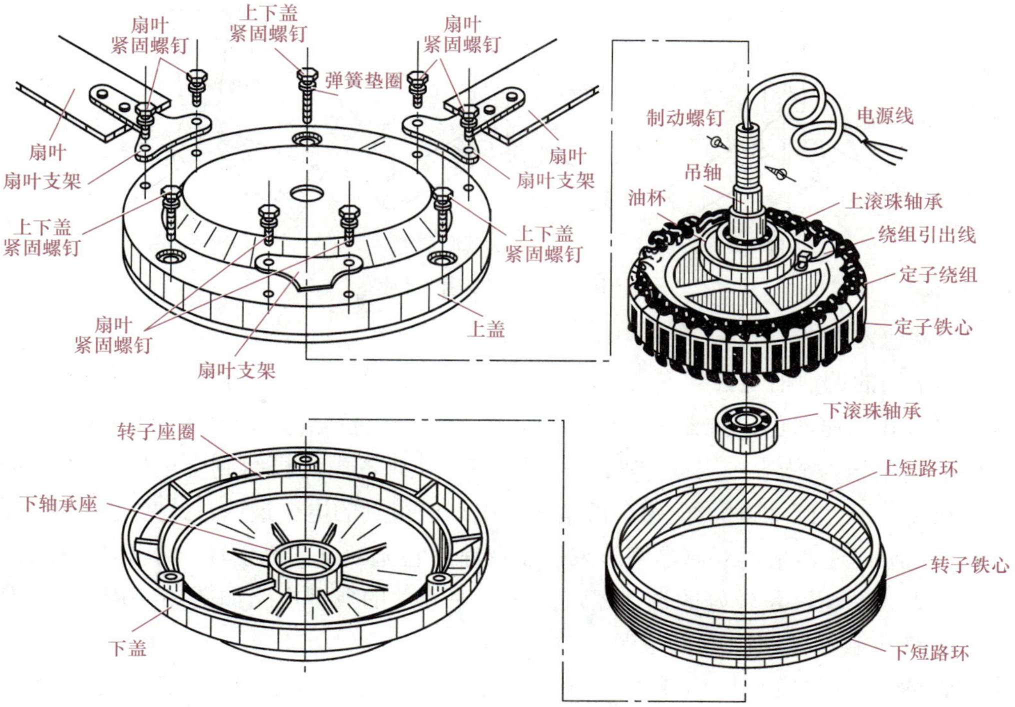

图13-7　吊扇的扇头内部结构展开图

　　吊扇一般采用电容运转式电动机，定子绕组中有主绕组、副绕组，电动机的定子由硅钢片冲压重叠铆合而成，中间压入定子轴，形成定子铁芯，然后把绕组线圈依次嵌入定子外圆的槽内。一般14极电动机有28个槽，16极电动机有32个槽，18极电动机有36个槽。定子槽内嵌有主绕组和副绕组，且每个槽内嵌有同一绕组中相邻两个线圈的各一条边。定子绕组的接线采用反串接法，即相邻线圈的头与头或尾与尾相接，28槽14极电容式电动机定子绕组接线展开图如图13-8所示，将两个绕组的头接在一起作为公共端，引出3根引线。

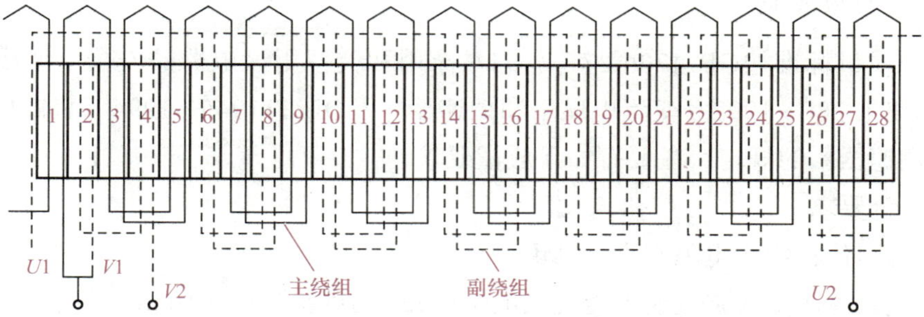

图13-8　14极电动机定子绕组展开图

（3）扇叶

　　扇叶由叶片和叶片支架组成。常用的扇叶形状有阔叶型（200mm宽）和狭叶型（100mm宽）两种，如图13-9所示。

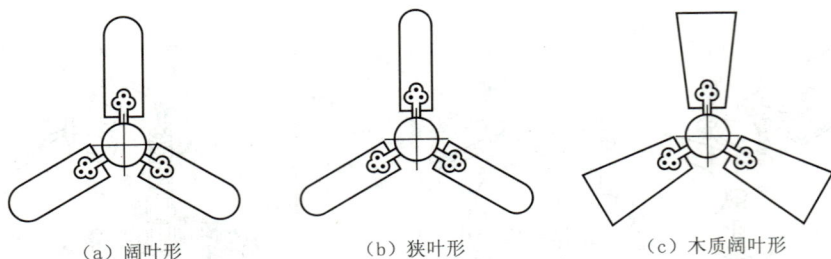

（a）阔叶形　　　（b）狭叶形　　　（c）木质阔叶形

图13-9　吊扇扇叶类型

（4）调速器

吊扇采用的调速器是独立安装的，以便在方便的位置安装。一般有电抗式和电子式调速器。电抗式调速器由电抗器和一个旋转开关组成，电抗器只有一个线圈，中间抽出3个头，可控制吊扇得到5挡速度。当开关位于"5"挡时，电动机得到全电压，此时转速最快；当开关位于"1"挡时，电感全部串入，电动机得到的电压最低，此时的转速最慢。

电子无级调速器采用双向晶闸管来控制调速，它无触点，重量轻，体积小，成本低，耗能小，无级调速，是较好的调速器，无级调速开关的典型电路如图13-10所示。电路主要由主电路和触发电路组成，电源开关S、双向晶闸管VS、风扇电动机构成主电路；电位器R_P、电阻R_1和R_2、氖泡构成V_S的触发电路。电源通过R_P，R_1对C充电，调节R_P的阻值，可改变触发时间，使VS的控制角随之变化，从而改变流过电动机的电流，达到调速的目的。R_P阻值越小，VS的控制角越小，流过电动机的电流越大，电动机的转速越快，反之则越慢，从而实现吊扇的无级调速。

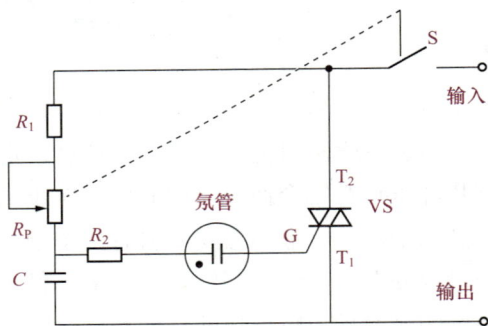

图13-10　无级调速开关的典型电路

2 吊扇的质量标准

吊扇的质量标准按GB 4706.27－2003《家用和类似用途电器的安全 电风扇的特殊要求》，GB/T 13380－1992《交流电风扇和调速器》及QB/T 1945－1994《装饰型交流吊式电风扇和调速器》的规定，主要有如下质量要求。

（1）安全要求

1）绝缘阻值。绝缘电阻不小于2MΩ。

2）电气强度。电气强度能承受交流电压1250V的试验，历时1min无击穿或闪络。

（2）性能要求

1）调速器。调速器各调速挡位都能使电风扇连续可靠地运转。相邻的两个转速挡位的转速差尽可能接近。调速开关操作灵活，不应发生两个操作挡位同时接触现象，并有电源断开挡位。有2W以上照明灯的应设单独的电源开关。

2）噪声。吊扇的噪声不大于表13－2所示数值（吊扇规格用扇叶直径mm表示）。

表13-2　不同规格吊扇的噪声要求

规格/mm	900	1050	1200	1300	1400	1500	1800
规格代号	9	10	12	13	14	15	18
噪声/dB	62	65	67	68	70	72	75

3）悬挂装置。吊扇应附有易于安装的悬挂装置，其结构应能防止反复冲击而引起的松动和磨损。

4）工作寿命。正常使用条件下各部件的工作寿命应符合表13-3所示要求。

表13-3　吊扇配件工作寿命要求

部件名称	工作条件	达到要求
调速器	经5000次操作	仍能正常使用
灯具和其他电器开关	经5000次操作	无零件损坏
倒顺转换开关	经500次操作	不失灵

5）铭牌标志。产品上应有永久性标志，标有制造企业全称、品名、型号、规格、商标、制造日期或生产批号及主要参数、安全认证等。

任务 13.2　吊扇的维修

任务目标

1. 会检测吊扇的主要部件。
2. 学会维修吊扇常见故障。

任务分析

学会检测吊扇的主要部件，学会维修吊扇常见故障。

13.2.1　实践操作：吊扇主要部件检测及其常见故障排除

1 检测吊扇的主要部件

（1）电动机

电动机的电气性能检测一般包括主绕组、副绕组的直流阻值测量，绕组与铁芯间绝缘阻值测量。电动机的绕组直流电阻检测方法如图13-11所示，测量出主绕组阻值为246Ω，副绕组阻值为204Ω，绕组与铁芯间阻值为∞，一般可判断电动机电气性能良好。

电动机机械性能通过转动是否良好，或通电试机观察测试其性能。注意，通电时一定固定定子后，再悬吊试机。

（2）电容器

检测电容器的质量可用万用表的电容挡200μ挡测量其容量，方法如图13－12所示。吊扇中出现电动机无力、不能起动但有电流嗡嗡声，都是电容器引起的故障。

图13-11　检测定子绕组的阻值

图13-12　检测电容器电容量

（3）电抗调速器

电抗器的质量检测包括电抗器线圈直流电阻测量，图13－13所示为在"1"挡的阻值为50Ω；还有转换开关的质量检测，如转动是否灵活、接触是否良好。

（a）在Off状态的阻值

（b）在1挡的阻值

图13-13　吊扇中电抗器的质量检测

2 排除吊扇常见故障

在使用过程中，吊扇容易出现的故障常有通电后不运转、起动困难、不能调速、噪声大等。它们的故障原因及检修方法如表13－4所示。

表13－4　故障原因及检修方法

故障现象	故障原因	故障处理方法
通电后不运转	电源引线折断或接线板接线脱落，使电动机不得电	用万用表检查电源引线或重新连接
	电动机主绕组或副绕组断路。因通电后只有一个绕组得电，不能形成旋转磁场，从而使吊扇不能运转	用万用表测量电动机绕组，如阻值为∞，说明该绕组断路，只能重绕组或更换电动机
	调速器失灵。调速器中的电抗器断路、旋转式挡位开关接触不良或损坏等，都会使电动机不得电，造成通电后不运转故障	用万用表检查电抗器中的调速线圈是否存在断路，调速挡位开关是否损坏或接触不良。如线圈的断路点在端口处，则可以想法接好，再做好绝缘处理便可复原。如调速挡位开关的簧片变形造成接触不良，而簧片仍有较好的弹性，则可以用镊子仔细加以校正。如触点氧化得不严重，可用细砂布轻轻打磨，并校正簧片压力，便可修复。无法修复的，只能更换

续表

故障现象	故障原因	故障处理方法
起动困难	电容器损坏。电容器失效会使电动机产生的转矩不足，造成起动困难	用万用表的电阻挡检测电容器，如损坏则更换
	电动机绕组存在匝间短路。当电动机绕组存在匝间短路时，除了会引起不正常的温升外，还会使电动机通电后不能产生足够的转矩，从而起动困难	手摸电动机外壳是否烫手，用万用表测电流是否明显偏大。如是，说明绕组内部存在短路现象，只能重绕绕组或更换电动机
	轴承润滑不良或有异物阻滞使电动机转动受阻	拨一下扇叶，看转动是否灵活。如明显受阻，则应拆开电动机后再进行检查和修理
不能调速	调速器中的开关损坏	拆开调速器进行检查，如开关已无法修复，则只能更换开关或更换调速器
	调速器中的电抗器线圈匝间短路。某些部分的匝间短路，可以使对应部分的两挡速度(即加在电动机上的电压)无明显的变化	用万用表电阻挡测量，通过与同样产品比较来判断是否存在短路现象，也可在断电后立即用手触抗器，看是否烫手。如确有短路存在，则应更换电抗器或调速器
噪声大	轴承缺油或严重磨损	拆开扇头清洗后补足润滑脂，如轴承严重磨损则应更换
	扇叶固定螺钉松动	检查确认后重新固定好
	扇叶变形	进行校正，无法校正则更换扇叶

操作评价　吊扇的维修操作评价表

评分内容	技术要求	配分	评分细则	评分记录
检测元件	能正确检测吊扇电气元件的好坏	20	操作错误每次扣5分	
排除吊扇的故障	1．能够正确描述故障现象、分析故障，确定故障范围及可能原因	20	不能，每项扣5分，扣完为止	
	2．能够正确拆装吊扇	20	操作错误每次扣2分	
	3．能够由原因逐个排除，确定故障点，并能排除故障点	20	不能，扣10分；基本能，扣5~10分	
安全使用	安全检查，正确使用吊扇	10	操作错误每次扣5分	
安全文明操作	能按安全规程、规范要求操作	10	不按安全规程操作酌情扣分，严重者终止操作	
额定时间	每超过5min扣5分		不按安全规程操作酌情扣分，严重者终止操作	
额定时间	每超过5min扣5分			
开始时间		结束时间	实际时间	成绩	
综合评议意见					

13.2.2　相关知识：吊扇的工作原理及其使用与维修

1 吊扇的电路工作原理

电抗调速式吊扇电路原理图如图13-14所示。吊扇的电气元件有电动机、起动远行电容器和电抗调速开关。电动机为单相交流感应式异步电动机，采用电容起动方式。副绕组与电容器串联后与主绕组并联，通电后，由于电容器的移相作用，使两个绕组通过的电流相位差为90°，产生椭圆形旋转磁场，从而使转子转动，带动扇叶旋转实现通风消暑。调速开关起开关控制和调节吊扇转速的作用，调速器K采用电感线圈完成降压，从而降低电动机两端电压实现调速的。

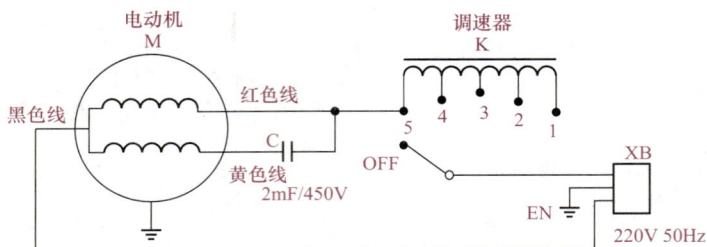

图13-14　电抗调速式吊扇电路原理图

2 吊扇的选购、使用与维护

（1）选购要点

1）规格、品牌的选择。吊扇的规格按扇叶的运转直径（mm）来表示，按房间大小来选择规格，$12m^2$以下的选用1050mm以下吊扇，$12\sim15m^2$可选1200mm，大于$15m^2$可选1400mm以上吊扇。

目前，生产吊扇的品牌有美的、富士宝/钻石、华生、格力、艾美特、中联、舒乐、迦密山-长城、丝雨、日彩等。

2）安全性选择。对电器产品，首先应检查其使用安全性，以防止触电事故发生。产品必须有国家安全认证，产品必须按国家质量标准生产。

3）功能选择。产品说明书上均有产品功能说明。选购时应明确其功能，有普通吊扇、有装饰性吊扇，有机械调速式、电子调速式、遥控等，根据自己所需功能来选购。

4）外观选择。外观有不同颜色，不同外形，根据自己喜好来选择。从外观看要特别注意各部件完好无损，扇叶不能变形，无划伤、裂纹、锈迹、吊漆、脱漆等。

5）现场选购试产品。首先用手转动扇头，并仔细听扇头运转时发出的声音，以轻、均匀为好。然后可接好线路安装上扇叶，通电运行。

（2）使用与维护

1）安装前应阅读吊扇的使用说明书和合格证书，检查扇头转动是否灵活自如，有无异常噪声，然后按使用说明书中的要求接线。

2）吊扇的安装应高于地面2.6m，距屋顶不小于0.4m；悬挂必须牢固可靠，能承受$3\sim4$倍的吊扇重量，吊钩的直径不得小于3mm，以防发生掉落伤人事故。

3）扇头与吊杆必须连接牢固，叶片安装可靠，其凹面向下，不得有明显的颤动现象。

4）吊杆的上、下防尘罩应固定。

5）吊扇的扇叶是重要部件，不论在安装、拆卸、擦洗或使用时，必须加强保护，以防变形。

6）吊扇调速旋钮应缓慢顺序旋转，不应旋在挡间位置；否则，容易使吊扇发热、烧机。

7）清洗吊扇时不能用汽油或强碱液擦拭，以免损伤扇叶表面油漆。

8）吊扇在使用过程中如出现烫手，异常焦味，剧烈晃动，转速变慢等故障时，不要继续使用，应及时切断电源进行检修。

9）储存吊扇前应彻底清除表面油污、积灰，并用干软布擦净，然后用牛皮纸或干净布包裹好。存放的地点应干燥通风避免扇叶挤压。

10）起动吊扇时，最好先用高速挡，待转速正常后，再调节到慢挡运行。这样，不仅有利于保护电风扇，而且还可节约用电。

思考与练习

1.吊扇的拆卸要点是＿＿＿＿＿＿＿＿＿＿＿＿＿＿＿＿＿＿＿＿＿＿＿＿＿＿＿。

2.吊扇由＿＿＿＿＿、＿＿＿＿＿、＿＿＿＿＿、＿＿＿＿＿等几部分组成。

3.吊扇是如何工作的？

4.吊扇的电动机与台扇使用的电动机有何区别？

5.电容器失效后吊扇会出现什么故障现象？

项目 *14*
抽油烟机的拆装与维修

学习目标

知识目标 ☞

1. 了解抽油烟机的类型、结构。
2. 理解抽油烟机的电路工作原理。
3. 了解抽油烟机油烟分离的基本原理。
4. 掌握抽油烟机的技术标准。
5. 了解抽油烟机的选购、使用与维护。

技能目标 ☞

1. 会拆卸与组装抽油烟机。
2. 能认识抽油烟机的主要部件。
3. 会检测抽油烟机的相关元器件。
4. 能排除抽油烟机的典型故障。

抽油烟机又称吸油烟机，是一种净化厨房环境的电动器具。它能迅速有效地排除厨房因炉灶燃烧的废物和烹饪过程中产生的有害气体和油烟，保持厨房的清洁卫生和空气清新。

中国第一台抽油烟机是我国商务部在德国慕尼黑商品博览会上引进由帅康生产，但当时没有结合中国人自己的烹饪方式生产，未能普及。因为外国家庭烹饪主要强调保持蔬菜的营养和原汁原味，基本采用蒸煮煎炸烹饪技巧不会产生多大的油烟，而中国人强调的猛火爆炒会产生大量的油烟。从1984年开始，中国一些厂家才开始制造符合中国国情的抽油烟机，但短短的20多年，中国的抽油烟机就历经了3代以上的变革，企业从几家发展到几百家，总计年产量从一万多台发展到几千万台，品种、花色、样式可谓是多种多样。

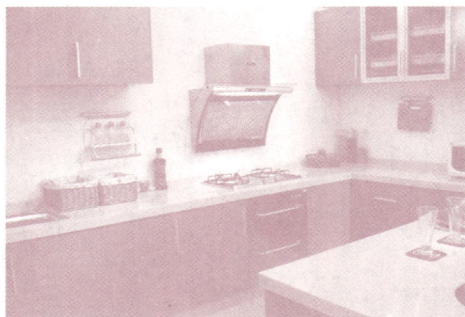

任务14.1 抽油烟机的拆卸与组装

任务目标

1. 会拆卸与组装抽油烟机。
2. 能认识抽油烟机的主要部件。

任务分析

拆卸与组装抽油烟机的工作流程如下：

确定抽油烟机的类型 ⇒ 认识抽油烟机的外形 ⇒ 拆卸与认识抽油烟机 ⇒ 认识抽油烟机的主要部件 ⇒ 组装抽油烟机

14.1.1　实践操作：拆装抽油烟机与认识抽油烟机的主要部件

1 确定抽油烟机类型与认识抽油烟机的外型

抽油烟机的类型有中式烟机、欧式烟机、侧吸式烟机、多媒体智能烟机等。图14-1所示为常见的几种类型的抽油烟机。抽油烟机虽类型各异，但都主要由风机系统、滤油装置、控制系统、外壳、照明灯、排气管等几部分组成。

（a）中式烟机　　　　　（b）欧式烟机（翼型）　　　　　（c）欧式烟机

（d）侧吸烟机样式　（e）多媒体智能烟机　（f）下吸式烟机（集成灶）　（g）嵌入式烟机

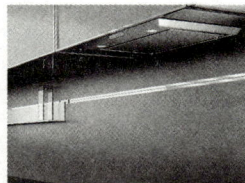

图14-1　常见的抽油烟机

图14-2所示为CXW－198－b7型机械控制的中式抽油烟机；图14-3所示为CXW－230－EU88型电脑控制的欧式抽油烟机。从外形看，抽油烟机有排烟口、止回阀、机壳、控制按键、照明灯、集烟罩、电源线、油网、进烟口、集油杯等部件。

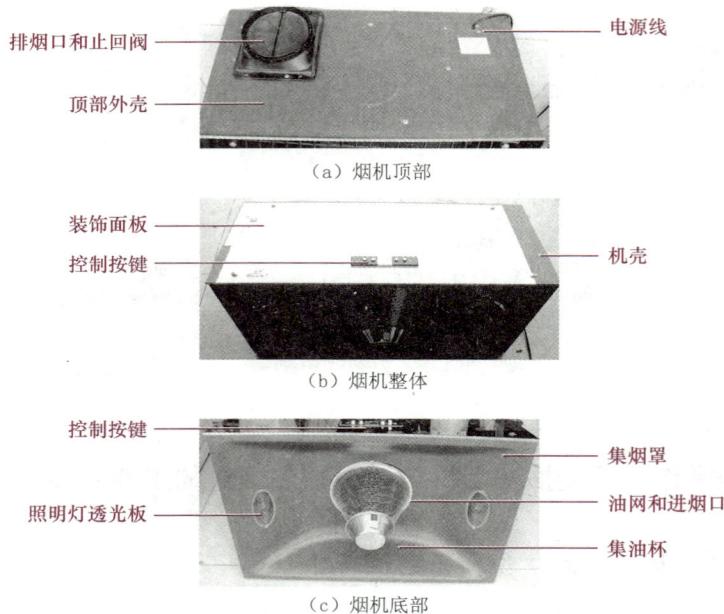

排烟口和止回阀
顶部外壳
电源线

（a）烟机顶部

装饰面板
控制按键
机壳

（b）烟机整体

控制按键
照明灯透光板
集烟罩
油网和进烟口
集油杯

（c）烟机底部

图14-2　CXW-198-b7中式抽油烟机

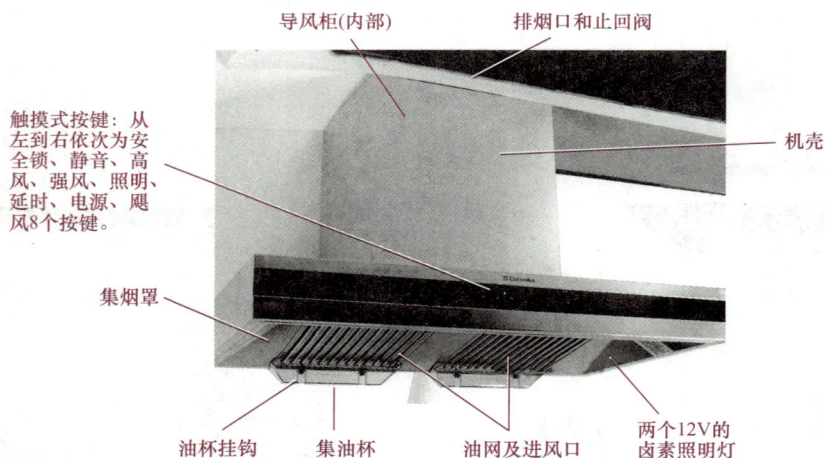

导风柜(内部)
排烟口和止回阀
触摸式按键：从左到右依次为安全锁、静音、高风、强风、照明、延时、电源、飓风8个按键。
机壳
集烟罩
油杯挂钩
集油杯
油网及进风口
两个12V的卤素照明灯

图14-3　CXW-230-EU88欧式抽油烟机

2 拆卸与认识抽油烟机

（1）CXW－198－b7中式抽油烟机的拆卸与认识

CXW－198－b7中式抽油烟机的拆卸比较简单，下面分解其拆卸方法。

第一步　拆卸抽油烟机外壳附件。

① 先用手旋出集油杯。	② 再用合适的螺钉旋具旋出固定油网的螺钉。	③ 取下油网。
④ 用螺钉旋具旋出固定透光板的螺钉。	⑤ 取下两个透光板，可观察到风叶和灯泡。	⑥ 在抽油烟机顶部用螺钉旋具旋出固定止回阀的4颗螺钉，取下止回阀。
		止回阀

第二步　拆卸抽油烟机集烟罩。

① 将抽油烟机侧立，可见在靠墙的一面有固定集烟罩的4颗螺钉。	② 用螺钉旋具旋出螺钉。	③ 撬开集烟罩并取出。
靠墙的一面	集烟罩	

④ 观察到内部结构。

灯座及灯泡　　电源线　　接线盒及电路元件　　导风柜(蜗壳)　　导风框　　固定叶轮的螺帽(逆时针紧)　　机械式控制按键　　叶轮(由许多离心式风叶构成)　　进烟口　　灯座及灯泡

第三步 拆卸灯泡、控制按键、导风框和离心式叶轮，可见叶轮是由许多具有一定角度的离心式风叶构成的。

① 取下灯泡。	② 旋出固定控制按键的螺钉。	③ 取下控制按键。
	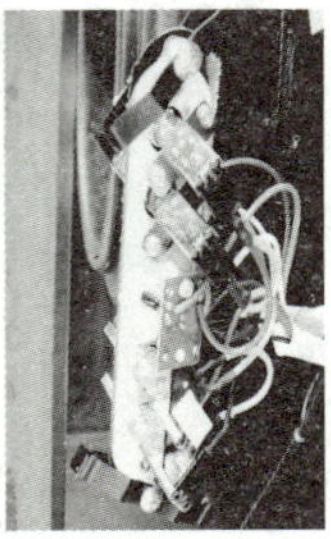	
④ 旋出固定导风框螺钉。	⑤ 顺时针旋出固定叶轮的螺帽。	⑥ 取出叶轮。
 叶轮		 导风框

第四步 取出接线盒盖和电动机。

① 先用十字螺钉旋具取下接线盒盖。	② 看见抽油烟机接线情况及熔断器和电动机起动电容。
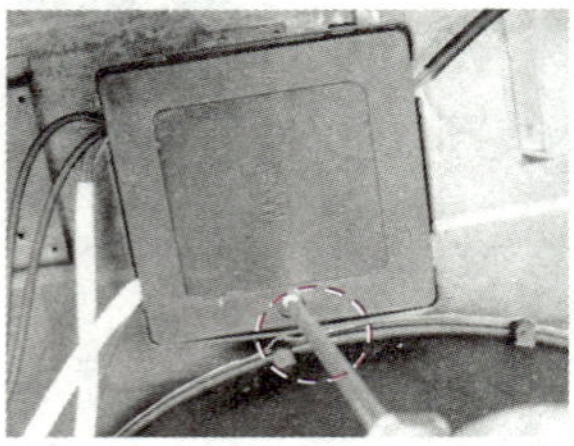	 5A的熔断器 4mF电容
③ 再用螺钉旋具将固定电机的3颗螺钉旋出。	④ 取下抽油烟机的电动机。
 有高、低两个变速绕组，共有4根出线	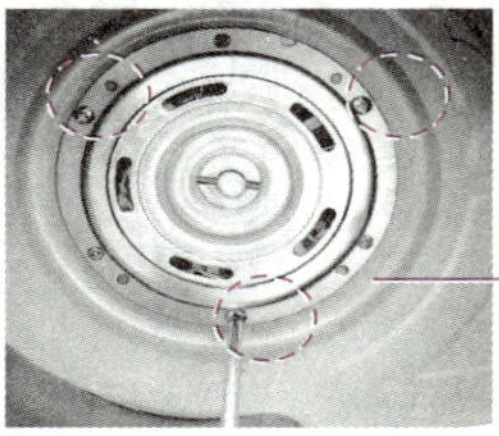 抽油烟机专用电动机

至此，中式抽油烟机的拆卸过程结束，该抽油烟机属于机械控制方式。

（2）CXW－230－EU88 欧式抽油烟机的拆卸

CXW－230－EU88欧式抽油烟机的拆卸也不难，下面分解其拆卸步履。

第一步　取下油杯和油网。

① 取下两个油杯。	② 按下卡扣取出油网。	③ 取下的双层油网。
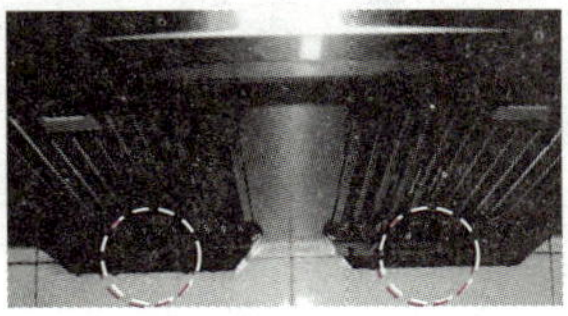		

第二步　拆卸烟道和叶轮的后盖。

① 从墙上取下抽油烟机。	② 将抽油烟机放在操作台上观察结构。	③ 认识两个挂钩。
		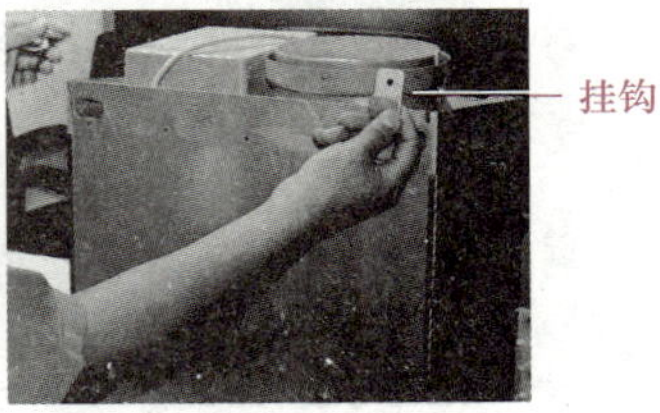 挂钩
④ 旋出固定叶轮后盖螺钉。	⑤ 取下后盖，可见叶轮。	⑥ 旋下固定烟道后盖螺钉。
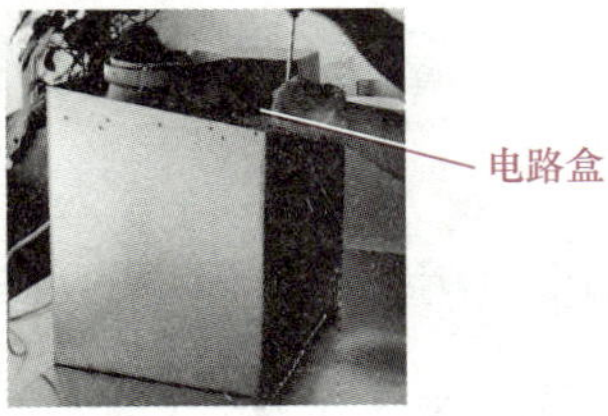 电路盒		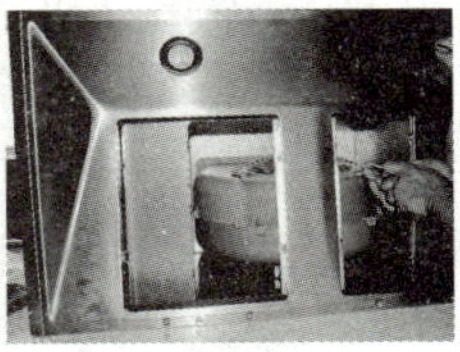

第三步　拆卸叶轮、电动机和印制电路板。

① 打开叶轮后盖后，看见叶轮，顺时针旋出固定叶轮的螺帽，取出叶轮。	② 可看见抽油烟机的电动机，用螺钉旋具旋出固定电动机的螺钉，取出电动机。
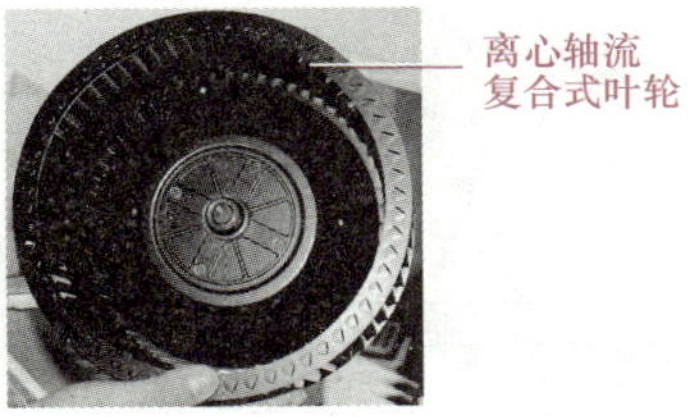 离心轴流复合式叶轮	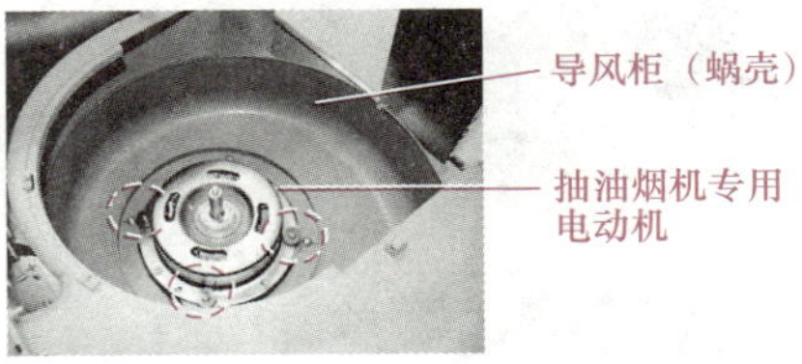 导风柜（蜗壳） 抽油烟机专用电动机

③在抽油烟机的顶部，可看见一方盒，打开其盖子，就能看见抽油烟机的控制电路及元器件都在这里，电源的进线也是从这儿进来，通过一根排线与抽油烟机面板的触摸控制键相连。	④抽油烟机印制电路板背面。
去面板的控制线　卤素灯变压器　电源变压器　5V稳压电源　5个继电器　电动机起动电容　排烟口	电脑控制芯片

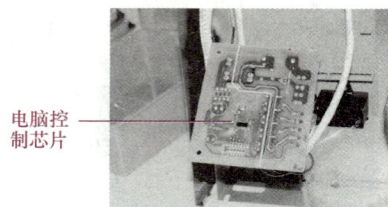

第四步　检查排烟口的止回阀性能。观察排烟口的止回阀，检查其开闭性能。

①排烟口关闭（止回阀关闭）。	②排烟口打开（止回阀开启）。

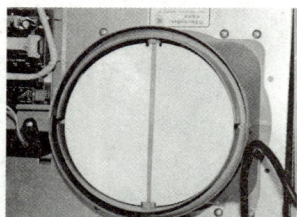

　　CXW-230-EU88欧式抽油烟机属于电脑控制方式，有8个触摸式印制按键、1块印制电路板（有电源降压变压器、整流滤波电路、5V稳压电路、电脑芯片、5个继电器等）、1个起动电容、1个电动机、1个卤素变压器和2个12V的卤素灯泡。

③ 认识抽油烟机的主要部件

　　CXW-198-b7中式抽油烟机的主要部件外形、作用等如表14-1所示。

表14-1　中式抽油烟机主要部件的外形、电路符号、特点及主要作用

部件名称	基本外形	电路符号	特点及主要作用
灯泡		HL ⊗	采用两个220V25W的灯泡，用于照明
机械按键		SB4　SB3　SB2　SB1（SB1是单刀双掷开关）	4个开关型号均为SW-3，规格为4A/250V。完成总电源控制、照明控制、电机开停控制和叶轮高速与低速控制
熔断器		FU	采用5A/250V的熔断丝，外有保险盒。起电路的短路保护作用

部件名称	基本外形	电路符号	特点及主要作用
电容器		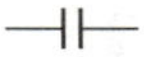 C	采用型号为CBB61无极性电容，规格为"4μF/450V AC"。起电动机的起动和运行作用
电动机		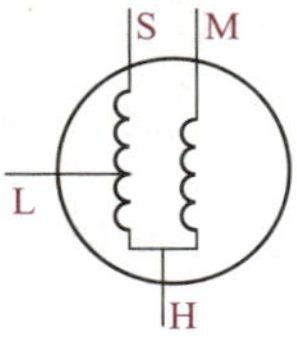 S M L H	电动机型号为YCY160C-4，规格为"220V 50Hz 160W 0.72A 4P B级"。属电容运转式。是抽油烟机的动力，带动叶轮高速或低速运转，实现吸油烟
叶轮		属机械结构	由许多有一定角度的风叶构成，风叶都采用离心轴流复合式，由铝质或合金材料制成，中间铆合一个轴孔为8mm的铝质轴套。也称"双层母子风叶式"结构。一是将油烟吸入，二是进行油气分离
导风柜（蜗壳）		属机械结构	利用空气动力原理，吸入上升的油烟，经油气分离，从下往上的排出到室外
油网	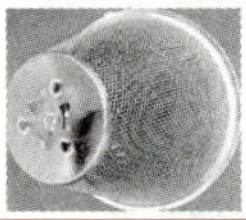	属机械结构，金属网状结构	既能让油烟吸入到烟道，又能吸附油珠
集油杯		属机械结构，有油量指示	收集叶轮和油网分离出来的油
排烟止回阀	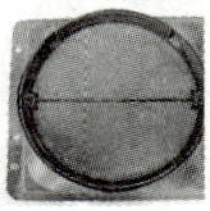	属机械结构	只能让室内烟向外排，而室外的气体不能向室内排

4 组装抽油烟机

CXW-198-b7中式抽油烟机组装过程与拆卸过程相反，从里往外进行安装和紧固，其具体步骤如下。

第一步　组装电动机、叶轮和导风框。

① 整理电动机线路，放置电动机在对应位置并紧固。	② 在电动机转轴上安装叶轮，并用螺帽逆时针紧固。	③ 密封安装导风框，并用6颗螺钉紧固在风道入口。
	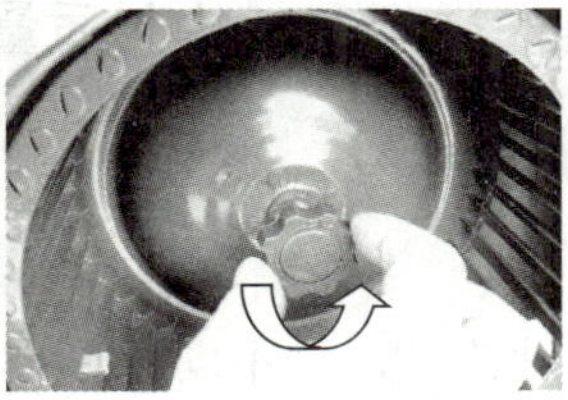	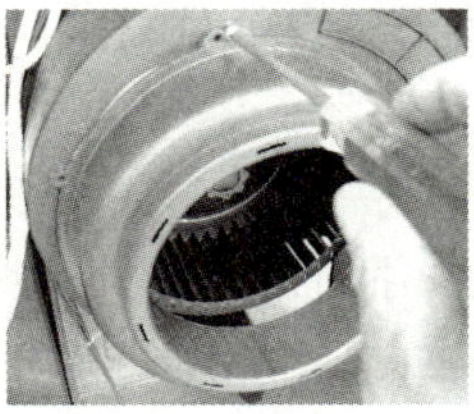

第二步　安装控制按键和接线盒盖。

① 在前面板上安装控制按键。	② 用螺钉紧固控制按键。	③ 整理并绑扎线路接头，放于接线盒中，盖上盖子并用螺钉紧固。

第三步　安装灯泡并盖上集烟罩，螺钉紧固集烟罩。安装上两个灯泡，再安装集烟罩，并用4颗螺钉紧固集烟罩。

第四步　安装透光板；再安装油网和油杯，以及止回阀。在集烟罩上对应位置把照明灯的透光板安装并紧固；最后把油网、油杯、排烟口的止回阀安装在相应位置。

第五步　检查安装情况及通电前检测。检查整机组装情况。按下电源按键，再按下灯泡按键，在插头处检测灯泡线路正常否；再按下电机控制按键，在插头处检测电机绕组情况，同时按下或弹起风速按键。

操作评价　抽油烟机的拆卸与组装操作评价表

评分项目	技术要求	配分	评分细则	评分记录
认识外形	能正确描述抽油烟机外观部件的名称	10	错每次扣1分，扣完为止	
拆卸抽油烟机	1. 能正确顺利拆卸	20	操作错误每次扣2分	
	2. 拆卸相应配件完好无损，并做好记录	10	配件损坏每处扣2分	
认识部件	能够认识抽油烟机组成部件的名称	10	错误每次扣1分	
组装抽油烟机	1. 能正确组装，还原整机	20	操作错误每次扣2分	
	2. 螺钉正确，配件不错装、不遗漏配件	20	错装、漏装每处扣2分	
安全文明操作	能按安全规程、规范要求操作	10	不按安全规程操作酌情扣分，严重者终止操作	
额定时间	每超过5min扣5分			
开始时间		结束时间	实际时间	成绩
综合评议意见				

14.1.2　相关知识：抽油烟机的类型、结构与质量标准及其油烟分离原理

1 抽油烟机的类型与结构

（1）抽油烟机的类型

抽烟烟机是专供厨房使用的电动器具，按不同的分类方法有不同的类型，常见的类型如表14－2所示。

表14－2　抽油烟机的类型

分类	类型	特　　　点
拆洗方式	免拆洗	免拆洗是第一代抽油烟机，在进风口上加过滤油网，能起到一定的滤油作用，但长时间不清洗，会导致吸力下降，易损坏电机，并造成细菌滋生，免拆洗并不等于永久不拆洗
	易拆洗	易拆洗是第二代抽油烟机，易拆洗抽油烟机的油网拆卸方便，但需要自己经常亲自动手为其"服务"
	自动清洗	自动清洗是第三代抽油烟机，自动清洗抽油烟机增加了清洗泵、清洗水壶、控制电路、导液管等装置，能随着风机的旋转和清洗液的喷射，自动清洗抽油烟机
控制方式	机械控制	抽油烟机的照明、电动机起停控制采用机械式按键或琴键开关，必须通过人工操作来控制；电路简单、成本低，但易接触不良，易损坏
	电子控制	采用了气敏传感器，空气中的油烟或煤气浓度达到一定值时，抽油烟机可自动起动并及时排出这些气体。可实现吸油烟自动化控制
	电脑控制	采用专用的抽油烟机电脑芯片，能实现触摸按键（或轻触按键）控制、与灶联体、液晶屏显示工作状态、延时控制等，操作轻松方便，智能化控制。目前多数抽油烟机均为电脑控制方式
吸油烟方式	顶吸式	抽油烟机安装在灶台上方，通过上面的风机把油烟抽走，但炒菜时会带来碰头、滴油等诸多不便。可以说传统的顶吸式抽油烟机已不适于中国的国情，以后会逐步被抽油烟效果更好的侧吸式和下吸式抽油烟机所替代
	侧吸式	侧吸式（也叫近吸式）抽油烟机改变了传统抽油烟机设计和抽油烟方式，烹饪时从侧面将产生的油烟吸走，基本达到了清除油烟的效果，而侧吸式抽油烟机中的专利产品——油烟分离板，彻底解决了中式烹调猛火炒菜油烟难清除的难题。这种抽油烟机由于采用了侧面进风及油烟分离的技术，使得油烟吸净率高达99%，油烟净化率高达90%左右，成为真正符合中国家庭烹饪习惯的抽油烟机。不过噪声大
	下吸式	油烟从灶的下面排走，集成灶一般采用这种方式。这种抽油烟机取消了传统的抽油烟机机箱，灶台上方宽敞。目前这种下吸式抽油烟机吸油烟效果也很好
集烟罩深浅不同	浅形罩	其集烟罩很浅，体积小，外形流畅，价格比较便宜，但集烟罩太浅，抽油烟的效果很差，已淘汰
	深形罩	深罩型包括深型或柜型，这两种形式的抽油烟机设置了较深(容积较大)的集烟罩，风机高速放置时，集烟罩上方形成一定的负压区，用来容纳来不及抽排走的油烟，起到了缓冲的作用，从而避免了大量油烟外溢扩散的现象。柜式的油烟抽净率可达到90%左右
设计样式	中式	浅形罩和深形罩抽油烟机都属于中式烟机，浅吸式就是普通的排气扇，直接把油烟排到室外，目前已被淘汰。深吸式抽油烟机效果不错，价格便宜，但最大的问题是占用空间，噪声大，容易碰头，滴油，清洗不方便
	欧式	利用多层油网过滤{5～7层}，增加电动机功率以达到最佳效果，一般功率都在200W以上。外观漂亮。多为平网型过滤油网，吊挂式安装结构。目前，中国的欧式抽油烟机只是外形是像"欧式"，内部结构都中国化了
	侧吸式	利用空气动力学和流体力学设计，先利用表面的油烟分离板把油烟分离再排出干净空气的原理。它的特点是抽油烟效果好、不滴油、不碰头，可隐藏在橱柜里同橱柜融为一体，不占空间。电动机不粘油，使用寿命长，清洗方便
	水帘式	新型净油烟机不仅"抽烟，更能净烟"。水帘式净油烟机采用洗涤吸收法，利用添加有洗涤剂的水溶液，在吸排油烟的同时自动将雾化的水溶液与油雾发生乳化和皂化反应，烟尘也同时被润湿洗涤下来，燃料燃烧时产生的有害物质及烹饪过程中产生的油烟绝大部分被水溶液中和净化
	多媒体智能机	多媒体智能烟机，采用现代工业自动控制技术、互联网技术与多媒体技术的完美组合，为现代智能厨房提供了样板，带领现代厨房步入娱乐与享受的动感时代，代表产品是展翼型油烟机

（2）抽油烟机的基本结构

抽油烟机种类较多，但它们都主要由风机系统、滤油装置、控制系统、机壳（箱体）、照明灯、排烟管、电源线等组成。图14-4为中式抽油烟机的内部结构图。

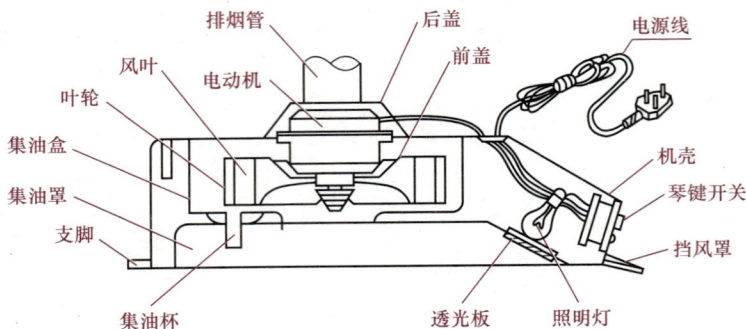

图14-4　中式抽油烟机的内部结构图

风机系统主要由进风口、叶轮、电动机、出风口、导风柜（蜗壳）等组成。电动机是抽油烟机的主要部件，是抽油烟机的动力源，通常均采用电容运转式单相异步电动机。叶轮大都采用离心式结构，即利用离心式抽气扇将油烟吸进，滤除油污成分，再经过排气管排出室外。电动机与叶轮性能决定抽油烟机的排烟效果。

滤油装置由集油盒（或油网）、排油管和集油杯组成。抽油烟机将吸入的油烟分离后，其中油污成分被甩向集油盒（或），顺着排油管流入集油杯。而侧吸式抽油烟机采用了油烟分离板技术，在进烟口就实现了油烟分离。

控制系统按控制方式分为机械控制式、电子控制系统和电脑控制式3类。机械控制方式一般由4～5按键开关连接有关元件构成，可进行高速、低速、停止及照明控制；电子控制式则通过集成电子线路实现抽油烟机各项功能的控制；电脑控制型通过单片机现实智能控制。

2 抽油烟机的质量标准

GB/T 17713-1999 规定，吸油烟机的风量不低于$7m^3/s$，风压标称值不低于80Pa，噪声不超过60dB 吸油烟机的型号为CXW。规格用输入功率（W）表示。

质量标准按GB 4706.28-1999《家用和类似用途电器的安全　吸油烟机的特殊要求》、QB/T 17713-1999《吸油烟机》和GB 19606-2004《家用和类似用途电器吸油烟机的噪声限值》的规定，主要质量指标如下：

1）绝缘电阻。不小于$2M\Omega$。

2）电气强度。能承受交流电压：1250V试验，历时1min无击穿或闪络。

3）额定风量。不小于$250m^3/h$（$\geq 4.16m^3/min$）。

4）额定风压。不小于90Pa。

5）噪声限值。不大于表14-3的规定。

6）排气效率。排除一氧化碳的效率不小于90%。

7）面板上设有气敏开关自动按钮装置。按下自动键

表14-3　风量对应噪声要求

风量/（m^3/min）	噪声/dB
$\geq 7 \sim 10$	71
$\geq 10 \sim 12$	72
≥ 12	73

后，当使用场所的一氧化碳等有害气体或烟雾超过一定浓度时，蜂鸣器报警并驱动电动机工作。当有害气体或烟雾低于一定浓度后，延时1min即自动停机。

3 抽油烟机的油烟分离原理

普通抽油烟机通电后，电动机将驱动叶轮高速旋转，在风叶周围产生空气负压区，迫使灶台上方的油烟气上升被集烟罩所收集，由进风口进入导风柜内，进入导风柜内的油烟气，首先经过油烟过滤板进行第一次过滤。由于叶轮为双层母子风叶，迫使气体中的油分子颗粒附在子风叶的叶片上，积聚成油滴，这些油滴又在母风叶和离心力的作用下，脱离风叶顺着油道流入油杯内，而废气则从出风口排到室外。

自动监控抽油烟机在普通抽油烟机基础上增加了自动监控电路，当厨房的油烟或可燃有害气体达到一定浓度时，气敏传感器可使监控电路自动启动，油烟分离原理与普通型抽油烟机相同。

侧吸式抽油烟机在进风口均采用了油烟分离技术——油烟分离板，它采用双层油网错层结构设计，当油烟在上升过程中改变方向，会有一部分油烟颗粒滴落，被第一层油网接住，由于温差可能会凝结在第一层油网上，凝结的油会顺着第一层油网流到第二层油网上，再接着流入油杯。残余的油再由叶轮分离出来。

任务 14.2 抽油烟机的维修

任务目标

1. 会检测抽油烟机的主要部件。
2. 学会维修抽油烟机的常见故障。

任务分析

学会检测抽油烟机的主要部件，学会维修抽油烟机常见故障。

14.2.1 实践操作：抽油烟机的主要部件检测及其常见故障排除

1 检测抽油烟机的主要部件

中式抽油烟机主要部件的质量检测如表14-4所示。

表14-4　中式抽油烟机主要部件的质量检测

部件名称	质量检测（数字表DT9205检测）	部件名称	质量检测（数字表DT9205检测）
灯泡	可直观灯丝情况，灯泡不松动。也可用万用表的20k挡检测灯泡，应有约2kΩ的阻值	叶轮	观察叶片是否断裂、变形，检查动平衡片

续表

部件名称	质量检测（数字表DT9205检测）	部件名称	质量检测（数字表DT9205检测）
机械按键	手动检查是否灵活，万用表的200Ω挡检测3个开关是否接触良好，能闭合或完全断开	导风柜（蜗壳）	检查连接处有无漏气，风道有无破裂，烟道内异物阻塞，有无污物。有就应修补及清除、清洗
熔断器	可直接观察熔丝是否断裂；也可用万用表200Ω挡检测应为0Ω	油网	检查油网有无变形、孔被堵塞、油污是否过多，有则修复和清除
电容器CBB61	万用表20μF电容挡检测其容量应接近4μF。注意检测前电容器先放电	油杯	检查油杯油污破裂，取下与装上是否牢固、方便
电动机	用手转动转轴看转动是否灵活；用万用表的200Ω挡检测主绕组接近100Ω，副绕组超过100欧姆。另用绝缘电阻表测量绕组间以及与电动机机壳间绝缘电阻大于2MΩ	止回阀	就是一个单向阀，检查是否灵活，能否实现应有功能

② 排除抽油烟机的常见故障

中式抽油烟机的常见故障现象及解决办法如表14-5所示。

表14-5　普通中式抽油烟机常见现象及解决办法

故障现象	故障分析	产生原因	故障排除
接通电源，按下控制开关，叶轮不转动，电动机无"嗡嗡"声	说明电动机损坏或供电线路存在开路故障	电源插头、电源线、插座接触不好或有断线	检查，找出断线点重新接牢或更换
		开关损坏或触点接触不良	打开集烟罩，用万用表测量控制开关性能，损坏则更换
		机内连接导线脱焊或脱落	拆开抽油烟机后，仔细检查电路，也可用万用表电阻挡配合检查。找出开路点后，重新接牢并固定好
		电动机定子绕组引线开路或绕组烧毁	用万用表电阻挡检测电动机。若是引线脱落或断裂，则将引线重新焊(接)牢；若电动机绕组烧毁，则更换绕组或整个电动机
接通电源，按下控制开关，叶轮不转动，但电动机发出"嗡嗡"声	说明电动机供电线路正常，是电动机机械故障被卡死或启动有问题	受外力碰撞后，电动机转轴严重弯曲，起动时被卡死而不能转动	拆开电动机内外壳，取出转子，将转轴进行细微的调校，使径向跳动量在1~4μm范围之内，重新装好转子。如无法修复则更换电动机
		电动机转轴与含油轴承配合过紧或不同心，导致转子与定子互相卡死，造成通电后电动机不能运转	拆下叶轮后，用手拨动电动机转轴，检查转动是否灵活。如转动困难，便要拆开电动机进行修复或更换含油轴承
		转子、定子的气隙有异物堵塞或含油轴承损坏、严重磨损，导致转子、定子相碰后堵转	拆下电动机后，检查电动机定子、转子间气隙，调整修复或更换电动机
		电容器失效	如电动机完好，则应重点检查电容器。拆下电容器后，用万用表的电容挡测量电容器有无容量，如损坏则更换同规格电容器
		电动机起动绕组损坏	万用表检测电动机绕组情况。若绕组断路或短路故障，则修复电动机或更换

故障现象	故障分析	产生原因	故 障 排 除
电动机转速变慢	说明问题在于电动机本身或运行电容故障	电容器容量明显减小使转速明显降低	如电动机完好,可拆下电容器后用万用表检测,如失效则更换
		电动机定子绕组匝间短路,造成通电后转矩减小	通电后电动机外壳短时间内便很烫手,则电动机肯定存在匝间短路,可拆开电动机后修理或者更换电动机
运转时噪声大,声音异常	一般是装配不良或螺钉松动或风叶变形造成	电动机装配不良,端盖螺钉松动,运转时因震动而发出噪声	如噪声来自电动机,可断电后仔细检查,确认后重新安装固定好
		叶轮装配不良,与顶壳相碰或叶轮松动,使叶轮产生轴向窜动	拆下叶轮后噪声消失,则噪声源在叶轮。如装配位置有误,则可重新装好叶轮;如叶轮固定套紧固螺钉松动,则可调整好叶轮位置后,将紧固螺钉拧紧
		风叶变形严重,运转时因抖动而发出噪声或与外壳相擦而发出噪声	断电后拨动风叶,检查有无相擦现象。拆下叶轮后进一步检查,如风叶变形不大可进行适当校正;无法校正的只能更换风叶
排烟效果差	主要是风机系统安装不合理,或导风管道漏气	抽油烟机与灶具距离过大,使它产生的吸力不足	重新正确安装抽油烟机,与灶间距离要合适,一般控制在650~750mm
		排烟管过长、拐弯过多或管内有障碍物,造成排烟不通畅	重新安装排烟管,减小长度和拐弯次数;如管内有障碍物则应清除干净
		排烟管道接口严重漏气或集油盒密封条破损	检查确认后,将漏气部位密封好;若集油盒密封条破损,则更换贴牢

操作评价 抽油烟机的维修操作评价表

评分内容	技 术 要 求	配分	评 分 细 则	评分记录
检测元件	能正确检测抽油烟机元件的好坏	20	操作错误每次扣5分	
排除抽油烟机的故障	1.能够正确描述故障现象、分析故障,确定故障范围及可能原因	20	不能,每项扣5分,扣完为止	
	2.能够正确拆装抽油烟机	20	操作错误每次扣2分	
	3.能够由原因逐个排除,确定故障点,并能排除故障点	20	不能,扣10分;基本能,扣5~10分	
安全使用	安全检查,正确使用抽油烟机	10	操作错误每次扣5分	
安全文明操作	能按安全规程、规范要求操作	10	不按安全规程操作酌情扣分,严重者终止操作	
额定时间	每超过5min扣5分		不按安全规程操作酌情扣分,严重者终止操作	
额定时间	每超过5min扣5分			
开始时间		结束时间	实际时间	成绩
综合评议意见				

14.2.2 相关知识：抽油烟机电路的工作原理及其使用与维护

1 抽油烟机电路的工作原理

CXW-198-b7中式抽油烟机采用机械控制方式，其电路工作原理图如图14-5所示。

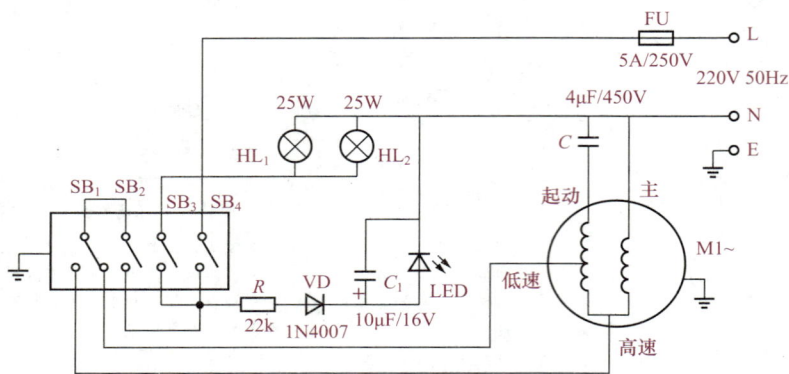

图14-5　CXW-198-b7中式抽油烟机电路工作原理图

图14-5中，按键SB_1是风机高速/低速切换开关；SB_2是电动机开/停控制开关；SB_3是照明亮/灭控制开关；SB_4是电源开/关控制开关。当抽油烟机接通电源后，按下SB_4，抽油烟机通电，指示灯LED发出蓝色光。

按下SB_3时，照明灯HL_1和HL_2发光照明。

按下SB_2时，电动机低速挡通电，风机运转抽吸油烟，电容器C为电动机的起动运行电容。

按下SB_1时，电动机高速挡通电，风机高速运转。

电源指示电路由电阻器R、整流二极管VD、滤波电容器C_1、发光二极管LED组成，当SB_4按下后，220V电源经R降压，VD整流，C_1滤波产生直流电压供发光二极管LED发光。

2 抽油烟机的的选购、使用与维护

（1）选购

选购抽油烟机时要注意以下3点：

1）要选择排烟率高的抽油烟机。安装抽油烟机的目的就是为了在烹饪中抽走油烟。

2）要选择负压大的抽油烟机。因为抽油烟机的负压越大，吸烟能力越强。

3）要选择各项技术指标符合国家标准的抽油烟机。选择产品质量有保证的产品。

（2）使用与维护

只要烹调一开始就应打开，直到整个烹调结束后再经过5～6min，才能关机。这是因为天然气或液化石油气，在抽油烟机停用的情况下，只要燃烧几分钟氮气化合物就超过标准5倍，而一氧化碳气体可超过标准的65倍以上，因此在烧菜煮饭过程工作中，抽油烟机应全程工作，而不能时开时停。要将厨房内残留的有害气体最大限度的排出去，不使其滞留在厨房内，以防危害人体健康。

　　每次烹饪后必须清洁烟机表面，定期清洁油网、油杯以及叶轮。到一定时候还要清洁风机系统，检查电气系统的绝缘性能。要使烟机寿命长、效果好，按照烟机说明书正确使用，"防"比"治"更重要。

思考与练习

　　1. 抽油烟机按控制方式分，主要类型有＿＿＿＿＿＿、＿＿＿＿＿＿、＿＿＿＿＿＿。

　　2. 中式抽油烟机的拆卸要点是＿＿＿＿＿＿＿＿＿＿＿＿＿＿＿＿＿＿＿＿＿＿＿＿＿
＿＿＿＿＿＿＿＿＿＿＿＿＿＿＿＿＿＿＿＿＿＿＿＿＿＿＿＿＿＿＿＿＿。

　　3. 抽油烟机主要由＿＿＿＿＿＿＿、＿＿＿＿＿＿、＿＿＿＿＿＿、＿＿＿＿＿、
＿＿＿＿＿＿、＿＿＿＿＿＿等几部分组成。

　　4. 抽油烟机都采用了叶轮，其作用是＿＿＿＿＿＿＿＿＿＿＿＿＿＿＿＿＿。

　　5. 中式抽油烟机通电后风机不转动，且电动机没有声音或发出"嗡嗡"声，这两种故障哪一种主要是由于机械方面的原因引起的？

项目 *15*
洗衣机的拆装与维修

洗　衣机是利用电能驱动，依靠机械作用洗涤衣物的清洁电器。它代替了千百年来人们一直延用的手搓、棒击、冲刷、甩打等洗衣方式，把人们从繁重的手工洗衣劳动中解放出来。

　　1911年世界上第一台电动洗衣机在美国问世，1922年又出现了搅拌式洗衣机，其洗涤系统受到广泛欢迎并一直沿用至今。与此同时，英国出现了喷流式洗衣机。1937年第一台自动型滚筒式洗衣机在欧洲问世，1947年出现了顶装型滚筒式洗衣机。1953年日本在引进喷流式洗衣机基础上研制成功了波轮式（涡卷式）洗衣机，并很快在日本流行。1960年带有离心式脱水装置的波轮式双桶洗衣机投入市场，1965年全自动波轮式洗衣机开始投产。

　　我国家用洗衣机的研制始于1957年，自1978年起才开始发展，起步虽晚，但发展速度之快，令世人瞩目，不过10个年头，就走完了工业发达国家30年的路程，年产量在1988年就一跃成为世界上洗衣机生产大国。目前我国洗衣机不断开发出新技术，其趋势主要向多功能、大容量方向发展；向微电脑、传感器和模糊逻辑控制方向发展；向节水、节电和节约洗涤剂方向发展；向机电一体化的静音化方向发展；向洗干一体化全自动洗衣机方向发展；向多品种、大容量、新款式、高可靠性方向发展。

任务 *15.1* 洗衣机的拆卸与组装

任务目标

　　1.会拆卸与组装洗衣机。

　　2.能认识洗衣机电路的主要元器件。

任务分析

　　拆卸与组装洗衣机的工作流程如下：

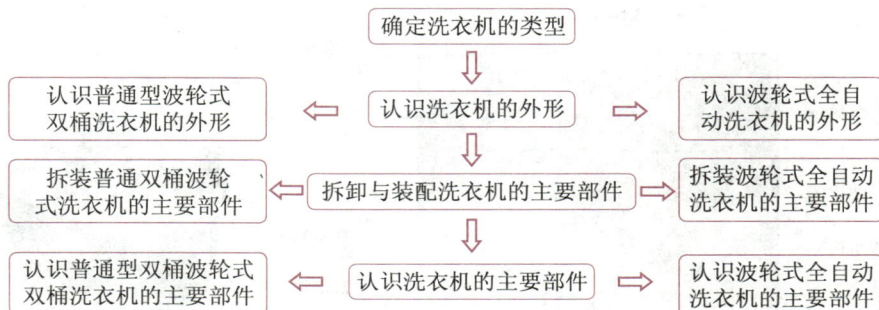

```
                        确定洗衣机的类型
                              ⬇
认识普通型波轮式          认识洗衣机的外形          认识波轮式全自
双桶洗衣机的外形     ⬅                   ➡      动洗衣机的外形
                              ⬇
拆装普通双桶波轮        拆卸与装配洗衣机的主要部件      拆装波轮式全自动
式洗衣机的主要部件   ⬅                   ➡      洗衣机的主要部件
                              ⬇
认识普通型双桶波轮式        认识洗衣机的主要部件      认识波轮式全自动
双桶洗衣机的主要部件  ⬅                   ➡      洗衣机的主要部件
```

15.1.1 实践操作：拆卸、装配和认识洗衣机的主要部件

1 确定洗衣机的类型

　　洗衣机按洗涤方式分，有波轮式洗衣机、搅拌式洗衣机、滚筒式洗衣机、双动力洗衣机；按自动化程度分，有普通型、半自动型和全自动型洗衣机；还有单桶、双桶之分。如图15-1所示。

　（a）普通型双桶洗衣机　　（b）波轮式全自动洗衣机　　（c）滚筒式全自动洗衣机　（d）双动力洗衣机（不用洗衣粉）

图15-1　常用的洗衣机

2 认识洗衣机的外形

（1）普通型波轮式双桶洗衣机

图15-2所示为XPP50-4S普通型波轮式双桶洗衣机，从外形看，它有电源线、排水

管、进水口、注水方式选择开关、洗涤定时器、洗涤方式选择开关、排水开关、脱水定时器、洗涤筒、脱水筒、箱体及洗涤桶盖、脱水桶盖等部件。洗涤、漂洗和脱水需要人工切换。

（2）波轮式全自动洗衣机

图15－3所示为XQB42－62波轮式全自动洗衣机的外形。从外形看，它有电源线、排水管、进水口、水位选择开关、洗涤脱水自动程控操作板、洗涤脱水筒、箱体及折叠式桶盖等部件。

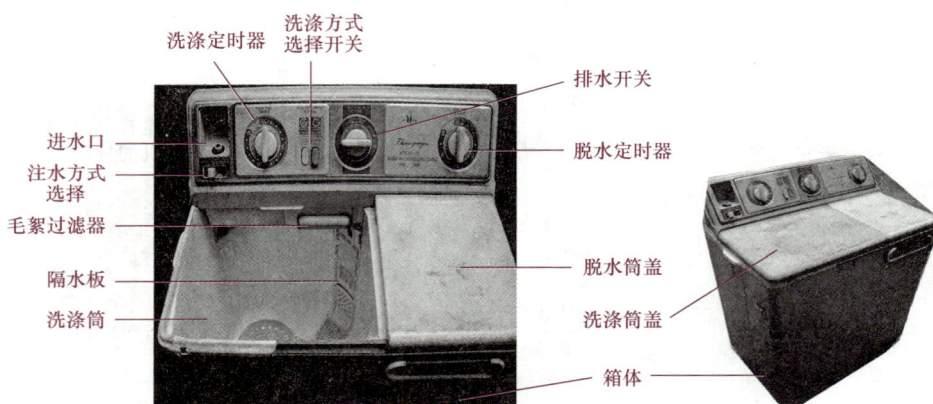

图15-2　XPP50-4S普通型波轮式双桶洗衣机的外形图

图15-3　XQB42-62波轮式全自动洗衣机的外形

3 拆卸与装配洗衣机的主要部件

拆装洗衣机之前应先将水桶中的水排尽，然后拔掉电源插头，准备好相应电工工具、标签、笔、纸及装螺钉、小零件的塑料盒等。

（1）拆装普通型双桶洗衣机

普通型双桶洗衣机的结构比较简单，主要有控制面板的拆装、洗涤电动机的拆装、波轮轴组件的拆装、排水系统的拆装和脱水系统的拆装。

第一步　普通洗衣机控制面板的拆装。当需要更换洗涤定时器、脱水定时器、洗涤选择开关、脱水开关时就必须拆装洗衣机的控制面板。

① 使用十字螺钉旋具旋下洗衣机后背上部的8颗固定螺钉。	② 从前面慢慢揭开控制面板，注意有线路及脱水控制杆。记录线路连接情况。
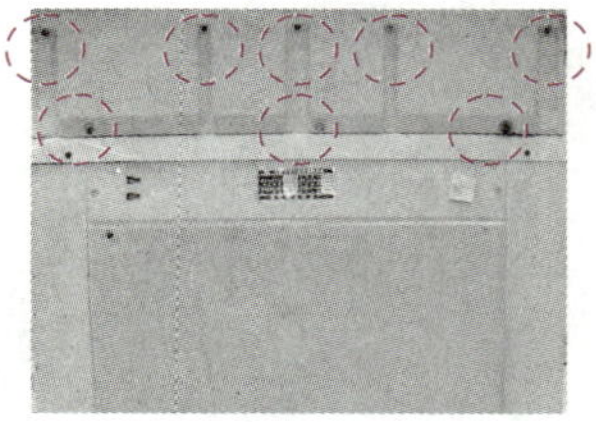	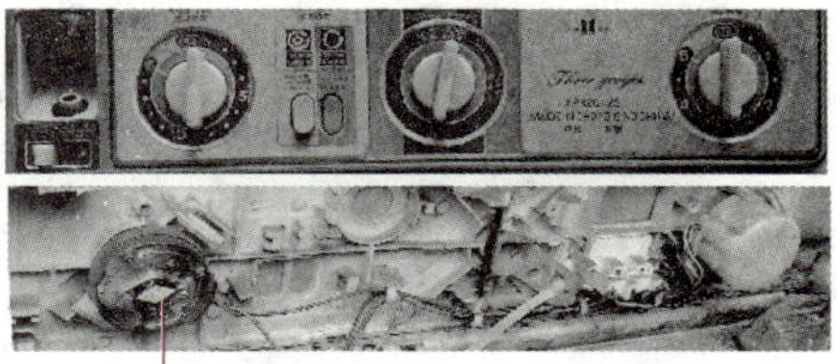 脱水定时器

③ 分别拆卸面板上的控制部件：洗涤定时器、洗涤选择开关、脱水定时器、脱水盖控制开关。认识其外形和线路连接情况。

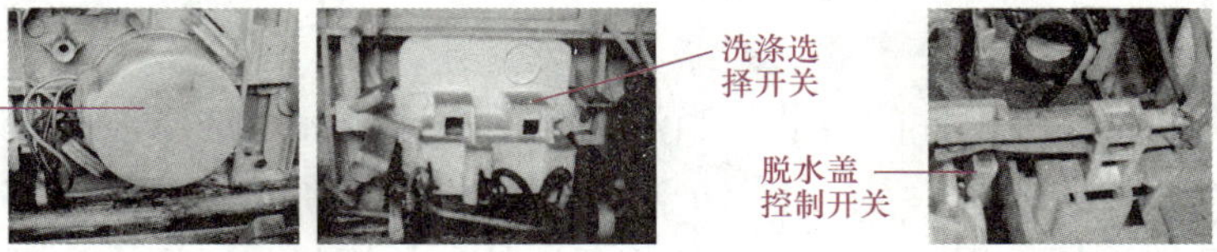

洗涤定时器　　洗涤选择开关　　脱水盖控制开关

修复或更换好控制元件后安装在相应位置，以拆卸的相反步骤装配控制面板。

第二步　普通型双筒洗衣机的洗涤电动机的拆装。洗衣机电动机损坏后就必须拆卸电动机以进行更换或修理。

① 准备好拆卸时所需要的工具。	② 认识洗衣机外形，分析拆卸方法。	③ 用十字螺钉旋具旋下洗衣机后盖螺钉，取下后盖。
		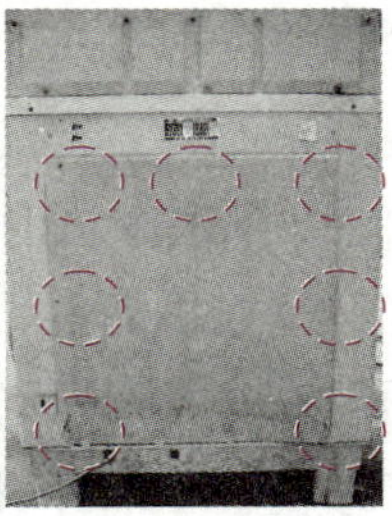

④ 用一字螺钉旋具撬起皮带，慢慢旋转皮带盘将传动带取下。使用套筒扳手拆卸小皮带轮。

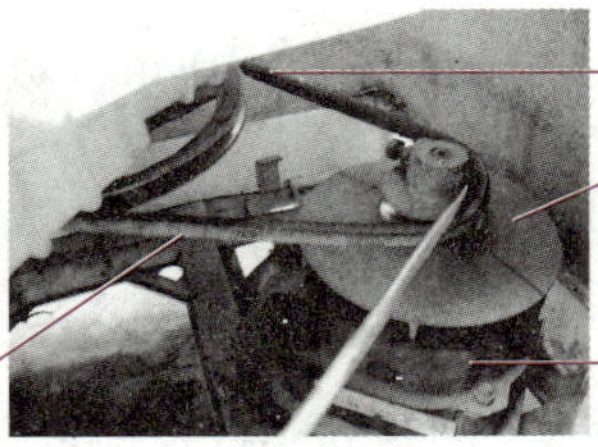

大皮带轮
小皮带轮
传动带
洗涤电动机

⑤用十字螺钉旋具旋下固定洗涤电动机的3颗螺丝。	⑥取下电动机及连接导线，记录导线连接情况及颜色。洗涤电动机有3根引出线，分别为主、副和公共端。修理电动机按前面介绍的方法进行。

更换或修复好已损坏的电动机后，首先检查转子转动是否灵活，再检查绕组电阻合格后方能通电试运转。这时就可按拆卸相反的步骤进行装配。注意旋紧螺钉，位置正确，调整好皮带松紧度。

第三步　波轮轴组件的拆装。当洗衣机的洗涤桶漏水洗涤波轮磨损或打滑，需更换波轮。

①打开洗涤桶，用一字螺钉旋具撬开波轮上的塑料扣，用十字螺钉旋具旋下波轮紧固螺钉，取下波轮，即可更换波轮。

②打开洗衣机后盖，用手转动大皮带轮，将传动带从大传动带轮上卸下来。

③旋松固定大传动带轮的紧固螺母，取下大皮带轮。

④旋下轴套紧固螺母，从洗衣桶里将波轮轴组件取出，注意放好轴套和洗衣桶之间的橡胶垫。

⑤仔细检查波轮轴组件有无锈蚀、密封圈是否老化或变形。如有，则进一步拆卸波轮轴组件；如无，则不再拆卸。

⑥更换好封水橡胶垫或波轮轴组件后。按与①～④相反的步骤安装波轮轴组件。

第四步　排水系统的拆装。

①打开洗衣机后盖，卸下排水拉带。

②用手旋开排水四通阀的阀盖，取出压缩弹簧、拉杆和橡胶密封套。

③仔细检查压缩弹簧是否严重锈蚀、断裂，失去弹性等，如失效应予更换。

④仔细检查橡胶密封套有无老化破损、变形等，如有则应更换。

⑤检查阀体、排水管等有无破损，如有则应更换。

⑥清除阀体内的杂物。

⑦按装时把拉杆插入密封套内，并固定在阀堵里。然后把压缩弹簧套在拉杆上，再把密封套放入阀体，将阀盖旋紧在阀体上。

⑧安装好排水拉带。

第五步　脱水系统的拆装。

①打开洗衣机后盖，旋下联轴器上的紧固螺钉及锁紧螺母。

② 打开脱水桶外盖和内盖，向上拔出脱水桶。

③ 拆开脱水电动机与电路的连接线（记下连接位置）。

④ 翻倒洗衣机，旋下固定3根减震弹簧的紧固螺钉，将脱水电动机连同刹车机构等一起拆下。

⑤ 旋松联轴器上的紧固螺钉及锁紧螺母，将联轴器从脱水电动机轴上取下。

⑥ 仔细检查刹车块是否磨损，刹车拉簧有无锈蚀、变形，刹车动臂是否转动灵活等，损坏或失效的应予更换。

⑦ 按与①～⑤相反的顺序将脱水系统安装、连接好。

（2）拆装波轮式全自动洗衣机

波轮式全自动洗衣机把脱水桶放在洗涤桶内，看似为单桶洗衣机。主要有程控板的拆装、进水系统的拆装、电动机的拆装、离合器组件的拆装、排水系统的拆装。

第一步 XQB42-62波轮式全自动洗衣机程控电路板的拆装。当需要维修或更换程控电路板就必须拆装洗衣机的控制面板。

① 拔掉电源线，旋下进水软管。	② 使用十字螺钉旋具旋下洗衣机上部控制台四周的4颗紧固螺钉。	③ 用手慢慢从前部掀起洗衣机控制台。
④ 仔细观察控制台后部有洗衣机盖开关、面板线路和水位控制气管。观察拆卸面板方法。		⑤ 用十字螺钉旋具旋下固定操作面板的2颗螺钉。
⑥ 将洗衣机控制台放回原位，面板向右移动，再向上提起，可取出面板盒。	⑦ 用十字螺钉旋具旋下面板盒上的5颗螺钉。	⑧ 取下面板盒，可见程控电路板。拔掉插接线即可取出电路板。

维修或更换电路板后，按拆卸相反顺序装配全自动洗衣机程控板。

第二步　XQB42-62洗衣机水位选择开关、进水电磁阀等部件的拆卸。当需要维修或更换进水电磁阀、水位选择开关、盖开关及电源开关时就必须拆装。

① 用一字螺钉旋具撬起水位选择旋钮，并用十字螺钉旋具旋下后背的2颗螺钉。	② 用一字螺钉旋具撬起卡扣，揭起装饰盖，可见水位控制开关、进水电磁阀等部件，记录线路情况，即可分别拆卸各部件。
	电源开关　进水电磁阀　盖开关　水位选择开关

维修或更换好水位开关、进水电磁阀等部件后，按拆卸相反顺序装配部件。

第三步　XQB42-62洗衣机电动机的拆卸。当需要维修或更换电动机时就必须拆装。

① 用十字螺钉旋具旋下洗衣机背盖的6颗螺钉。	② 取下背盖板，可见洗衣机底内部情况。	③ 倒置洗衣机，用螺钉旋具旋下底盖螺钉，取底盖。

④ 使用套筒扳手旋下金属隔板。	⑤ 可见电动机、传动皮带和排水电磁阀、离合器等部件。再用扳手拆卸下电动机，记录相关线路和螺钉规格。
	排水电磁阀　电动机　皮带轮　离合器　传动皮带

维修或更换好电动机后，接好线路，按拆卸相反顺序装配电动机。

在拆卸电动机后，对离合器组件的拆装、排水系统的拆装也不难，只要仔细观察它们的装配情况，就可拆卸和装配。

4 认识洗衣机的主要部件

（1）认识普通型波轮式双桶洗衣机主要部件

普通型波轮式双桶洗衣机由洗涤系统、脱水系统和进排水系统、电动机和传动系统、电气控制系统、支承机构等部分组成。其中：

洗涤系统的主要部件有洗涤桶、波轮、波轮轴组件、洗涤水封等；

脱水系统的主要部件有脱水外桶、内桶、脱水轴组件、脱水水封、刹车装置、喷淋装置。

进排水系统主要是进水口、进水方式选择和排水四通阀（塑料件）、排水管等。

电动机和传动系统主要有洗涤电动机、脱水电动机、大小两个皮带轮、传动皮带。

电气控制系统主要有洗涤定时器、脱水定时器、洗涤选择方式开关、盖开关、洗涤电动机运行电容器和脱水电动机运行电容器、洗涤电动机和脱水电动机。

支承机构有箱体、底座、减震装置、洗涤盖、脱水盖、背盖、操作台骨架等。

普通型波轮式双桶洗衣机主要部件的实物外形、作用如表15-1所示。

表15-1　普通型波轮式双桶洗衣机主要部件的外形及主要作用

名称	外形	主要作用	名称	外形	主要作用
洗涤电动机		型号为XD120，规格为220V、50Hz、120W，起动电流为2.5A，起动电容器为10μF/450V，转速为1370r/min。为4极交流异步电动机。带动波轮正反转完成洗涤和漂洗	脱水电动机		型号为XTD60，规格为220V、50Hz、60W，起动电流为1.5A，起动电容器为4μF/450V，转速为1350r/min。为4极交流异步电动机。带动脱水桶单向旋转完成脱水
洗涤定时器		型号为DXT15SF-C2，规格为AC 220V 3A 50Hz，操作方向为顺时针，绝缘电阻100MΩ，定时给定范围15min。有5根引线，与洗涤选择开关配合使用完成洗涤正反转和定时控制	脱水定时器		型号为DXT5-1，规格为定时范围(5±1)min，AC 220V 50Hz 额定电流为2.5A。有两根导线，与消毒定时器相同，主要用于脱水定时开关切换和定时控制
洗涤电容器		型号为CBB60，规格为AC450V 50Hz，10μF。用于洗涤电动机起动运行，通过开关使洗涤电动机的主、副绕组分别串联电容器实现电动机正转和反转	脱水电容器		型号为CBB60，规格为AC450V 50Hz，4μF。用于脱水电动机起动运行，通过与脱水电动机副绕组串联实现电动机单向旋转
波轮		为塑料件，不同洗衣机规格形状不同。它带动洗涤桶内的水和衣物旋转，达到洗涤目的	波轮轴		波轮轴上连波轮，下连大皮带轮，传递转动力矩，同时保证洗涤桶内的水不会泄漏

续表

名称	外形	主要作用	名称	外形	主要作用
大皮带轮		有铝合金件或塑料件。安装在波轮轴上。将洗涤电动机的转矩通过传动皮带传给波轮轴，起减速作用	小皮带轮		有铝合金件或合金件，上面有风扇。安装在电动机转轴上，将洗涤电动机的转矩传给皮带，同时给电动机散热
传动皮带		为耐磨橡胶件，是洗衣机中较关键的部件，也是易损部件。将电动机的动力传递给波轮。安装时不能过紧或过松	脱水水封		既要保证脱水桶旋转，也要保证桶内水不能流入脱水电动机，是脱水系统关键部件，也是易损部件

（2）认识波轮式全自动洗衣机的主要部件

波轮式全自动洗衣机主要部件的实物外形及作用如表15-2所示。

表15-2　波轮式全自动洗衣机主要部件的外形及作用

名称	外形	作用	名称	外形	作用
盖开关		当脱水时打开洗衣机盖时或脱水内桶摆动幅度过大时自动切断电动机电源，迫使脱水电动机停止转动进入保护状态	电容器		利用电容器对交流电流的移相作用，与电动机副绕组配合，产生与主绕组相位差90°的交流电。使电动机内形成旋转磁场
进水电磁阀		控制洗衣机自动注水和停止注水	洗衣机内桶		用于盛放衣物，并且用于脱水时分离衣物上的洗涤液。上部装有内置盐水的平衡圈，用于脱水时保持平稳
排水阀电磁铁		通电后拉动离合器上的拨叉，使离合器进入脱水状态，控制脱水桶的状态，同时拉动排水阀芯，打开排水通路	波轮		由电动机带着转动，搅动洗涤桶内的洗涤液。形成水流洗涤衣物
程控板		控制洗衣机的工作状态，按照预定程序自动完成洗涤、漂洗、脱水等功能	电动机		为洗衣机洗涤、漂洗或脱水提供动力，能实现正反转
水位开关		监测洗涤筒内水位的高低，是否满足设定要求。水位到达要求后，进水电磁阀动作停止进水，洗衣机开始洗涤或漂洗	离合器		利用内部的棘轮和行星齿轮等系统，在一台定速电动机的带动下，实现脱水时内桶高速单方向旋转，洗涤时波轮双方向低速旋转，实现洗涤与脱水的切换

操作评价　洗衣机的拆卸与组装操作评价表

评分项目	评分内容及要求	配分	评分细则	评分记录
洗衣机外形认识	能认识普通洗衣机外观部件的名称	10	错每次扣1分，扣完为止	
	能认识波轮全自动洗衣机外观部件的名称	10		
洗衣机的拆装	能够正确拆卸和装配普通洗衣机各主要部件	20	操作错误每次扣2分	
	能够正确拆卸和装配波轮全自动洗衣机各主要部件	20	配件损坏每处扣5分	
洗衣机电路元件的认识	能够认识普通洗衣机各主要部件的名称、特点和作用	10	错每次扣2分，扣完为止	
	能够认识波轮全自动洗衣机各主要部件的名称、作用	20	错每次扣2分，扣完为止	
安全文明生产	能按安全规程、规范要求操作	10	不按安全规程操作酌情扣分，严重者终止操作	
额定时间	每超过5min扣5分			
开始时间		结束时间	实际时间	成绩
评议意见				

15.1.2　相关知识：洗衣机的结构与质量标准

1 洗衣机的类型

根据不同分类方法洗衣机有不同种类，家用洗衣机常见类型及特点如表15-3所示。

表15-3　洗衣机的类型及特点

分类方法	类型	特点
按自动化程度分类	普通洗衣机	洗涤、漂洗、脱水三功能的转换操作都需要人工操作切换，用定时器控制时间。有单桶和双桶之分，单桶无脱水功能；双桶的洗涤和脱水分别在两个桶内进行。这类洗衣机结构简单、价格便宜、使用方便
	半自动洗衣机	洗涤、漂洗自动转换，但脱水时，则需要人工把衣物从洗衣桶中取出放入脱水桶进行脱水。为双桶型。它的结构较普通洗衣机复杂，价格也较高
	全自动洗衣机	洗涤、漂洗、脱水三功能的转换操作完全自动进行。在选定的工作程序后，整个洗衣过程是通过程控器发出各种指令，控制各个执行机构的动作而自行完成。这种洗衣机具有省力省时等优点，但结构复杂，价格较高、维修较难
按洗涤方式分类	波轮式	又称波盘式洗衣机，依靠波轮正、反向转动或连续转动的方式进行洗涤。优点是洗净率高，对衣物磨损小，简单，价格低，重量轻，省电；其缺点是用水量大，洗涤量小。我国较普及，有普通型、半自动型、全自动型等多种形式产品的波轮式洗衣机
	搅拌式	又称摇动式洗衣机，在洗衣桶中央竖直安装有搅拌器，搅拌器绕轴心在一定角度范围内正反向摆动，搅动洗涤液和衣物，好似手工洗涤的揉搓。优点是洗衣量大，功能齐全，其缺点是耗电量大，噪声较大，洗涤时间长，结构复杂，价格高，我国很少生产
	滚筒式	将被洗涤的衣物放在滚桶内，部分浸入中，依靠滚筒定时正反转或连续转动进行洗涤的洗衣机。其优点是洗净率高，对衣物磨损小，特别适于洗涤毛织物，用水量小，并且大都有热水装置，便于实现自动化；其缺点是耗电量大，结构复杂，价格高，体积较大。大多为全自动型。我国也有多家厂商生产滚筒式洗衣机，比较受欢迎，销售较好

2 洗衣机的结构

（1）普通型波轮式双桶洗衣机的结构

普通型波轮式双桶洗衣机的整体结构示意图如图15-4所示，内部结构简图如图15-5所示。

普通型波轮式双桶洗衣机由箱体、洗涤桶、脱水桶、波轮、进排水机构、洗涤电动机、脱水电动机、传动机构、电气控制机构、箱体等部分组成。

（2）波轮式全自动洗衣机的结构

波轮式全自动洗衣机多为套桶式结构，波轮装在内桶（兼洗涤、脱水功能）底部，内桶外部有盛水桶。洗涤时波轮运转，而桶不转，桶起洗涤作用；脱水时，桶以约300r/min运转，利用离心力将衣物中的水甩出。故内桶称为洗涤脱水桶。

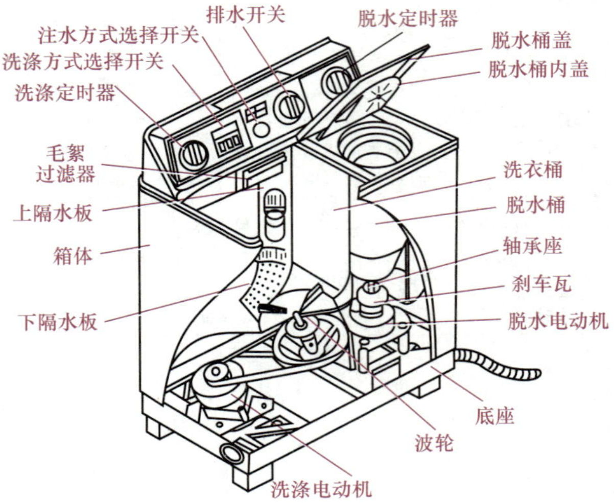

全自动洗衣机按控制方式不同分为机电式和微电脑式两类，其总体结构基本相同，结构如图15-6所示。它主要由机械支撑机构、洗涤脱水系统、传动系统、电气控制系统、进水排水系统等组成。

图15-4 普通型波轮式双桶洗衣机的整体结构示意图

它是依靠衣物重力作用与洗涤液撞击，产生棒打、甩跌作用。衣物与内筒之间产生摩擦、揉搓、撞击，这些作用与手揉、板搓、刷洗、甩打等手工洗涤相似，达到洗涤衣物的目的。

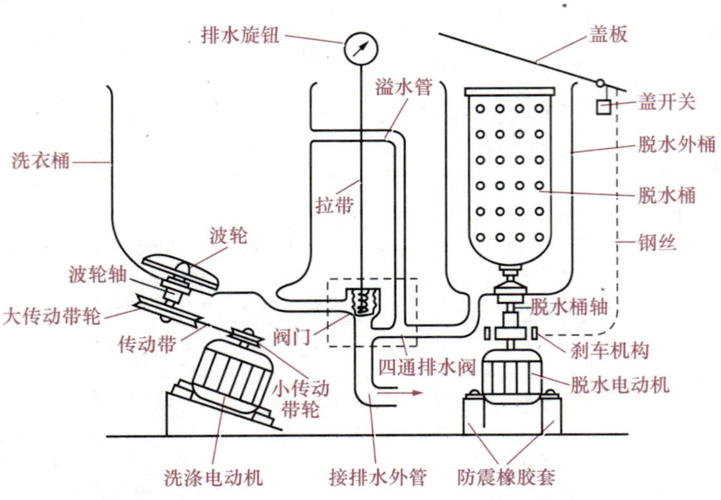

图15-5 普通型波轮式双桶洗衣机的内部结构示意图

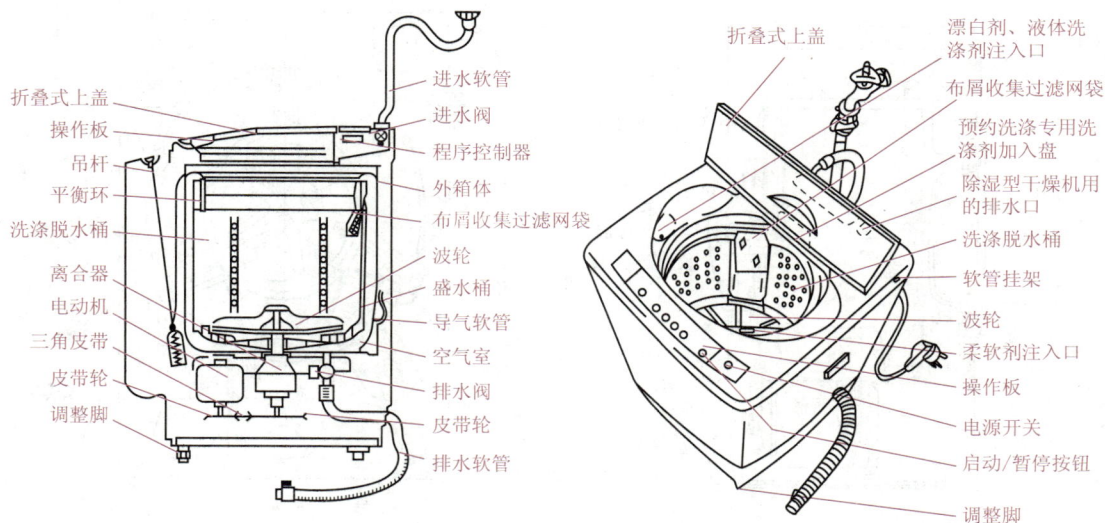

图15-6　波轮式全自动洗衣机的结构示意图

（3）滚筒式全自动洗衣机的结构

滚筒式全自动洗衣机主要由洗涤、脱水系统、传动系统、操作部分系统、支承系统、给排水系统和电气控制系统等部分构成，如图15-7所示。滚筒式洗衣机洗衣时不用波轮，而是用滚筒（又称内桶），滚筒上有很多小孔，可以使洗涤液自由流入、流出，洗涤的衣物装在滚筒之中，滚筒外为一盛放洗涤液的外桶（盛水桶）。其背观图和侧观图如图15-8所示。

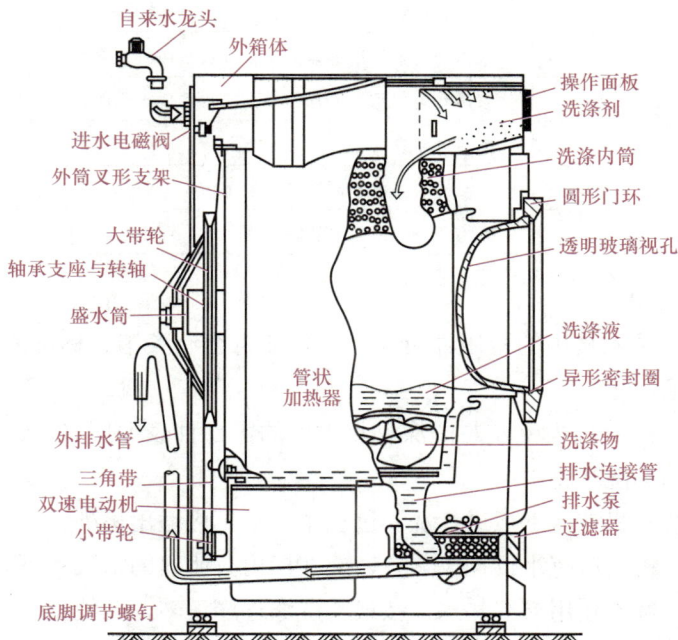

图15-7　滚筒式全自动洗衣机的整体结构图

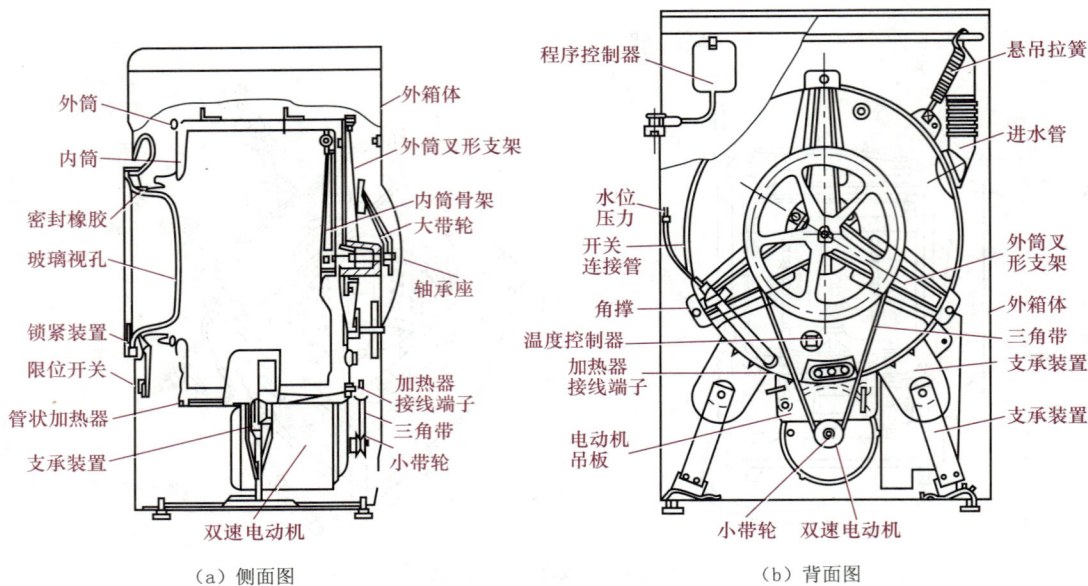

外筒
内筒
密封橡胶
玻璃视孔
锁紧装置
限位开关
管状加热器
支承装置

外箱体
外筒叉形支架
内筒骨架
大带轮
轴承座
加热器接线端子
三角带
小带轮
双速电动机

程序控制器
水位压力开关连接管
角撑
温度控制器
加热器接线端子
电动机吊板
小带轮　双速电动机

悬吊拉簧
进水管
外筒叉形支架
外箱体
三角带
支承装置
支承装置

（a）侧面图　　　　　　　　　（b）背面图

图15-8　滚筒式全自动洗衣机背视图和侧视图

3 洗衣机的质量标准

洗衣机的质量标准及其编号汇集于表15-4。

表15-4　洗衣机的质量标准及其编号

标　准　号	标　准　名　称
GB 47016.1—2005	家用和类似用途电器的安全第1部分通用要求
GB 4706.24—2000	家用和类似用途电器的安全洗衣机的特殊要求
GB 4706.26—2000	家用和类似用途电器的安全离心式脱水机的特殊要求
GB/T 4288—2003	家用电动洗衣机
GB 12021.4—2004	电动洗衣机能耗限定值及能源效率等级
GB 19606—2004	家用和类似用途电器(洗衣机)的噪声限值

洗衣机的一般要求：

1）零件要求。洗衣机中的紧固件及其他零件应符合有关国家标准的规定，其易损件应便于更换。

2）光滑要求。洗衣桶内壁及与洗涤物相接触的零部件表面应光滑，正常使用时，不应夹扯和损伤洗涤物。

3）不溢水。洗衣机在盖上后进行洗涤过程中，水不应溢出机外。

4）水位标志。机内应有水位控制装置，或在桶内有明显的上限和下限水位标志。

5）水温要求。洗衣使用55℃热水，按最长洗涤程序运转，应能正常工作。

6）钢铁制件（不锈钢除外）。表面应进行防锈蚀处理，如电镀、涂漆、搪瓷等。

7）电镀件。表面应光滑细密、色泽均匀，不得有剥落、露底、针孔、鼓泡、明显花斑和划伤等缺陷。

8）一般结构零件。在边缘及棱角部位2mm以外的镀层，不应出现锈点。

9）涂漆件或涂塑件。涂饰层附着力强且牢固，不应有明显气泡、浇浸、漏涂、底漆外露、皱纹、裂痕等。

10）涂漆件和涂塑件。按规定进行耐腐蚀试验后，腐蚀宽度不应大于1mm。

11）塑料件。表面应平整光滑、色泽均匀、耐老化，不得有裂纹、气泡、缩孔等缺陷。

12）洗涤桶。应具有耐腐蚀、耐碱、耐摩擦和耐冲击性能，外形光整，表面处理层不应有露底、冷爆等现象。

其他要求还很多，参见教材课件资料。

任务 15.2 洗衣机的维修

任务目标

1. 会检测洗衣机的主要部件。
2. 会维修洗衣机的常见故障。

任务分析

通过检测洗衣机主要部件的性能、质量，学会检测方法；进而学会维修洗衣机。

15.2.1 实践操作：拆卸、装配和认识洗衣机的主要部件

1 检测洗衣机的主要部件

（1）普通型波轮式双桶洗衣机主要部件的质量检测

普通型波轮式双桶洗衣机主要部件的质量检测如表15-5所示。

表15-5 普通型波轮式双桶洗衣机主要部件的质量检测

部件名称	质量检测	部件名称	质量检测
洗涤电动机	属于电容运转式交流异步电动机，两个绕组结构完全一样，无主、副之分。检测方法在前面已介绍，主要检测两个绕组的阻值、绕组间等绝缘性能以及通电试验其性能	脱水电动机	属于电容运转式交流异步电动机，两个绕组不同，主绕组阻值小于副绕组阻值。检测方法与洗涤电动机检测方法相同
洗涤定时器	让定时器处于工作状态，用数字万用表200Ω挡测量右侧两引线间电阻值应为0Ω；定时器停止工作后，所测电阻值为∞；另3根引线中的两根应为间歇导通	脱水定时器	脱水定时器与前面消毒、电风扇等中定时器相同，让定时器处于工作状态，测量两引线间的电阻值应为0Ω；定时器停止工作后，所测电阻值为∞

续表

部件名称	质量检测	部件名称	质量检测
洗涤电容器	按电容器检测方法检测，容量应为 $10\mu F$ 左右。洗涤、漂洗时电动机不转动或无力时应检测此电容器	脱水电容器	按电容器检测方法检测，容量应为 $4\mu F$ 左右。脱水桶不转或转动无力时可检测此电容器
波轮	检查波轮表面无磨损、变形，安装孔无磨损。波轮转动打滑应检查	波轮轴	正常的波轮轴，转动灵活，不漏水。它是洗衣机中易损部件，当漏水或转动吃力时需更换
传动皮带	传动皮带也是洗衣机中易损部件。要检查表面有无老化龟裂，尺寸均匀，表面应无水无油。当皮带表面有水时会打滑无力；老化后必须更换同规格的皮带	脱水水封	它是洗衣机中脱水系统易损部件。应检查水封的橡胶老化情况，检查轴套有无生锈，轴套与水封有无间隙。更换时需更换同规格，密封要做好

（2）波轮式全自动洗衣机主要部件的质量检测

波轮式全自动洗衣机主要部件的质量检测方法如表15-6所示。

表15-6 波轮式全自动洗衣机主要部件的质量检测

部件名称	质量检测	部件名称	质量检测
程控板	为了防水，程控板整体用密封胶密封，因此只能检测部分接线端子。只能启动相应程序，用万用表测量对应的输入、输出端电压是否正常。如进水时，进水阀控制端是否有输出电压	电动机	1）用手转动皮带轮如果有沉重感，要拆开检查轴承是否坏，转轴是否弯曲，装配时可用橡皮锤轻轻敲外壳再转动电动机轴，反复多次直到转动正常。2）用万用表测量电动机绕组阻值，如果太小或无穷大说明电动机短路或断路，应更换电动机。电动机的两个绕组的阻值应当完全对称
水位开关	从气室入口处吹气，应能听到触点通断的声音，同时用万用表测量常闭触点NC、常开触点NO和公共触点COM之间能通、断变化	离合器	1）直观检查离合器处是否有漏水的现象。2）用手正反向转动带轮，波轮轴应能带动波轮正反向转动，而且转动灵活。3）用手拉动拨叉，再转动带轮，此时只能单方向转动，而且脱水轴与脱水桶能单方向转动
安全开关	检查安全开关能否随着洗衣机盖的打开或关闭而通断，用万用表检测其电阻值是否能在0与∞间变换	电容器	按无极性电容器检测方法检测其质量。主要是用数字表检测其电容量，指针表检测其是否漏电
排水阀电磁铁	1）用万用表测量线圈的电阻值约为几个欧姆，如果阻值过大或过小应予以更换。2）给线圈直接加上市电，观察电磁铁是否有动作	进水电磁阀	1）用万用表测量线圈的电阻值，正常值为几千欧姆，如果阻值过大或过小说明线圈开路或短路，应予以更换。2）断电时，用嘴对进水口吹气，应该不透气，否则说明内部的橡胶膜破裂。3）注水口接上水龙头，线圈不加电时，出水口应该没有水流出；如果给线圈加上市电后，出水口有水流出
内桶	直接观察内桶没有机械损伤。内桶桶壁光洁平整，无锈蚀现象	波轮	直观检查波轮是否有机械损伤，螺钉孔是否变形、变大。螺钉孔损坏易造成波轮打滑

2 排除洗衣机的常见故障

（1）排除普通型波轮式双桶洗衣机的故障

普通型波轮式洗衣机的维修较简单，常见故障及排除故障的方法如表15-7所示。

表15-7　常见故障及排除方法

故障现象	可能原因	排除方法
电动机无声，波轮不运转	电源插头、插座接触不良 插头或连接线断脱 熔丝熔断 电容器开路或击穿 定时器接触不良 电动机损坏	调整触头，使插头、插座可靠接触 连接好断开或脱落的线头 更换熔丝 接好线头或更换电容器 调整或更换定时器 检修或更换电动机
电动机有声，但波轮不运转	放入衣物过多 布屑或异物进入波轮 传动胶带过紧，电动机起动困难 传动部分被异物卡住 电压过低 电动机故障 电容器击穿 主、副线圈断路	减少衣物量 取出进入波轮的布屑或异物 移动电动机位置，调整胶带松紧度 排除异物 待电网电压回升 检修电动机及运转部分 更换电容器 检修或更换线圈
电动机运转正常、波轮运转不良	洗涤衣物超重 传动胶带松弛 紧固胶带轮的螺钉松脱或滑牙 胶带轮槽磨损打滑	减少洗衣量 移动电动机位置，调整胶带张力或更换胶带 紧固或更换螺钉或胶带轮 增加胶带轮的摩擦系数，不使胶带空滑
有"麻电"现象	接地线安装不良 电动机受潮 导线接头部位密封不严，受潮漏电 电容器漏电 洗衣机在过分潮湿处使用	使接地线可靠接地 将电动机作干燥处理 在导线接头处增加密封措施 更换电容器 把洗衣机移至干燥处使用
渗水、漏水	橡胶密封圈磨损 转轴与轴孔间隙过大 排水管与桶口连接松动 管接处脱胶 排水管划伤破裂 注水过多	更换橡胶密封圈 更换转轴或轴瓦 重新装接，紧固螺母或弹簧夹 重新胶粘 修补或更换 注意掌握注水量
脱水桶不转	桶盖未合上，电路未接通 脱水定时器损坏、电路未导通 脱水电动机损坏 电容器损坏 联锁开关失灵	合上桶盖，使开关接触，电路导通 更换脱水定时器 更换电动机 更换电容器 调整或更换联锁开关
脱水时有强烈振动或撞击外桶	脱水桶内放置衣物有侧重，失去平衡 未放入脱水桶内盖，衣物被甩出桶外 转轴润滑油干涸	开启桶盖紧急制动，将衣物放置均匀、用内盖压实，再启动 放平衣物后放入内盖 添加润滑油

（2）排除波轮式全自动洗衣机故障

实际维修中，波轮式全自动洗衣机故障较多，这里只例举最常见的几例说明维修方法。

故障现象一　进水量未达到设定水位时就停止进水。

故障分析 水压开关性能不良，使集气室内空气压力尚未达到规定压力时，其触点便提前由断开状态转换为闭合状态而停止进水。

故障涉及范围	此故障主要是水压开关性能不良
故障根源	水压开关性能不良
维修方法与技巧	① 水压开关水位控制弹簧预压缩量变小，只要旋入调节螺钉增加水位控制弹簧的预压缩量即可解决。若是水位控制弹簧弹力变小或失去弹性，则要更换水位控制弹簧。 ② 水压开关凸轮上凹槽磨损或损坏，一般要更换凸轮才可解决

故障现象二 波轮式全自动洗衣机的洗涤时，脱水桶跟转。

故障分析 ① 制动带松脱，使制动带对脱水轴的制动力矩减小，只要重新安装好制动带即可；② 制动带严重磨损或损坏。可通过旋转调节螺钉，将棘爪位置适当调节，增大制动带对脱水轴的制动力矩，严重时要更换制动带脱水桶。逆时针

故障涉及范围	制动带
故障根源	制动带松脱或者严重磨损
维修方法与技巧	① 更换扭簧，严重时要更换减速器。 ② 重新紧固或更换制动带。 ③ 更换离合器制动弹簧或拨叉弹簧

方向跟转的原因和处理方法是：离合器扭簧脱落、断裂或扭簧与脱水轴配合过松而打滑，使扭簧丧失止逆功能。只要重新装好扭簧或更换扭簧即可，严重时要更换减速器。

故障现象三 波轮式全自动洗衣机脱水时，脱水桶有较大的振动噪声。

故障分析 ① 脱水桶和洗涤桶之间有杂物，只要将杂物清除即可；② 脱水桶平衡圈破裂或漏液，使脱水桶转动时失去平衡作用。只要更换平衡圈即可解决；③ 脱水桶法兰盘紧固螺钉松动或破裂。只要紧固或更换

故障涉及范围	脱水桶
故障根源	脱水桶和洗涤桶之间有杂物或平衡圈破裂
维修方法与技巧	① 将杂物清除。 ② 更换平衡圈。 ③ 紧固或更换法兰盘

法兰盘即可；④ 脱水轴承严重磨损或松动。只要紧固或更换脱水轴承即可。

操作评价 洗衣机的组装操作评价表

评分内容	技术要求	配分	评分细则	评分记录
检测洗衣机主要部件	1.能正确检测普通洗衣机的主要部件	40	操作错误每次扣2分	
	2.能正确检测波轮式全自动洗衣机的主要部件		操作错误每次扣2分	
排除洗衣机的故障	1.能够正确描述故障现象、分析故障，确定故障范围及可能原因	20	不能，每项扣5分，扣完为止	
	2.能够正确拆装洗衣机	10	操作错误每次扣2分	
	3.能够由原因逐个排除，确定故障点，并能排除故障点	10	不能，扣10分；基本能，扣5～10分	
洗衣机的使用	安全检查，正确使用洗衣机	10	操作错误每次扣5分	

评分内容	技术要求	配分	评分细则	评分记录
安全文明操作	能按安全规程、规范要求操作	10	不按安全规程操作酌情扣分，严重者终止操作	
额定时间	每超过5min扣5分			
开始时间		结束时间	实际时间	成绩
综合评议意见				

15.2.2 相关知识：洗衣机的工作原理与离合器的工作原理

1 洗衣机的工作原理

（1）普通型波轮式双桶洗衣机的工作原理

普通型波轮式双桶洗衣机的控制电路电气原理图如图15-9所示。控制电路工作在强洗状态如图15-10所示。

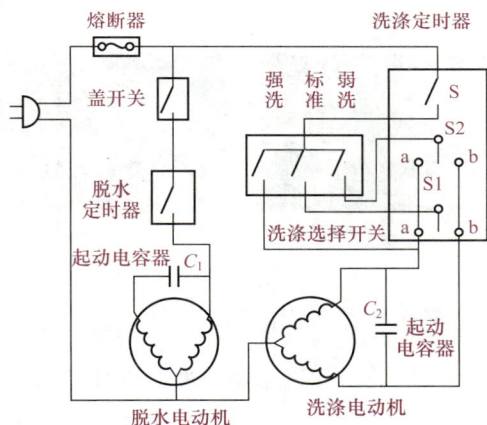

图15-9 普通型波轮式双桶洗衣机电气控制原理图

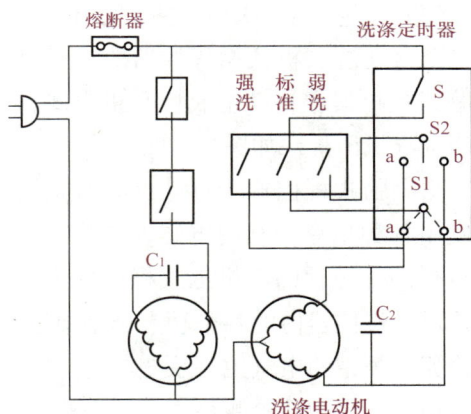

图15-10 电路工作在强洗状态的电路图

普通型波轮式双桶洗衣机的控制电路由两部分组成：一部分是洗涤控制电路；另一部分是脱水控制电路。这两部分电路是相互独立的，可以独立操作。

1）洗涤控制电路。洗涤控制电路主要包括洗涤定时器、洗涤选择开关(琴键开关）、电动机及电容器等，其中洗涤定时器用来控制电动机按规定时间运转，同时定时器按规定时间把电容器与电动机的两个绕组轮流串接以改变电动机的旋转方向。洗涤定时器的主触点开关和洗涤选择开关串联在电路中，顺时针转动洗涤定时器旋钮，主触点就接通，此时若不按下洗涤开关中的某一个按键，电动机仍不运转。

当按下强洗(单向）洗涤按键时，如图15-10所示，转动洗涤定时器至需要设定的时间位置，此时主触点闭合，电源经定时器主触点开关S和单向洗涤选择开关向洗涤电动机供电，电动机单方向运转工作，直到定时器主触点断开，电动机停止运转。如果选中标准（或轻柔）洗涤按键，并设定洗涤定时器的时间，此时电源经定时器主触点开关S和标准（或轻柔）洗涤开关，然后通过洗涤定时器内控制时间组件的触点开关S1（或S2），向洗涤电动机供电，这时电动机在定时器控制时间组件的控制下，按预定时间分别完成正转—停—反转的周期性动作，从而实现标准（或轻柔）洗涤。一般标准洗涤时，电动机正或反转25～30s，间歇3～5s；轻柔洗涤时，正或反转3～5s，间歇5～7s。

2）脱水控制电路。脱水控制电路由脱水电动机、脱水定时器、脱水桶盖开关等组成。由于脱水内桶只单方向转动，所以脱水定时器只有一个触点开关。在电路中脱水定时器与盖开关相串联。只有完全合上脱水桶外盖，盖开关才闭合。因此，需要脱水时，首先将衣物放入桶中，合上盖板，顺时针旋转脱水定时器至所需的时间位置，此时电源经盖开关、脱水定时器开关向脱水电动机供电，脱水电动机运转，洗衣机进入脱水工作状态，直到脱水定时器预定的时间到，定时器的触点开关断开，脱水电动机停转，脱水操作结束。若中途当脱水盖板掀起时，盖开关断开，电动机断电停止转动，同时电动机上的刹车系统强制脱水桶停止转动。

（2）波轮式全自动洗衣机的工作原理

全自动洗衣机依据程控器的种类可分为微电脑式程控器全自动洗衣机和机电式程控器全自动洗衣机两种，如图15-11所示。

微电脑式程控器全自动洗衣机是由CPU芯片发出各种指令，利用电磁铁或晶闸管控制电器执行部件运行的。机电式程控器全自动洗衣机是通过程控器内的各个触点分别接通和断开，来接通和断开线路控制电气部件运行的。无论哪一类型的电气控制系统，它们控制的对象都是一样的，即进水电磁阀、排水电磁阀和电动机；它们的检测机构也是一样的，即盖（安全）开关和水位（压力）开关。全自动洗衣机控制系统框图如图15-12所示，电路简图如图15-13所示。

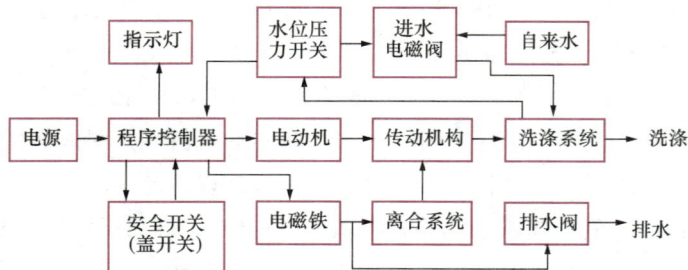

（a）微电脑式程控器　　（b）机电式程控器

图15-11　常见程控器

图15-12　全自动洗衣机控制系统框图

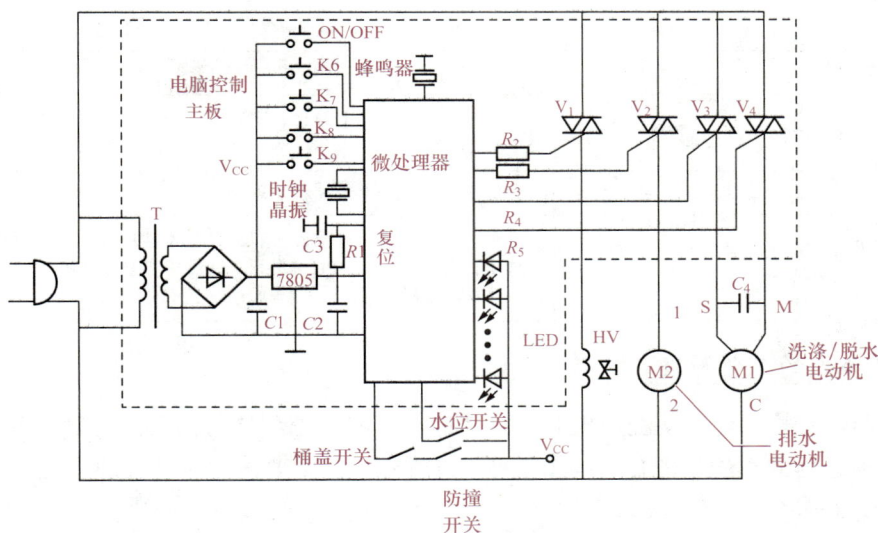

图15-13 全自动洗衣机电路简图

电路工作原理如表15-8所示。

表15-8 电路工作原理

操作步骤	方 式	电路相应工作情况
第一步	打开洗衣机桶盖，放入衣物，用专用软管连接水龙头和进水阀，打开水龙头	因桶盖打开，桶盖安全保护开关处于断开状态，同时没有按动ON/OFF电源开关，洗衣程序没有启动，即使通电整机也无法工作
第二步	插上电源，按动ON/OFF电源开关，选择洗衣方式及水位位置选择开关，并按动启动/暂停开关，合上桶盖	插上电源后，CPU开始工作，按动ON/OFF开关后，面板上的相应指示灯点亮，按动面板上的开关选择合适的洗衣程序，并选择合适的水位，按动启动/暂停开关后，CPU内置的程序启动，进水电磁阀线圈得电，开始进水
第三步	进水电磁阀工作，开始进水	此时CPU相应的引脚输出控制电压，触发晶闸管V1，进水阀HV线圈得电，电磁阀打开
第四步	进水水位达到预定水位，停止进水，开始洗涤衣物	水位到达预定水位高度，水位开关断开，CPU进水阀控制脚停止输出控制电压，晶闸管V1截止，进水阀线圈断电，电磁阀关断，停止进水。同时相应电动机控制引脚输出控制电压，使晶闸管V3导通，V4导通，从而洗涤电动机M1反复正转—停止—反转。同时时间显示屏上的时间开始倒计时
第五步	洗涤时间到，开始排水	预定洗涤时间到，CPU电动机控制引脚停止输出控制电压，晶闸管V3、V4截止，电动机停止转动。同时CPU排水控制引脚输出排水指令，晶闸管V2的栅极得电，V2导通，牵引器电动机得电旋转，拉动排水阀，开始排水
第六步	排水结束，开始脱水	当水桶内的水排完后，水位开关闭合，CPU的电动机控制引脚输出持续信号，晶闸管V3持续导通，洗涤电动机M1开始正向持续旋转，通过离合器的作用，脱水内桶高速旋转开始脱水，同时牵引器M2继续通电，排水阀持续排水
第七步	二次进水后，开始漂洗	当预定脱水时间到后，CPU停止输出电动机控制信号和排水信号，晶闸管V2、V3截止，电动机M1和M2相继失电，停止转动，排水阀关闭，同时在刹车的作用下电动机、内桶立即停止转动，同时CPU发出进水控制信号，进水电磁阀工作，开始二次进水。进水停止后，CPU启动漂洗程序，洗涤电动机反复正反转

续表

操作步骤	方　式	电路相应工作情况
第八步	二次脱水过程	预定时间到后，CPU输出排水信号，排水电磁阀得电，开始排水，重复第五、第六步的工作
第九步	三次进水，二次漂洗，再脱水	重复第七、第八步，脱水时间加长
第十步	最后脱水结束后，蜂鸣器提醒洗衣结束	最后一次脱水后，工作时间归零，排水阀线圈、牵引器电动机、洗涤电动机断电，同时CPU发出指令，使蜂鸣器得电鸣叫，提醒拿取衣物，洗衣全过程结束

2 离合器的工作原理

离合器是波轮式全自动洗衣机的关键部件，目前波轮全自动洗衣机通常使用减速离合器。减速离合器的结构如图15-14和图15-15所示，它主要由波轮轴、脱水轴、扭簧、刹车带、拨叉、离合杆、棘轮、棘爪、离合套、外套轴以及齿轮轴等组成。

减速离合器的主要作用是在电动机起动后，通过三角皮带的传动作用，将电动机的动力传递到离合器上，离合器就可实现洗涤和漂洗时的低速旋转和脱水时的高速旋转，并执行脱水结束时的刹车制动的动作。减速离合器的动作受排水电磁铁的控制，有洗涤和脱水两种状态。洗涤时，电动机运转，通过减速离合器，降低转速带动波轮间歇正反转，进行洗涤，此时洗涤脱水桶不转动；脱水时，电动机运转，通过离合器，不减速（即高速）带动洗涤脱水桶顺时针方向（从洗衣机上方向下看，下同）运转，进行脱水，此时波轮也随着洗涤脱水桶一起运转。

图15-14　离合器外部结构图

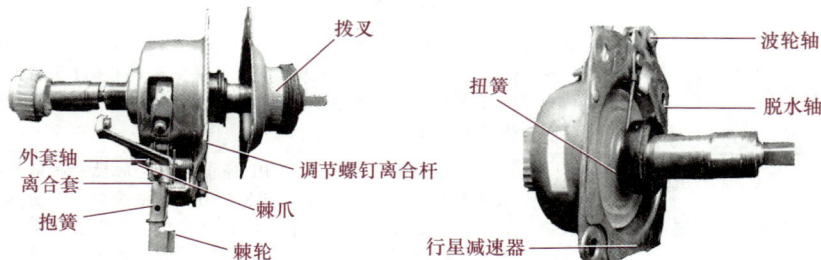

图15-15　离合器内部结构图

拨叉是一个杠杆联动控制机构。拨叉的头部装有棘爪，拨叉的动作由排水电磁铁的动铁芯所控制。脱水轴又称上离合轴，与洗衣机内桶相连。波轮轴用于与波轮相连。刹车带用于抱紧外套轴（又称离合轴）。行星齿轮减速机构在刹车盘内，行星齿轮机构只降低转速，不改变转动方向。

洗涤期间：排水电磁阀断电关闭。拨叉上的棘爪将棘轮拨过一个角度，抱簧松开，离合套和脱水轴脱离；拨叉的另一端控制刹车带使之抱紧刹车盘。当电动机带动离合器带轮旋转时，带轮只带动洗涤轴，使波轮旋转（双相间歇换向）；而脱水轴被刹车带抱紧，再加上脱水轴扭簧的控制，脱水轴不能被电动机带动。

脱水期间：排水电磁阀通电开启。拨叉被拨过一个角度，棘爪和棘轮脱离接触，抱簧将离合套和脱水轴抱住，使之连成一体产生联动。同时，离合器顶开螺钉推开摆动板，刹车带被松开，刹车盘不再被抱紧。即当电动机带动离合器皮带轮旋转时，皮带轮带动离合器脱水轴做顺时针方向旋转。

3 洗衣机的选购、使用与维护方法

洗衣机是家务劳动的好帮手，它越来越受到广大城乡居民的欢迎。目前市场上的洗衣机有3种基本类型，以波轮式为主，其中以双桶和套桶（全自动型）占主导地位；滚筒式居其次，其中前装型（前开门）领先于顶装型（顶开门）；搅拌式则处在开创阶段。

（1）选购要点

1）规范化。洗衣机应有通过国家强制性认证的3C标志，还要查看能源效率等级标志。

2）实用性。洗衣机的基本功能是通过洗涤、漂洗、脱水，把衣物洗净。普通型双桶洗衣机比较经济实惠，省水省电，只是部分工作需手工完成。套桶（全自动）洗衣机省时省力，但费用相对较大。滚筒式洗衣机磨损率较低、用水也省，但洗净率不高，价格较贵。

3）新颖性。由自己家庭实际情况选用，考虑安装、进水、排水等情况来选择新颖产品。

4）可靠性。一是洗衣机本身质量的可靠性，不出故障或少出故障；二是制造商售后服务的可靠性。因此，对洗衣机品牌的选择很重要。

5）具体挑选。当确定选购的品牌、机型、规格后，作具体挑选时，通常采用看、摸、听、试等感官方法进行挑选。最后还应仔细查看铭牌标志、基本性能参数和售后服务的条件等。

（2）使用注意事项

1）安全接地。家用洗衣机均属湿洗器具，又长时间工作在潮湿状态下，为了确保使用安全，除双重绝缘结构的洗衣机外，都必须可靠接地并使用三极插座,可靠接地，另加装漏电保护开关。

2）放置平稳。放置洗衣机应选择通风、避免日照和靠近热源的地方。放置应平稳，

否则就会产生强烈振动和噪声。

3）不要超载。洗涤衣物的数量都应在洗衣机的额定容量以内。超载会影响洗涤效果，缩短使用寿命。

4）正确使用。掌握好洗涤要点，按说明书使用。

（3）维护须知

1）防护准备。洗衣前要有准备，洗衣后要揩抹干净。洗衣机箱体要防止机械冲击、碰撞或划伤；不要在有腐蚀性气体（煤炉）的场合使用，以免装饰件镀层氧化或早期锈蚀。

2）防早期老化。对于塑料制件，如箱体、内桶、波轮等，要避免日光直射、热源或开水的直接影响，以防引起变形或早期老化。

3）防电机、电器受潮。处在潮湿状态下工作的电动机、开关、定时器等电器部件和线路接头，使用后要保持经常干燥，勿使受潮；该加油的部位应按时加油；电动机的正常使用寿命一般在10年以上，损坏的原因大多因渗水、受潮或经常超负荷工作所致。

4）用后防护。使用完毕，应即断开电源并排尽桶内积水，及时清除线屑杂物以防止污垢沉积。用清水冲洗后，用干布将桶揩干净。如准备放置不用，则宜开启桶盖通风，使水分蒸发出去，以免潮气损害机内电气部件和产生难闻的气味。

做好洗衣机的日常维护保养，不仅能保持洗衣机的工作效率，还能延长其使用寿命。

思考与练习

1. 洗衣机按洗涤方式，主要类型有_____、_____、_____3种。
2. 波轮式全自动洗衣机的主要部件有_____
_____。
3. 洗衣机的质量标准有哪些？
4. 拆卸波轮式全自动洗衣机时应注意哪些事项？
5. 选购洗衣机应注意哪些方面？
6. 波轮式全自动洗衣机进水完毕，波轮不转动。分析其故障原因？写出检修过程。

参 考 文 献

牛金生. 2006. 电热电动器具原理与维修[M]. 北京：电子工业出版社.

姚舜封. 2008. 现代家电器具实用手册[M]. 上海：上海科学技术出版社.

荣俊昌. 2005. 电热电动器具原理与维修[M]. 北京：高等教育出版社.

韩广兴. 2008. 快修巧修新型电饭煲·电磁灶·电饭锅[M]. 北京：电子工业出版社.

杨成伟. 2008. 教你检修微波炉[M]. 北京：电子工业出版社.

http://baike.baidu.com/

http://www.hudong.com/

http://www.gongkong.com/

http://www.cndzz.com/

http://www.dajiti.com/

http://www.cnki.com.cn/

http://www.elecfans.com/

http://www.qinyuan.legoo.cn/